바이오 향장 소재 응용

– 생리활성 및 독성검증 –

정숙희 · 박상규 · 오서현

창지사

머리말

바이오산업은 4차 산업 혁명시대 친환경 미래 신 성장 산업이며 생명과학을 기반으로 향장, 식품, 제약 등의 융합산업으로서 발전되고 있으며 정부차원에서도 미래의 먹거리산업으로 바이오산업을 중점적으로 육성하고 있는 분야입니다.

본 교재는 바이오 향장품, 기능성식품, 제약, 한방소재 개발 등 제품화를 위한 내용들로 구성되어 있으며 바이오 융합적 창조적 인재양성 및 산업체 연구인력 교육에 도움을 주고자 하였습니다.

또한 바이오산업관련 기업체에서 연구에 기반이 되는 생리활성효능, 성분분석, 독성시험 방법, 추출 · 분리 · 농축 기술개발 등을 수행하기 위한 지침서로 활용되는 데 도움이 되길 바랍니다.

대표저자 정숙희

차례

chapter

01

바이오 향장품 소재 개발 과정의 정의와 이해

I 바이오 향장품 소재 개발

1. 정의

기능성 화장품이란 일반적으로 세정과 미용 목적 외의 특수한 기능이 부여 된 화장품을 의미함. 피부의 미백에 도움을 주는 제품, 피부의 주름개선에 도움을 주는 제품, 피부를 곱게 태워주거나 자외선으로부터 피부를 보호하는 데에 도움을 주는 제품의 특정 기능구현을 위한 원료를 말하는 것으로 일반 화장품보다 특정한 기능을 강조한 화장품에 함유된 원료 및 제품이며, 특정 기능을 가진 헤어케어 제품도 이에 속함 우리나라에서는 1998년까지 약사법에서 화장품을 관장하였으나 1999년 9월 화장품법이 제정되어 2000년 7월부터 이 법에 따라 화장품이 관리되고 있음. 이 법을 기초로 하여 화장품은 약사법 제2조에 의해 의약품에 해당하는 물품은 제외되고 있으며, 화장품 중에서 피부의 미백에 도움을 주는 제품, 피부의 주름 개선에 도움을 주는 제품 및 피부를 곱게 태워주거나 자외선으로부터 피부를 보호하는데 도움을 주는 제품 등은 법으로 정해 '기능성 화장품'으로 정의하고 있음

미백 화장품의 경우 색소 침착과 항산화 작용을 막아 피부 톤을 환하고 밝게 해주는 데 효과적이며, 미백 앰플이나 블랙스팟은 얼굴과 몸에 색소가 침착된 부분의 피부 톤을 개선하는 기능을 함. 주름개선 화장품은 피부의 재생능력을 강화시켜 노화를 방지하는 데 효과가 있으며, 특정 기간 집중적인 사용을 통해 피부 탄력을 높여주는 역할. 자외선 차단 화장품은 자외선으로부터 피부를 보호하는데 도움을 줌으로서, 강한 햇볕을 방지하여 피부를 곱게 태워주는 기능을 가진 화장품 및 자외선을 차단 또는 산란시켜 자외선으로부터 피부를 보호하는 기능을 가진 화장품. 헤어케어 제품 중 탈모 관리제품은 곧 헤어 케어의 궁극적인 목표이며, 탈모 방지나 개선을 위한 헤어 케어 제품은 모발 관리, 두피 관리, 탈모 관리까지 포함하는 개념으로 볼 수 있음

〈표 1-1〉 각국의 기능성 화장품 분류

제품 구분	한국	일본	EU	미국
미백제품	기능성 화장품	화장품	화장품	화장품/일반의약품
주름개선	기능성 화장품	화장품	화장품	화장품
트리트먼트	기능성 화장품	화장품	화장품	화장품/일반의약품
시판전 사전승인 (미백)	O	X	X	X
시판전 사전승인 (주름개선제)	O	X	X	X
시판전 사전승인 (자외선차단제)	O(전부)	X(기존제품) O(신제품)	X(기존제품) O(신제품)	X(기존제품) O(신제품)

출처: 주간 코스메틱 자료

2. 범위 및 분류

1) 제품분류 관점

미백, 주름개선, 자외선 차단 및 복합 기능성 소재와 탈모 헤어케어 기능성 소재에 따른 분류는 아래와 같음

〈표 1-2〉 기능성 화장품 소개 원료의 종류

기술개발 테마	제품분류 관점	세부기술
기능성 화장품	미백 기능성 화장품 소재	나이아신아마이드, 닥나무추출물, 아스코빌글루코사이트, 아스코빌테트라이소팔미테이트, 알부틴, 알파-비사보롤, 에칠아스코빌에텔, 유용성감초추출물
	주름개선 기능성 화장품 소재	레티놀, 레티닐팔미테이트 아데노신, 아데노신액(2%), 폴리에톡실레이티드레틴아마이드

기술개발 테마	제품분류 관점	세부기술
기능성 화장품	자외선 차단 기능성 화장품 소재	글리세릴파바, 드로메트리졸, 트로메트리졸트리실록산, 디갈로일트리올리에이트, 디메치코디에틸벤잘말로네이트, 디에틸아미노하이드록시벤조일헥실 벤조에이트, 에틸헥실부타미트리아존, 디소듐페닐벤즈이미다졸테트라설포네이트, 메칠렌비스-벤조트리아졸릴테트라메칠부틸페놀,메칠렌비스-벤조트리아졸릴테트라메칠부틸페놀액(50%), 4-메칠벤질리덴캠퍼, 멘틸안트라닐레이트, 벤조페논-3/4/8, 부틸메톡시디벤조일메탄, 비스-에칠헥실메톡시신나메이트, 에칠헥실살리실레이트, 에칠헥실트리아존, 이소아밀 p-메톡시신나이메이트, 징크옥사이드, 테레프탈릴리덴디캠퍼설포닉애씨드액(33%), 티타늄디옥사이드, 파라아미노벤조익에씨드, 페닐벤즈이미다졸설포닉애씨드, 호모살레이트
	복합기능성 화장품 소재	알부틴 · 아데노신, 나이아신아마이드 · 아데노신, 유용성감조추출물 · 아데노신, 아스코빌글루코사이드 · 아데노신, 알부틴 · 레티놀
	탈모 헤어케어 화장품 소재	미녹시딜, 스테로이드제

출처 : 안티에이징 및 코스메슈티컬 시장동향과 참여업체 현황, 메리츠종금증권 리서치센터

2) 공급망 관점

최근에는 여러 제품으로 공급되어 지고 있는 실정

〈표 1- 3〉 공급망 관점 기술범위

기술개발 테마	공급망 관점	세부기술
기능성 화장품	미백 기능성 화장품	로션, 액제, 크림, 부착형 화장품 등
	주름개선 기능성 화장품	로션, 액제, 크림, 부착형 화장품 등
	자외선 차단 기능성 화장품	로션, 액제, 크림, BB 크림 등
	복합기능성 화장품	로션, 액제, 크림, 부착형 화장품, BB 크림 등
	탈모 헤어케어 화장품	샴푸, 트리트먼트, 에센스, 스프레이, 미스트

*출처: 중소기업기술정보원, 중소기업 기술로드맵 2018-2020 기능성화장품

(1) 주름개선 화장품

화장품법 시행규칙 제2조 제3호에 따르면 주름개선 화장품은 피부에 탄력을 주어 피부의 주름을 완화 또는 개선하는 기능을 가진 화장품으로 정의하고 있다. 주름은 20대 후반에 접어해지고 탄력을 잃어 발생하게 된다.이를 예방하기 위해 피부의 주름을 완화하는데 도움을 주는 성분들을 첨가하여 주름개선 화장품이 만들어지는 것이다.

주름개선 화장품에 필수적인 주름개선제로는 진피의 결합조직 형성을 도와섬유아세포의 성장을 촉진하는 물질, 섬유아세포의 콜라겐 합성을 촉진하는물질, 활성산소와 프리라디칼을 제거하는 물질 등이 있다. 이중 주름개선을위해 사용되는 대표적인 것이 레티노이드이다. 레티놀, 레틴알데히드,레틴산과 같은 레티노이드 화합물은 세포분화 촉진을 비롯하여 단백질의 생합성에중요한 역할을 한다.

주름개선을 위한 활성성분 중 과일 산이라 불리는 AHA성분은 피부표면의 노화각질을 박리하고 표피의 각화작용을 촉진시키며 표피의 신진대사를 빠르게 회복시켜 맑은 피부를 유지하게 한다. 또한 표피의 신진대사 증진효과를 주는 제품들과 레티놀 계열 및 비타민 E 아세테이트 등의 성분을 아침저녁 혹은 품목과 품목을 구분해 병행 사용하면 보다 다각도의 효과를 얻을 수 있다.

(2) 미백 화장품

화장품법 시행규칙 제2조 2호에서 미백 화장품은 피부에 침착된 멜라닌 색소의 색을 엷게 하여 피부의 미백에 도움을 주거나, 피부에 멜라닌색소가 침착되는 것을 방지하여 기미, 주근깨 등의 생성을 억제하여 미백에 도움을 주는 화장품이라 정의하고 있다. 사람의 피부색은 표피에 존재하는 멜라닌 세포에서 생성되는 멜라닌의 양과 분포에 의해서 거의 결정되며, 그 밖에 진피의 혈관 속에 함유된 헤모글로빈과 피하조직의 카로틴 양과 분포에 의해 영향을 받는다.

피부 미백에 도움을 주는 화장품 성분으로는 자외선을 산란시킴으로써 멜라닌 생성을 억제시키는 성분과 티로신의 산화반응을 억제함으로써 멜라닌생성을 억제하는 비타민 C와 비타민 C유도체, 티로시나제의 활성을 억제하는 알부틴과 유용성 감초추출물 등의 화합물, 피부의 각질층에 함유된 멜라닌 색소를 제거하는 살리실산과 같은 화합물 등이 있다.

(3) 자외선차단제

화장품법 시행규칙 제2조 제4호에서 자외선차단 화장품은 강한 햇빛을 방지하며 피부를 곱게 태워주는 기능을 가진 화장품 및 자외선을 차단, 산란시켜 자외선으로부터 피부를 보호하는 기능을 가진 화장품이라고 정의한다. 자외선차단제는 태양광선 중에서 자외선 A와 자외선 B를 방어하고, 피부 그을림 방지를 목적으로 하는 중요한 외용제로서 미국 식품의약국(Food andAdministration: FDA)에서는 이를 노화 방지 성분으로 인정하고 있을 만큼피부 관리의 필수품으로 자리잡고 있다.

인체에 자외선이 조사되면 광량,피부의 형태, 조사부위, 피부색, 각질층의 두께, 혈관 및 모발의 분포도, 수분 및 습도의 유무 등 여러 가지 요인에 따라 피부의 반응이 달라진다. 자외선에 의한 피부 반응으로는 크게 홍반, 색소침착, 피부의 두께변화 등과 같은 급성 반응과 광노화, 광발암 현상 등의 만성적인 반응으로 대별된다. 홍반반응은 즉시형 홍반반응과 지연형 홍반반응으로 나누어지는데 후자가 사람의피부에서 나타나는 반응이다. 홍반의 정도는 자외선의 강도에 따라서 다르며,UVA 보다는 UVB나 UVC의 영향을 많이 받는다.

자외선차단제는 인공 합성된 화학물질이 피부표면의 자외선을 흡수하여 열에너지로 분산시키는 자외선 흡수제와 무기물질이 자외선을 산란, 반사시켜피부 침투를 막는 자외선 산란제로 구분할수 있는데, 이 성분은 작용원리에따라 무기 또는 유기 자외선 차단제 성분으로 분류된다.

무기 자외선 차단제 성분으로는 징크옥사이드와 티타늄디옥사이드가 있으며, 이 성분들은 자외선 A 차단에 효과적이나 백탁현상으로 피부가 하얗게 보이는 단점이 있다. 유기 자외선차단제 성분은 피부에 도달한 자외선의 에너지를 흡수하여 자외선을 차단하는 것으로, 자외선 B를 흡수하는 성분이 많으며 백탁현상이 없는 장점이 있지만 민감한 피부에는 자극을 일으킬 수 있는 단점이 있다.

자외선 차단 제품을 고를 때는 UVA와 UVB가 모두 차단되는지 확인하고자신의 피부타입에 맞는 제품을 골라 충분한 양을 도포해야 한다. 또 얼굴뿐만이 아니라 노출이 되는 모든 부위에 2~3시간마다 덧발라주어야 한다.

3. 기능성화장품 성분 및 작용기전

1) 주름개선에 도움을 주는 성분

표피의 세포 교체 주기가 길어지고 보습력이 저하되며 혈행의 순환력이 떨어지면 진피 속에 존재하는 교원질 섬유가 딱딱해지고 그 비중이 감소하게된다. 또한 교원섬유와 뮤코다당류의 수분 결합 능력이 떨어지게 되는데, 이것은 피부에 주름이 발생하고 늘어지는 원인이 된다. 급격한 외부 환경에 잘적응하지 못해 트러블을 겪으며 주름과 탄력 상실 등 노화의 흔적이 발생되고 자외선과 건조함은 피부 노화를 앞당기게 한다. 주름과 탄력저하를 예방하기 위해서는 효과적인 주름개선 화장품으로 꾸준히 손질해 주어야 한다.

(1) 레틴-A(RETIN-A)

비타민A의 유도체로 레틴알데히드, 레티놀, 레티노산 등이 있다.

레티노이드는 여드름을 치료하기 위하여 만들어진 제품이지만 피부의 손상된 콜라겐과 엘라스틴의 회복을 촉진시키면서 피부의 탄력과 주름이 개선되는 효능이 있다. 또한 피부의 각화주기를 앞당겨 각질세포를 탈락시키고 세포의 생성을 촉진시키면서 탄력을 회복시켜 주름을 억제하는 효능이 있다.

레티놀은 피부에 침투한 후 서서히 레티노산으로 변화되면서 공기 중에 쉽게 산화되고 효과는 떨어지지만 부작용이 상대적으로 적고 비타민A의 천연성분으로 노화를 지연시키며 세포분화를 촉진시키는데 효과가 좋다. 그러나이 과정에서 피부가 건조해지고 따끔거리는 단점과 모세혈관의 확장으로 피부가 붉어지고 각질제거에 의해 민감해지는 것이 문제이다.

레티놀의 함량을 높인다면 주름개선에 더 효과적일 수 있으나 일반적인 부작용으로 피부건조증이나 가려움과 빨갛게 부어오르는 증상은 개인차이가 있어 주의가 요구된다.

(2) 레티닐 팔미테이트(Retinyl paamitate)

레티닐 팔미테이트는 각종유지를 녹이거나 다당류, 단백질 등을 포함하는각종고분자 물질로 안정화시킨 것 또는 이들의 혼합물에 안정도, 제조 용이성 등을 향상시키기 위해 희석제, 안정제, 점증제 등 기타원료를 첨가하여 얻은 것이다. 이것은 피부세포를 새롭게 활성화시켜 탄력을 잃은 피부를 빠르게 개선시켜주며 주름생성 억제 및 원인을 제거해주고 피부 생리기능을 활성화시켜 준다.

(3) 폴리에톡실레이티드레틴아마이드(Medimin A)

폴레에톡실레이티드레틴아마이드는 레티노이드의 유도체로 비타민 A라고도 불린다. 레티놀과 비슷하게 효과를 나타내면서 흡수율과 안정성이 좋은원료로 평가받는다. 메디민A는 LG 화학 화장품 연구소에서 개발한 것으로생체흡수율이 레티놀보다 3배, 레티닐팔미테이트 보다 6배 높아 콜라겐 합성능력과 안전성, 광안정성이 뛰어난 것으로 알려져 있다.

(4) 아데노신(Adenosine)

아데노신은 리보스 성분과 아데닌이 결합한 화합물로 진피층 내에서 단백질을 합성시키고 DNA를 촉진하여 콜라겐 합성을 증가시켜 피부가 자생적으로 젊음을 유지할 수 있도록 도와준다. 또한 면역력을 높여주고 피부 침투시에 안정성과 지속력이 우수하며 빛 또는 열에도 안정성이 높다. 항염증 및 상처치유기능도 지니고 있어 여드름질환 치료 등에 다양하게 사용되고 있는것이 특징이다.

2) 미백에 도움을 주는 성분

피부색은 인종, 성별, 연령, 건강 상태와 스트레스 정도, 계절에 따라 다르다. 피부의 색은 멜라닌 세포에 의해 달라지는데 기저층에서 생성되는 멜라닌 색소의 양과 분포에 의해 달라진다. 기저층에서 만들어진 색소는 표피층으로 배출되는데 이것은 우리의 피부색은 물론 머리카락, 눈동자 등의 색을 결정하고 피부 속으로 침투한 자외선으로부터 우리몸을 보호하며 피부에서 발생한 프리라디탈을 제거하는 중요한 역할을 한다, 다만 이 색소들이 제 역할을 다하고 각질과 함께 밖으로 탈락하지 못하고 피부층에 남아있게 된다.

또한 자외선이나 임신 이외에 간장이나 스트레스가 누적되면 뇌하수체에서분비된 부신 피질 자극 호르몬이 평소보다 많이 분비되어 멜라닌 세포자극호르몬의 활동을 증가시켜 기미가 만들어지게 된다. 이러한 기미, 주근깨 등을 완화시키고 멜라닌 색소의 생성을 억제하기 위하여 미백에 도움을 주는미백제들이 개발되고 있다.

(1) 아스코르빈산(L-Ascorbicacid)

아스코르빈산은 비타민 C의 화학명으로 처음 발견된 수용성 비타민이며강한 환원작용에 의해 미백효과를 갖는 가장 오래된 원료이다. 아스코르빈산의 작용기전을 보면 멜라닌 생성 과정 중 도파퀴논을 환원해 멜라닌의 생성을 억제하거나 또는 짙은 색의 멜라닌을 옅은 색의 환원형 멜라닌으로 전환시킬 수 있다고 알려져왔다.아스코르빈산은 피부와 관계가 무척 깊은 영양소로 세포내의 호흡을 활발하게 하고, 혈액순환을 좋게 하며 피부를 윤기있게 하는데 효과가 있으며, 기미, 주근깨의 원인이 되는 멜라닌 색소 생성을 방해한다. 또한 자외선에 대한 피부의 저항력을 증가시켜 햇볕에 타고 검어지는 것을 막고 혈색을 좋게 하며 피부에 광택을 준다. 피부에 퍼져 있는 모세혈관 벽을 간접적으로 튼튼히 하는 작용도 빼놓을 수 없다. 정상화 비타민이라고도 불리는 아스코르빈산은 피부에 자극이 거의 없고 다양한 천연 소재에서 추출이 가능하며 그 소재로는 상지, 감초, 닥나무뿌리, 원귤나무 추출물 등이 이용되고 있다.

(2) 알부틴(Arbutin)

알부틴은 월귤나무잎, 덩귤월귤잎, 서양 배나무잎 등의 식물에서 추출한 물질로 일본 시세이도 화장품사에서 개발하여 전 세계적으로 널리 사용되고 있는 미백제 중 하나이다. 하이드로퀴논과 글라이코사이드가 에테르로 구성이되어 있으며 티로시나아제의 활성을 저해하여 멜라닌 색소의 형성을 방해하기 때문에 피부 미백으로 사용된다. 알부틴은 글루코사이드와 하이드록시페놀이 결합한 위치에 따라 알파, 베타 형태를 가지고 있으나 현재 식약청의 기능성 화장품 원료 고시에는 베타 형태의 알부틴이 등재되어 사용되고 있다.

(3) 나이아신아마이드(Niacinamide)

비타민 B3, 나이아신, 니코틴산 등으로도 불리는 이 성분은 식품의약안전처에서 2010년 미백고시 원료로 추가한 미백물질이다. 열이나 빛에 안정적이며 자외선으로 손상된 DNA 회복을 돕고 피부 장벽을 보호하여 수분이 유지될 수 있도록 한다. 또한 멜라닌 세포가 기저층에서 각질층까지 올라가는 것을 억제하여 색소침착 완화에 도움을 주며 모공개선에도 효과가 있다. 주로녹색 채소. 곡류, 생선, 우유, 콩 등 많은 음식에 함유되어 있다.

(4) 마그네슘아스코빌포스페이트(Magensium Phosphate)

비타민 C의 파생물로 물에 녹는 수용성 미백성분이다. 이는 티로시나아제를 억제하여 잡티를 개선시키고 비타민 C를 쉽게 배합되게 하여 피부에 효율적으로 전달한다. 활성산소를 감소시켜 피부 회복에 도움을 주고 자외선의 유리기에 대항해서 피부를 방어하는 효능으로 자외선 차단에도 효과가 있으며, 안정성이 높고 독성이 없기 때문에 미백 기능성 성분 중 하나로 식품의약안전처에 고시되어 있다.

(5) 닥나무추출물

원래 뽕나무 과의 닥나무는 그 껍질을 이용해서 한지를 제조했던 것으로닥나무추출물은 미백기능과 항산화효과가 있어 미백 화장품에 사용하는 원료이다. 이 원료는 닥나무의 줄기 또는 뿌리를 에탄올 및 에칠 아세테이트로추출하여 얻은 가루이다.

닥나무추출물은 엷은 황색, 황갈색의 점성이 있는액 또는 결정성 가루로, 약간의 특이한 냄새가 있으며 색소세포를 죽이거나변성시키지 않으면서 피부색을 하얗게 해주고 보호해주는 것이 특징이다.

3) 자외선 차단에 도움을 주는 성분

자외선은 콜라겐을 손상시켜 피부의 탄력이 상실되게 한다. 자외선이 포함된 태양광선에 피부가 노출되면 피부는 스스로를 보호하는 기능이 작동되고 피부의 세포에서는 멜라닌 색소의 활동이 활발해지면서 피부 각질층으로 이동하여 각질층을 보호하는 역할을 한다. 그러나 태양에 장시간 노출되면 콜라겐 생성에 방해를 받게 되는데 이 과정에서 피부의 탄력이 감소되고 나아가 세포의 단백질이 분해되면서 피부에 반점 또는 부종이 발생할 수 있다. 더욱 심한 경우에는 피부의 비타민 D를 파괴시켜 스테로이드를 생성하고DNA를 변형시켜 피부암으로 발전하기도 한다.

(1) 자외선 산란제

자외선차단제에는 인공으로 합성된 화학물질이 자외선을 흡수하여 열에너지로 분산시키는 자외선 흡수제와 자외선을 산란, 반사시켜 피부를 보호하는자외선 산란제로 구분할 수 있다. 자외선 산란제는 이산화티탄과 산화아연이 대표적이며, 자외선을 산란시킴으로써 자외선이 피부에 직접적으로 닿지 않도록 하는 원료이다. 이러한 원료들은 자외선 산란 효과는 크지만 사용감이 떨어지고 두껍게 발리게 되며, 도포하였을 때 얼굴이 하얗게 되는 단점을 가지고 있다.

현재 널리 이용되고 있는 자외선차단제로는 내수성이 우수한W/O형 유화타입이 주이며, 최근에는 실리콘 오일의 개발로 인하여 사용감이 우수하면서도 내수성이 향상된 저점도의 제품도 개발되고 있다. 자외선 산란제의 성분에는 징크옥사이드와 사용감이 나쁜 편이다. 막을 형성하여 모공을 막는 특성 때문에 오랜 시간 닦아내지 않고 피부에 방치했을 경우 각종 트러블을 유발할 수 있는 단점이 있다.

(2) 자외선 흡수제

자외선 흡수제는 화장품에 있어서 유해한 자외선을 흡수하여 일어나는 피부의 홍반을 방지하는 것 외에 열화방지나 포장 재료의 변, 퇴색 등을 방지할 목적으로 이용된다. 자외선 흡수제는 분자량이 낮고 지용성인 성질이 있기 때문에 피부 내부로 침투가 가능한 것이 많으며, 독성이 없다 하더라도 자외선을 흡수하여 화학적으로 활성화되어 독성을 나타낼 가능성이 있다. 또한 자외선 흡수제는 피부에 바른 후 투명하기 때문에 미관상 좋으나 많이 배합하게 되면 접촉성 피부염을 일으킬 수 있으므로 주의하여야 한다.

화장품에 자외선 흡수제 이용 시에 자외선 흡수제가 갖추어야 할 조건은 첫 번째자외선 흡수능이 클 것이며, 두 번째 자외선에 대하여 경시적으로 안정하고분해되지 않을 것이며, 세 번째 화장품기제에 상용성이 좋을 것, 네 번째 무색이고 자외선에 의하여 착색하지 않을 것이며, 다섯 번째 열에 대하여 안정하고 휘발성이 없을 것이며, 여섯 번째 피부에 대한 독성, 자극, 감작성이 없고 안정성이 높을 것이며, 일곱 번째 제품에 영향을 주지 않아야 한다.

가. 옥틸메톡시신나메이트(OMC : Octyl MethoxyCinnamate)

에칠헥실메톡시신나메이트라는 이름으로도 불리는 이 성분은 UVA와UVB를 차단하기 위한 목적으로 많은 자외선차단제에서 사용되고 있는 화학적 자외선차단제이다. 한때 안전성 논란이 있었으나 유럽집행위원회에서 과학적 평가를 실시한 결과 내분비계 장애를 초래하지 않는다는 결론을 내렸으며 옥틸메톡시신나메이트의 주된 이슈인 에스트로겐 효과에 대해서 많은 연구를 통하여 과학적으로 안전성이 검증되어가고 있다.

옥틸메톡시신나메이트는 UVB를 차단할 뿐 아니라 화장품 성분이 자외선에 의해 변질되거나 손상받는 것을 방지해 주는 기능으로 화장품 성분의 안정화를 위한 첨가제로도 활용되고 있다.

나. 벤조페논 유도체(Benzophenone)

벤조페논 유도체는 자외선 흡수제 성분 중 하나로 자외선 UVB를 막아주어 피부를 보호하는 역할을 한다. 또한 화장품의 원료, 색상을 함유한 제품내용물의 변색을 자외선으로부터 방지해주는 기능을 가지고 있다. 사용감이 가볍고 화장을 덧바르기가 용이하여 널리 사용된다. 그러나 시간이 지나면 차단효과가 감소하고 눈 시림과 알레르기를 유발할 수 있으며, 지성 피부,민감성 피부 등에 자극을 일으킬 수 있다.

4. 외부 환경 분석

1) 산업환경 분석

(1) 산업의 특징

화장품법 제12조에서는 규제대상을 제조업자, 수입자, 판매자를 포괄하여 규제하고 부당한 표시 규제를 법률에서 명시하였으며 내용에 제조업자, 수입자, 화장품의 판매자를 규정한다.

용기 · 포장 또는 첨부 문서에 의학적 효능 · 효과 등이 있는 것으로 오인될 우려가 있는 표시 또는 광고는 금하고, 능성 화장품의 안전성 · 유효성에 관한 심사를 받은 범위를 초과하거나 심사결과와 다른 내용의 표시 또는 광고 및 기능성 화장품이 아닌 것으로서 기능성 화장품으로 오인될 우려가 있는 표시 또는 광고는 금지한다.

의약품과 혼동할 수 있는 기능성 화장품의 과대한 효능 · 효과의 표시 및 광고는 결국 소비자의 불신을 초래할 것이며 이는 어렵게 조성된 화장품 산업발전 토대를 흔들 수 있으므로 이에 대한 규제 필요함. 또한, 상품명의 제작 시 미백 기능성 화장품의 경우 영어나 불어 등의 표현으로 미백 기능성 화장품이 아님에도 불구하고 미백화장품 인 것처럼 사용하는 경우가 있어 이에 대한 조치가 필요하다.

최근 화장품 소비자의 제품 선택 요인은 과거 "브랜드 인지도"에서 "목적성 · 기능성"으로 옮겨지고 있는 경향을 보이고 있으며, 환경호르몬이나 유전자변형에 따른 화장품 성분에 대한 문제점이 심각하게 대두되면서 "천연성"을 선호하는 소비자 심리가 반영되어 천연물을 중심으로 한 기능성 화장품의 수요가 증가하고 있다.

화장품 원료에 대한 안전성 및 유효성을 확보하고자 화장품법 제4조에서는 기능성 화장품과 국내에 최초로 도입되는 원료에 대해서는 식품의약품안전청장에게 안정성 · 유효성 심사 또는 그 원료의 성분에 대한 규격 및 안전성 심사를 받도록 규정한다.

이에 최근의 글로벌 뷰티 트렌드를 볼 때 소비자들의 관심은 '제품의 성분'으로 확실히 이동하고 있는 것으로 보인다. 식품 분야에서 이미 주류로 부상한 'Clean Eating'과 웰 니스 트렌드는 뷰티 분야에도 영향을 미치면서, 성분을 깐깐하게 따지는 소비자들이 점차 늘고 있는 것이다. 쉽게 말하면 "I am a what I eat"로 대변되던 유행은 "I am a what I apply"로 변화하고 있다. '그린 · 친환경 · 무해함' 등의 키워드는 뷰티 소비 자들에게 가격이나 브랜드보다도 핵심적인 구매결정 요인으로서 그 존재감이 커지고 있다. Euromonitor의 'Consumer Lifestyles and Survey'에 의하면, 약 10명 중 6 명의 소비자들은 가격이 비싸더라도 천연 성분의 제품을 더욱 선호하는 것으로 조사 되었다. '그린'에 대한 선호는 미래의 소비자들인 현재의 젊은 층에게 더욱 높게 나타나는데, Mintel의 조사에 의하면 16~24세 소비자들의 경우 천연 헤어케어 제품을 구매하는 비중이 약 41%, 천연 페이셜케어 제품의 경우는 61%로 나타났다[9].

이처럼 천연(natural) · 유기농(organic) 제품을 선호하는 현상은 인터넷의 발달과 무관치 않다. 제품의 성분이나 특징을 해석해 주는 전문가들이 늘어나고, 이들이 소 셜미디어 등 다양한 매체를 통해서 그 정보를 무료로 공개하고 있기 때문에, 소비자 들은 관련 사이트나 스마폰 앱 등을 통해서 언제 어디서든 구매하는 제품의 성분을 자세히 알 수 있게 되었다. 이처럼 뷰티 분야에서도 정보의 '투명성'이 매우 중요한 키 워드로 떠오르고 있으며, 기업에 대한 소비자들의 기대 수준 또한 함께 높아지고 있다. Mintel의 조사에 의하면, 소비자들의 78%가 기업들이 좀더 윤리적으로 행동해야 한다고 생각하고 있으며, 59%는 제품에 표기되는 정보가 좀더 확대되어야 한다는 의 견을 나타내고 있다[9]. 물론 기업들은 판매하고자 하는 국가에서 제시하는 법 · 규제 에 따라 제품 성분 표기 등 기준을 준수하여 제품을 출시하게 된다. 하지만 천연이나 유기농의 경우 법적인 지시사항이 명확하지 않은 경우가 대부분이다. 이러한 상황에 서 특정 브랜드나 제품이 가지는 스토리텔링이 매우 중요한 커뮤니케이션 기법이 되 고 있다. 예를 들어 브랜드의 오리진(origin) · 제조법 · 사용 예시 등을 완벽히 하나 의 스토리로 재구성하여, 이 브랜드 제품에서 강조하는 성분이 안심하고 써도 되는, 효능이 뛰어난 제품이라는 스토리를 만들고, 이 스토리를 소비자들에게 강하게 각인 시키는 것이다. 천연과 유기농을 표방한 제품이 범람하는 상황에서 이러한 스토리 없이 단순히 천연 혹은 유기농 성분으로 만들었다고 광고하는 제품은 소비자들에게 특별한 인상을 주지 못할 수밖에 없다.

가. 기술 장벽이 높은 기술력이 담긴 소재

국내 화장품 원료의 특성상 글로벌 제조사와 협약을 맺지 않는 이상 한 고객사에 독점권을 주어서는 개발한 원료에 대한 투자를 모두 얻어낼 수 없으므로 다양한 카테고리 내 업체별로의 세심한 차이를 갖는 기능성 소재들을 개발하는 추세 이러한 소재시장 특성은 거대 자본, 기술력을 바탕으로 개발한 다국적 기업들의 기능성 소재들과 경쟁을 할 수 없어, 장기적으로 국내외 시장 점유율을 높일 수 없기 때문에 기술 장벽을 갖춘 소재 개발 연구에 투자하여 특수원료 개발에 치중하는 경향성을 띠며. 기능성 유효약물 소재의 경우 새로운 효능성분의 추출법 등의 공법과 새로운 분산제 및 기기 개발이 필요 고객의 니즈에 맞춘 소재개발 화장품 소비에 있어서는 똑똑한 소비자들의 니즈에 맞춰 실제로 피부개선, 노화방지 등의 기능성 효과가 우수한 원료의 개발이 지속적으로 요구 하지만 초반 기능성 화장품 시장의 주원료였던 많은 소재들의 안전성 문제에 따른 시장에서의 쇠퇴 이후 현재까지 안정성과 효과성을 만족하는 원료가 없는 것으로 파악되며 식약처에서 관리하는 소재들도 화장품 내 사용 함량을 제한하는 추세로 임. 향후, 한 가지 기능보다는 2~3가지 기능을 가진 성분들을 부스팅(boosting)시킬 수 있도록 하는 등 복합적인 면을 고려한 제품군에 대한 관심도가 매우 높다.

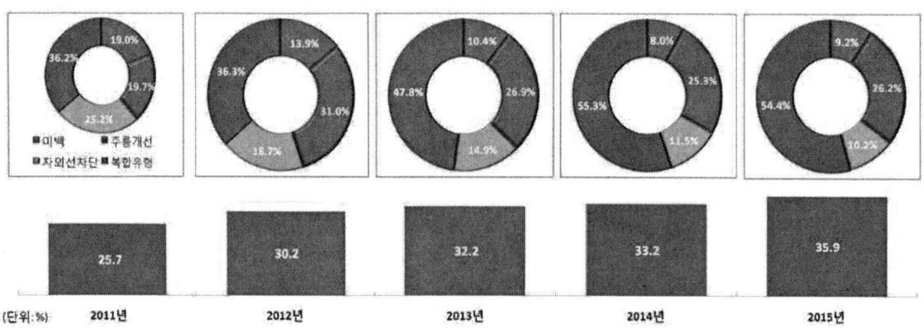

[그림 1-1] 기능성 화장품 생산실적 추이

출처: 대한화장품협회, 화장품 생산실적 자료, 각 연도

(2) 산업의 구조

후방산업은 기능성 식품, 생명공학, 의약품 관련 산업으로 구성되고, 대부분이 바이오 관련중소기업에서 모방수준에서 제조 후방산업에 있어 피부에 보습을 주

는 기능성 식품, 줄기세포 및 미생물 배양과 관련된 바이오기술을 융합한 기술로 고효과의 보습효과와 확실한 약용 효과를 이용한 코스메슈티컬의 효과에 대한 요구 증대 전방산업으로서 기능성 화장품 분야의 주요 시장은 화장품 산업, 미용서비스 산업, 의료서비스 산업 등으로 구성 기능성 화장품 산업은 전방 산업의 품질 고도화 요구에 따라 피부 흡수와 관련된 천연 소재 및 고흡수, 유효약물의 작용과 같은 기능성에 대한 수요 증요

〈표 1-4〉 기능성 화장품 분야 산업구조

후방산업	기능성 화장품 기술 분야	전방산업
기능성 식품, 생명공학 관련 산업 (줄기세포, 미생물 배양 등)	화장품 소재 제조업, 천연물 제조업, 코스메슈티컬 관련 사업	화장품 산업, 미용서비스 산업, 의료 서비스 산업

*출처: 중소기업 기술로드맵 2018-2020 기능성화장품

화장품 산업은 로드샵 및 홈쇼핑 등과 같은 유통채널의 성장으로 유통 · 제조 · 개발 분야의 분리가 가속화 되고 있으며, 최종 완제품의 경우 대기업의 시장 점유율이 절대적인 상황이다.

최근에는 기능성 천연화장품 산업 가치사슬 구조에서 원재료 생산업체가 중간 유통사를 배제하고 완제품 업체와 직거래하는 경향이 증가하고 있으며, 중소기업들은 화장품소재를 개발하여 대기업에 납품하거나 다양한 판매경로(피부과, 온라인, 브랜드샵, 홈쇼핑 등)를 확보 및 식약처와 여러 임상실험 등을 통한 자료화하여 자체 브랜드로 판매하고 있는 추세이다.

5. 기술 환경 분석

1) 기술개발트렌드

국내 화장품 원료의 특성상 글로벌 제조사와 협약을 맺지 않는 이상 한 고객사

에 독점권을 주어서는 개발한 원료에 대한 투자를 모두 얻어낼 수 없으므로 다양한 카테고리 내 업체별로 의 세심한 차이를 갖는 기능성 소재들을 개발하는 추세 이러한 소재시장 특성은 거대 자본, 기술력을 바탕으로 개발한 다국적 기업들의 기능성 소재들과 경쟁을 할 수 없어, 장기적으로 국내외 시장 점유율을 높일 수 없기 때문에 기술 장벽을 갖춘 소재 개발 연구에 투자하여 특수원료 개발에 치중하는 경향성을 띠며, 자외선 차단제의 경우 새로운 효능성분의 추출법 등의 공법과 새로운 분산제 및 기기 개발이 필요하다.

〈표 1-5〉 기술 개발 분류

세부분류	요소기술	요소기술 설명
제형 및 소재	특이 제형화 기술	• 크림/로션, 에센스/오일, 수렴/유연/영양제/화장수, 부착형 화장품의 특이한 제형
	천연유래 물질의 기능성 발현 개발 기술	• 천연유래 물질의 추출법/가공법/정제법에 따른 기능성 유효약물의 기능성 발현 개발 기술
	유효약물의 봉입법 기술	• 유효약물의 비드화, 캡슐화, 마이크로/나노화 등의 봉입 기술 개발
유효약물의 효능/효과	안전 및 안정성 유지 기술	• 유효 약물의 안전/안정성 유지 기술 개발, 동물시험 시험평가 기술 개발, 안정성 평가 기술 개발, 2차 감염 억제 기술 개발
	가공법 개선 기술	• 가공법에 따른 고수율화 기술 개발 • 소비자 맞춤형 제공 시스템 구축 기술
	천연유래 유효약물의 효과 기술	• 천연유래물질의 발효/숙성과정을 기간을 미생물/식물세포 배양법에 따른 기능성 유효약물의 효과 기술
시험평가기법	정성/정량분석 기법	• 극미세량 기능성 소재의 정량을 정성/정량분석 기법
	디지털 이미지 분석 기술	• 기능성 효과에 대한 디지털 이미지 분석 기술
	피부 흡수 스크리닝 기술	• 마이크로/나노화 입자의 경피흡수능 개량 기술 개발
복합 기능성 화장품	약물의 충돌/상쇄 방지 기술	• 기능성 약물의 충돌/상쇄 방지 및 상생효과 발현 기술
	복합 기능성 소재의 제형화 기술	• 기능성 유효약물의 신규 조성물 조합을 통한 복합 기능성 소재의 제형화 기술

출처: 중소기업기술정보원, 중소기업 기술로드맵 2018-2020 기능성화장품

2) 기술환경분석

화장품산업은 화장품에 대한 필수재 인식 고취, 여성 경제활동 인구의 증가, 소비자 욕구의 다양화, 소비 계층의 확대, 온/오프라인 공유 플랫폼 확산, 고령화 시대 진입 등으로 인해 지속적으로 새로운 시장 창출이 기대되는 산업 기술 개발과 시장 세분화에 따른 혁신 제품개발은 국내시장 확대와 더불어 글로벌화를 가속화하여 지속적인 시장 성장을 가져올 것. 이와 더불어 코스메슈티컬, 염모제 등 화장품의 영역이 넓어지고 있다는 점도 긍정적임. 이러한 전방 산업의 확대 및 호황은 해당 업계 내 기업들에게 좋은 기회가 될 것으로 예상된다.

최근 화장품 분야에 컨버전스 기술 도입이 활발하게 이루어지고 있음. 화장품 시장의 성장세와 맞물려 유통, 식품 등 타 업종 업체들의 화장품 사업 진출이 늘어나는 상황이다.

화장품 시장은 진입장벽이 낮아 신규업체 및 후발업체의 시장진입이 용이한 특성이 있지만, 규모가 한정된 내수 시장에서 과다경쟁 등으로 다양한 문제가 야기될 수 있음. 이와 함께 제약과 화장품의 컨버전스, 코스메슈티컬(Cosmeceutical) 사업이 관련 업계의 새로운 성장 동력으로 떠오르고 있음. 코스메슈티컬은 화장품(cosmetics)과 의약품(pharmaceutical)을 합성한 용어로 의학적으로 검증된 기능성 성분을 이용해 만든 '치료 화장품'을 뜻함. 미백, 주름 개선에서 한걸음 나아가 피부 질환 치료를 돕는 제품으로 차세대 'K-뷰티'를 이끌 고부가 성장 분야로 꼽힘 기존 화장품에 의학적 기능이 가미된 코스메슈티컬 제품은 소비자들의 신뢰를 받으며 긍정적인 반응을 이끌어내고 있지만, 화장품 시장 내 제약사들의 경쟁이 포화 상태로 변하고 있어 새로운 경쟁구도 전략의 필요성과 시장 활성화방안 마련이 강조되고 있음. 또한 소비자들이 코스메슈티컬 제품에 대한 기대치가 높아 제품에 대한 회의감을 쉽게 느껴 효능이 더 높은 제품을 찾고자 하는 경향이 있으므로 이에 대한 대안이 필요 2011년과 비교해서 복합유형 비중이 18.3%p 증가했으며, 연평균 증가율 또한 37.1%로 가장 높음. 이는 각각의 기능성 제품을 따로 바르는 시간을 절약할 수 있어 바쁜 현대인에게 복합유형이 각광받고 있는 것으로

풀이. 전년대비 증가율이 가장 큰 유형은 미백으로 49.5% 증가, 그다음으로 주름개선이 34.2% 증가. 또한 복합유형 및 자외선차단은 전년대비 각각 27.6%, 15.4% 증가 천연물 중심의 기능성 화장품의 개발의 연구동향을 파악하기 위해 한국, 미국, 일본, 유럽, 중국의 특허동향을 살펴보면, 최근 기능성 화장품 원료로 사용되는 천연물 주요 소재는 Angelica속, Panax속, Camellia속, Aloe속 등이 주로 사용되고 있는 것으로 파악되고 있음.

또한, 발효 등의 공정의 변수를 통하여 유효약물의 고농축/고밀도화를 시켜 신속하게 작용시키고 부작용 등의 안정성 및 안전성을 확보하려 하고 있다.

〈표 1-6〉 화장품 주요 천연물 소재 현황

순위	미백	주름	자외선	복합	클렌징	보습
1	Angelica속	Angelica속	Camellia속	Panax속	Aloe속	Angelica속
2	Panax속	Panax속	Aloe속	Angelica속	Saponaria속	Aloe속
3	Scutellaria속	Ganoderma속	Panax속	Centella속	Panax속	Panax속
4	Citrus속	Cordyceps속	Scutellaria속	Citrus속	Gryptomeria속	Astragalus속
5	Camellia속	Centella속	Rosmarinus속	Aiphanes속	Magnolia속	Bacillus속
6	Bacillus속	Ginkgo속	Citrus속	Auricularia속	Solanum속	Saponaria속
7	Mammillaria속	Scutellaria속	Vitis속	Tremella속	Bacillus속	Ganoderma속
8	Brassica속	Aloe속	Angelica속	Camellia속	Camellia속	Tremella속
9	Morus속	Tremella속	Achillea속	Bacillus속	Citrus속	Ginkgo속
10	Achillea속	Saccharomyces속	Saccharomyces속	Glycine속	Actinidia속	Glycine속
11	Cordyceps속	Auricularia속	Helianthus속	Scutellaria속	Brassica속	Pleurotus속
12	Bletilla속	Aiphanes속	Perilla속	Ganoderma속	Vitis속	Solanum속
13	Aloe속	Salvia속	Rubus속	Rosmarinus속	Hordeum속	Phaseolus속
14	Ganoderma속	Phellinus속	Curcuma속	Salvia속	Bupleurum속	Citrus속
15	Rosa속	Camellia속	Sorghum속	Achillea속	Centella속	Salvia속

출처: 대한화장품협회, 화장품 생산실적 자료, 각 연도

국내외 주요 화장품 생산업체별 기능성 천연화장품 소재 연구동향을 살펴보면, 한국에서 가장 많은 기능성 천연화장품 소재 특허를 출원한 아모레퍼시픽의 경우

Glycin속(113건), Panax속(105건), solanum속(38건), ammillaria속(26건), cryptomeria속(20건) 등에 대해 다수 출원된 것으로 분석. 아직 까지는 천연유래 물질에서 탈모와 육모에 관한 특허 및 논문은 많으나 거의 동의보감과 본초강목 등을 근거로 놓은 물질이나 너무 주관적인 논문에서 나오기 때문에 통계를 낸다는 것에 큰 의문이 들어 실어 놓지는 않았다.

〈표 1-7〉 주요 화장품 업체별 기능성 천연 화장품 소재 특허 현황

구분		천연 소재(생물자원) 특허 현황
국내	아모레퍼시픽	• Glycin속(113건), PANAX속(105건), solanum속(38건), ammillaria속(26건), cryptomeria속(20건)
	코리아나	• Saccharomyces속(11건), Bacillus속(8건), Cnidium속(8건), Wolfiporia속(7건) ※ 사카로마이세스, 세레비지에, 바실러스, 고초균, 천궁, 예덕나무, 복령 등
	LG생활건강	• Cordyceps속(16건), Paecilomyces속(10건), Asparagus속(7건), Bupleurum속(5건) ※ 동충하초 집중 연구
국외	L'OREAL	• Litsea속(27건), Centella속(26건), Lactobacillus속(12건), Aloe속(12건), Sorghum속(10건)
	LVMH	• Medicago속(22건), Centella속(13건), Eriobotrya(11건) ※ 주름개선 특허에 집중
	SHISEIDO	• Zingiber속(8건), Rubus속(5건), Rosmarinus속(5건), Achillea속(5건), Bupleurum속(4건) ※ 미백, 주름개선, 자외선 관련 특허에 집중
	NOEVIR	• Hamamelis속(27건), Achillea속(21건), Aesculus속(19건), Matricaria속(17건), Cupressus(15건), Hypericum속(15건) ※ 주름개선 특허에 집중
	LIU YONGHONG	• Rehmannia속(67건), Codonopsis속(53건), Salvia속(31건), Potentilla속(30건), Rhodiola속(26건) ※ 보습, 주름개선 특허에 집중

출처: 중소기업기술정보원, 중소기업 기술로드맵 2018-2020 기능성화장품

가. 미백 기능을 강조한 화장품 소재 기술 개발

미백 기능성 화장품을 개발하기 위해 다양한 기전의 기능성 원료들이 개발되고

있으며, Arbutin, Kojic acid등의 Tyrosinase inhibition 기전의 원료가 가장 대표적이며 이 외에 vitamin C 유도체들이 국내기능성 기능성 주성분으로 고시 최근에는 tyrosinase발현 억제 및 melanosome transfer억제 기전의 원료가 식약청에 의해 미백 기능성 주성분으로 고시 전통적으로 미백관련 연구가 매우 활발한 일본의 경우 현재까지 Magnesium ascobyl phosphate, 코직산(Kojic acid), 알부틴, AA2G, Ellagic acid, Rucinol, Chamomile ext, Linoleic acid, tranexamic acid, Magnolignan, 4-MSK등 총 14종이 의약부외품(약용 화장품) 원료로 개발되어 사용 미백 고시 원료는 직접 피부를 하얗게 만드는 것이 아니다.

닥나무추출물과 알부틴, 알파-비사볼올, 유용성감초추출물은 멜라닌을 만드는데 관련된 효소인 티로시나아제가 활성화되는 것을 막아 줌 아스코빌글루코사이드와 에칠아스코빌에텔, 아스코빌테트라이소팔미테이트는 티로시나아제 효소에 자극받은 티로신이 산화되는 것을 막아 줌 최근 미백 물질의 대세라는 나이아신아마이드는 이미 생성된 멜라닌이 멜라노사이트에서 각질형성세포로 넘어가는 단계 억제. 멜라닌이 실제 피부 세포에 들어가는 마지막 단계를 막음 최근 연구동향을 보면 기미, 검버섯 등과 같은 색소침착현상을 노화현상의 일종으로 보고 노화의 근본 원인 연구를 통해 미백을 접근하려는 시도가 진행되고 있음. 또한 멜라닌 생성 제어 관점의 연구뿐 아니라 멜라노좀의 이동 저해, 표피에서의 멜라닌 배출, 멜라닌 생성 조절에 관여하는 신호전달 물질 등 다각적인 연구가 진행 또한 미백 기능성 비고시 성분에 대한 관심은 치열한 미백 화장품 시장에서 강력한 무기가 됨. 중소업체의 경우 고시된 원료만의 사용으로 차별화 포인트를 찾기 힘든 실정. 기존 고시 성분과 관련하여 안정성, 변색의 문제와 고가라는 문제점 등이 부각되면서 비고시 성분에 대한 욕구는 커진다.

나. 주름개선 기능을 강조한 화장품 소재 기술 개발

주름개선 기능성 소재로 고시된 성분으로는 레티놀(2500 IU/g), 레티닐팔미테이트(10000 IU/g), 아데노신(0.04%), 폴리에톡실레이티드레틴아마이드(0.05~0.2%)의 4종이 있음 이들을 이용한 주름개선 기능성 화장품은 고시된 농도를 사용한 경우 안전성 유효성 심사 자료의 제출이 면제 이외에도 개별 인증을 통해 기능성 화장품으로 승인된 제품 중에는 주성분으로 하이드록시프롤린, 7-디하이드로콜레스테롤, 카이네틴, 작약추출물, 빈랑자 추출물 등이 있음 주름개선 기능성 소재는 주로 표피세포의 분화 및 재생을 조절하는 성분, xtracellular matrix(ECM)을 조절하는 물질, 활성산소를 소거하는 항산화제, 항염증작용 성분, 자외선에 의한 손상을 방어하는 성분 및 기타 근육운동을 저하하는 유사 보톡스 개념의 펩타이드류들이 주류를 이루고 있음 먼저 표피세포의 분화 및 재생을 조절하는 물질로는 기존의 retinoids와 AHAs 외에도 mevalonicacid 등이 개발 이용 ECM 조절 성분으로는 작약에서 추출한 paoniflorin이라든지 백지에서 추출한 prangenidin 같은 성분들이 개발되어 이용 Prangenidin의 경우 PCIP enzyme immunoassay를 통한 콜라겐 생합성능을 조사한 결과, 비타민C에 비하여 약 20배 정도 우수한 것으로 확인 자외선에 의해 손상받기 쉬운 DNA를 보호하거나 repair하는 성분들이 개발되었는데, 대표적인 예로 식물성 플랑크톤(plankton A nidulans)에서 추출한 것으로 DNA 손상치유 기능 의 효소로 알려진 photolyase 등도 개발 이용한다.

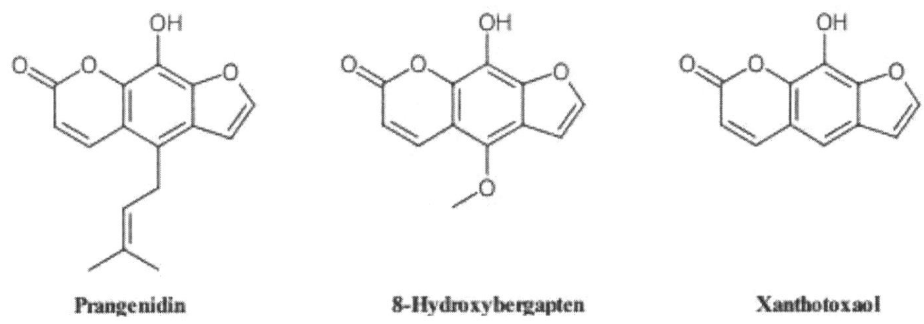

[그림 1-2] prangenidin을 포함한 백지의 주성분들의 구조식

출처: 기능성 화장품 연구개발 동향(LG생활건강기술연구원)

다. 자외선차단 기능을 강조한 화장품 소재 기술 개발

기존 유기 자외선 차단제의 난 용해성, 피부자극성, 광분해와 같은 단점을 보완

하고자, 구상의 Polymethylmethacrylate에 유기 자외선 차단제를 복합화 하는 새로운 합성방법으로 소재의 복합화를 통해 기존의 유기 자외선 차단제를 안전하고 쉽게 사용할 수 있는 방법이 선진 화학 등에서 개발 중임. 새로운 무기소재의 합성으로는 최근 이슈가 되고 있는 나노 입자의 인체 유해성과 관련해 100nm 이하의 입자가 없는 자외선 차단 이산화티탄 분말의 제조방법과 그 효능을 제시함으로서 인체에 안전한 무기소재의 개발을 목표로 함 유기 자외선 차단제와 무기 자외선 차단제의 장점을 가진 유기-무기 결합형 자외선 차단제 개발기술이 진행 중에 있음. 이 기술로 제조한 자외선차단제는 유기 자외선 차단제가 가지고 있는 피부독성의 부작용과 무기 자외선 차단제가 가지고 있는 낮은 효율의 자외선 차단 효과 및 사용성과 관련된 문제점을 동시에 해결할 수 있는 자외선 차단제라는 점이 주된 특징임. 즉, 이 기술을 통한 자외선 차단제는 고분자의 특성을 가지고 있어 피부안전성이 높으며, 실리콘 화합물이므로 백화현상을 일으키지 않으며, 유기-무기 결합형 타입으로써 UV-A와 UV-B를 동시에 효율적으로 차단하는 특장점을 지니게 됨 자외선 차단 화장품의 소재와 제조기술이 발전하면서 UVB뿐 아니라 UVA 차단, 내수성 및 지속성을 향상시킨 화장품들이 개발되고 있으며, 그 효과를 정확하고 객관적으로 평가하기 위한 연구방법들이 개발되고 있음. 임상연구에서는 피험자의 안전을 최우선으로 고려하면서 광원의 안정성, 시료 적용방법의 정확성, 검사와 판정의 객관성을 확보하는 과정이 중요하다.

자외선 차단 화장품의 법률적 지위는 국가마다 다르며 세부 연구방법도 각 국가마다 인종과 산업의 특수성을 고려하여 조금씩 다른 방법과 기준을 적용하고 있으나 최근 국제적으로 통일하는 노력도 진행 중이다.

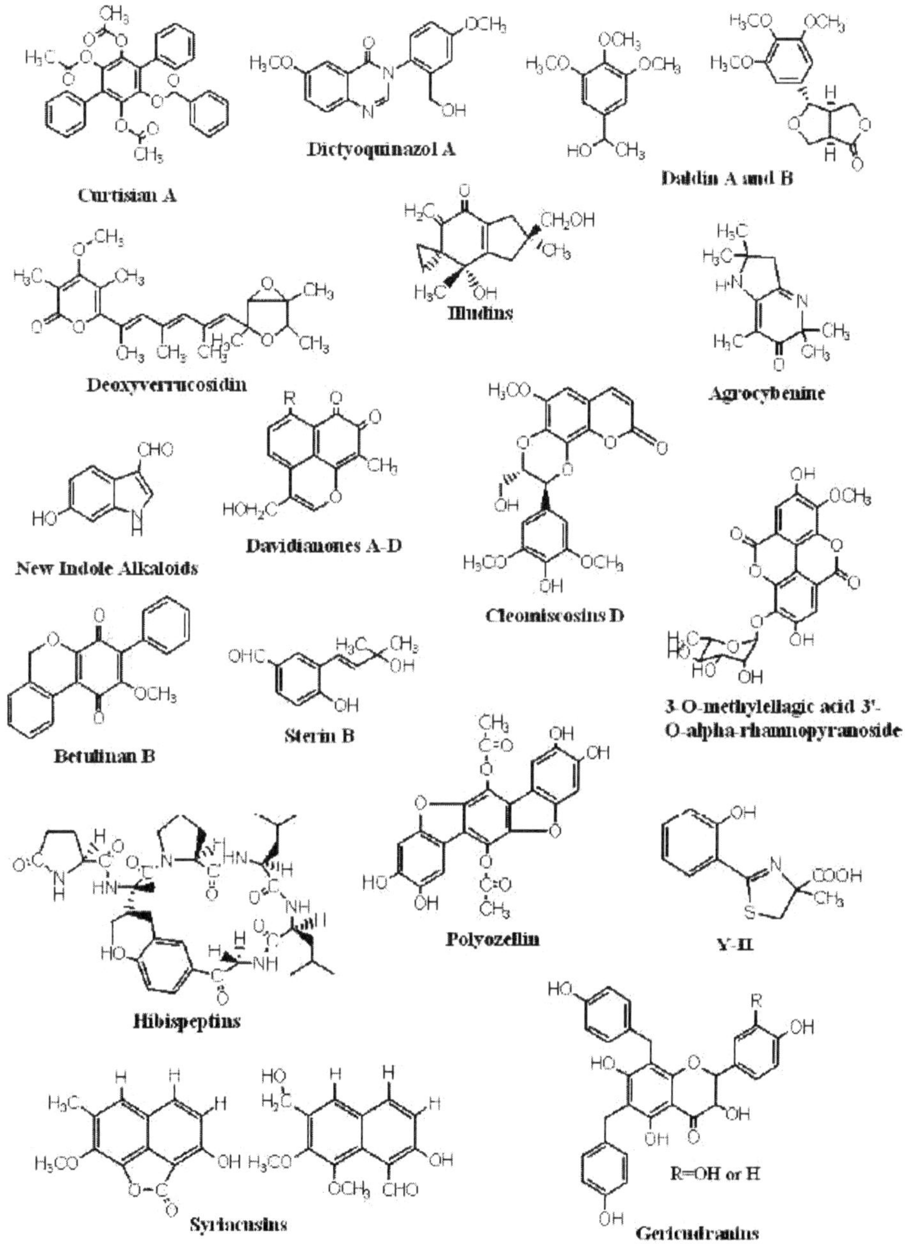

[그림 1-3] 연물 유래의 자외선차단제 포함 기능성 신소재의 화학구조

출처: 중소기업기술정보원. 중소기업 기술로드맵 2018-2020 기능성화장품

라. 복합 기능을 강조한 화장품 소재 기술 개발

고객의 니즈에 맞춘 소재개발이 필요한데 화장품 소비에 있어서는 똑똑한 소비자들의 니즈에 맞춰 실제 피부개선, 노화방지 등의 기능성 효과가 우수한 원료의 개발이 지속적으로 요구하지만 초반 기능성 화장품 시장의 주원료였던 많은 소재들의 안전성 문제에 따른 시장에서의 쇠퇴 이후 현재까지 안정성과 효과성을 만족하는 원료는 없는 것으로 파악되며 식약처에서 관리하는 소재들도 화장품 내 사용 함량을 제한하는 추세로 향후, 자외선차단 기능을 가진 성분들이 미백기능을 부스팅(boosting)시킬 수 있도록, 또는 미백기능이 주름개선기능을 부스팅시킬 수 있도록 하는 등 복합적인 면을 고려한 제품군에 대한 관심도가 매우 높다.

만일 각각의 기능성을 갖는 유효성분을 화장품에 넣었을 때 그 유효성분이 서로 시너지효과를 내면 좋겠지만 만일 반대의 현상일 일어나는 점을 고려해보는 것이 필요 유효 약물의 안전/안정성 유지 기술 개발, 동물시험 시험평가 기술 개발, 안정성 평가 기술 개발, 2차 감염 억제 기술 개발 중요할 뿐만 아니라 기계의 적합성 필요하다.

천연유래물질의 발효/숙성 과정 기간을 미생물/식물세포 배양법에 따른 기능성 유효약물의 효과를 올리기 위한 개발이 중요하며 그 가공방법에 따른 고수율화 기술 개발 및 소비자 니즈에 맞춤형 제공 시스템의 구축이 매우 중요 현재 미백, 주름개선, 자외선 산란/흡수 기능과 같이 각각의 효과를 갖는 원료보다 한 가지 원료로 dual 또는 triple, multiple의 효과를 갖는 소재 개발이 중요하다.

마. 기능성을 강조한 헤어 케어 소재 기술 개발

최근 모발 화장품의 경우 스타일링과 세정기능을 하는 정도의 단순한 제품에서 사용자의 모발과 상태에 따라 선택 할 수 있도록 보다 전문화 · 세분화 되었고, 모든 제품에 모발보호 기능을 추가하여 세련된 스타일과 더불어 건강한 모발을 원하는 소비자의 욕구를 만족시키기 위한 시도가 이루어지고 있다. 또한 다양한 기능의 트리트먼트제 개발로 반복적인 화학적 시술로 인한 모발의 질적, 형태적 손상을 최소화 시키고, 이미 손상된 모발을 관리하여 일상생활에서 지속될 수 있는 손상을 지연시킨다.

기존의 모발 트리트먼트제는 건조하고 푸석푸석한 모발에 부드러운 유막을 형성하여 컨디셔닝(comditioning)을 개선하는 기능이 대부분이었다면 요즘은 손상된 모발의 내 · 외부에 침투하여 알칼리에 의해 팽윤되어 들뜬 큐티클 층을 차분하게 하고, 간층 물질이 빠져나간 자리에 침투하여 소실된 부분을 보수하고 모발 내부의 수분 증발을 막아주는 기능성 제품이 주를 이룬다.

탈모에 있어 그 치료는 병원을 방문하는 것으로 시작하여 탈모는 단기간에, 몇 번의 치료만으로 나아질 수 있는 질환이 아니라는 특성을 파악. 그 후 꾸준한 관리가 병행되어야만 비로소 개선 효과를 볼 수 있는데 홈 케어 제품을 같이 사용하면 시너지 효과를 기대할 수 있음 기능성 헤어케어에 집착하는 이유는 상대적으로 방문하기 힘든 병원에 비해 집에서 홈 케어 제품은 매일 사용할 수 있다는 점에 주목되며, 유효약물에 집중 하는 것임. 세계 각국에서는 많은 연구를 진행하고 있으며 그에 따라 우리나라에도 여러 분야의 것을 연구하는 것이 중요 중국의 경우 전통약재를 연구하여 탈모방지 소재의 개발과 현대 약리 논리를 함께 적용함으로서 조금 더 과학적으로 접근하였으며, 최근에는 모근 주위에 지방분을 없애 모발 성장이 수월하게 자라는 것을 개발. 유럽에서는 탈모 진행 정도에 따른 상품 출시와 특히 샴푸 이외에도 탈보방지 헤어오일을 개발하였고, 모낭개선, 탈모예방 등과 관련된 국제 특허 처방 보유, 카페인 성분이 들어간 남성전용 제품 출시 및 탈모분석, 고민해결 제공한다.

6. 소비자팬턴분석

2) 화장품에 대한 성별, 연령별 차이

(1) 소비자행동 및 구매행동

소비자는 소비 장면에서 담당하는 역할에 따라 제품, 아이디어, 서비스, 필요성을 제안하는 발안자(initiator), 최종결정을 내리는 의사결정자(decision maker)것은 여러 연구를 통해 지적됐다. 정보 처리, 미디어의 이용, 광고 메시지에 대한 반응) 등에 있어서 성별 차이가 나타난 것으로 보고되었다. 또한 쇼핑을 하는 과정에서의 성별 차이는 크게소비자 구매행동에 관한 것과 정보처리과정에 대한 것으로 나타난다.

구매행동(buying behavior)이란 소비자가 제품이나 서비스의 필요성을 인식하고 구매하고자 하는 제품이나 서비스에 대한 정보탐색, 대안평가, 구매결정, 구매 후 평가 등 일련의 구매과정에서 발생할 수 있는 행동을 의미한다. Brown은 쇼핑성향이 정보탐색, 제품선택, 대안평가 등에 나타날 수 있으며, 쇼핑과 관련된 일련의 태도, 관심, 의견으로 표현된다고 하였다.

화장품 구매에서도 이와 같은 소비자행동, 구매행동이 나타나며 특히 화장품 구매성향과 인구 통계적 변인에 따라 구매동기 및 선택기준, 정보원, 구매처 등과 같은 화장품 구매행동에 차이를 보이고 있어 화장품 시장에 있어서 이들이 시장세분화를 위한 중요한 변수임을 알 수 있다.

(2) 남성의 화장품 구매

화장품 시장 가운데 남성화장품 시장의 카테고리가 눈에 띄게 확장되면서 남성 전용 제품이 기능화, 전문화, 다양화되는 추세를 나타내고 있다. Euromonitor는 2012년 한국 남성이 화장품 구매에 4억 9,550만달러(약 5,527억 원)를 지출해 전 세계 남성화장품 매출의 21%를 차지했다고 분석하며, 한국을 "성인 남성 인구는 1,900만 명에 불과한데 남성화장품 시장 규모는 세계에서 가장 큰 특이한 국가"로 꼽았으며, 국내 남성 화장품시장의 성장세는 세계적인 화장품업체들도 주목하는 바다. 남성 화장품에 대한 상표출원도 꾸준히 증가하고 있다. 특허청에 따르면 남성 화장품을 나타내는 '남성, 옴므(Homme), 포맨(For men)' 등과 결합한 상표출원이 70년대에는 4건에 불과했지만 80년대(22건), 90년대(56건)를 거쳐 2000년 이후에는 246건으로 매우 증가하였다. 2010년에는 21건, 2011년에는 36건, 2012년

10월 말 기준 39건이 출원되는등 꾸준한 증가추세를 보이고 있다.43) 또한 남성 화장품 시장은 전체화장품 시장의 7.5%에 해당하며, 2003~2004년 경기침체에 따라 전체화장품 시장이 역신장을 기록하였을 때에도 각각 14.5%, 11.1% 성장하며 성장을 멈추지 않았다. 롯데백화점 부산점의 자체 조사에 따르면 지난 2009~2011년 화장품 고객 중 남성고객 비율은 2009년 16%에서2011년 19%로 약 2% 상승했다. 큰 폭의 변화는 아니지만 남성 구매객수가 약 2만여 명, 구매 금액으로는 약 55억 원 증가한 수치이다.

전통적으로 성인여성만의 전유물로 여겨졌던 화장품이 남성 화장품시장의 확대로 이어진 것은 전반적으로 남성 · 여성 편향적 취향의 구분이 희미해지고 있는 등 라이프스타일의 변화가 큰 역할을 한 것으로 보인다. 또한 여성적 이미지가 강해 미용 제품 사용을 꺼리는 남성들을 위해 제조업체들이 남성 전용제품을 출시하고, 유통업체들은 남성전용 미용제품 코너를 신설하며 남성들의 미용 제품 구매 필요성에 대한 인지도를 높이고 그들의 접근성을 높여 과거보다 상대적으로 남성들의 화장품에 대한 문턱이 낮아진 것으로 사료된다. 2010년 국내남성 화장품 시장 점유율을 살펴보면, 아모레퍼시픽이 23.5%로 1위를 차지하였고, LG생활건강 14.7%, P&G 9.8%, 소망화장품 5.1%, 로레알 코리아 4.0% 등이 그 뒤를 이었다.47) 2011년에는 아모레퍼시픽의 헤라 옴므가 1,000억 원의 판매액을 기록해 1위를 차지하였고, LG생활건강의 보닌이 500억 원, 오딧세이와 더페이스샵, 비오템옴므가 300억 원대로 Top 5를 형성했다. 그 뒤로 라네즈 옴므와 소망화장품 에소르 · 꽃남,설화수 정양라인이 200억 원대, 랩시리즈, 오휘 포맨, 아이오페 옴므 등 이 100억 원 이상의 매출로 10위권에 포진한 것으로 나타났다.

최근 '메트로섹슈얼', '그루밍족'에서 더 나아가 최근 '로엘족'이라는 계층이 등장했다. '로엘족'이란 Life of Open-mind, Entertainment and Luxury를 줄여 말하는 것으로 사회적 지위와 경제적인 여유가 넘치는 30세부터 50세 이르는 남자들을 가리킨다. 이들은 패션과 라이프 스타 임팩트 일 변화에 적극적이어서 다양한 카테고리의 화장품에 적극적인 관심을 두고, 이러한 관심은 실제 소비로 이어진다.

이처럼 남성 화장품 사용 연령층도 다양해져서 20～30대뿐만 아니라 40～50대들까지 소비자 폭이 넓어지고 있다. 남성들도 자신을 꾸미는 시대, 즉 '화장하는 남자'의 전성시대가 바로 현대시대인 것이다. 35세 이하의 젊은 세대는 자신을 어필하고 세련된 이미지를 유지하기 위해 미용 제품을 구매하며, 노년층은 나이가 먹어 감에 따라 주름살 방지 등과 같은 기능성 제품의 구매가 확대되는 것으로 나타났다. 또한 아모레퍼시픽에 따르면 10년 전 남성의 10%만 본인이 직접 자신이 쓸 제품을 고른 반면, 이제는 60%가 직접 구매를 한다고 한다.

(3) 여성의 화장품 구매

현대 사회에 있어 여성들이 아름다워야 한다는 것은 하나의 규범이 되었고, 외모나 신체적 조건은 단순히 자신을 가꾸는 차원이나 아름다워지고 싶은 개인적인 욕망을 넘어서, 사회적 성공의 조건 또는 사회적 지위나 부를 상징하는 기준이 될 만큼 우리 생활에 중요한 요소로 자리 잡았다. 특히 화장품은 다른 소비상품과는 달리 상품으로서의 대상을 넘어 인간의 미와 신체에 관련되는 욕구를 충족시켜 주고 여성의 외모 의식에 대한 변화와 심리적인 만족감을 부여하는 데 중요한 상품이다.

화장품은 연령과 같은 인구 통계적 특성에 따라 구매행동에 차이를 보인다. 소규만의 연구를 살펴보면, 여성의 경우 연령이 적을수록 피부보호와 개성창조를 위해 제품을 선택하고, 연령이 많을수록 피부보호 를 위한 제품선택이 증가한다고 나타났다. 연령이 적은 집단은 상품 자체와 구매 비용을 중요시 여기며, 연령이 많은 집단은 상표나 매장 진열 그리고 판매원의 권유 등의 외적인 요인을 중요히 사는 것으로 나타났다. 신혜진의 연구에서는 연령이많은 여성일수록 품질 및 기능을 중요하게 여기면서 TV나 라디오 광고 영향을 많이 받고, 연령이 적은 여성일수록 피부 적합성을 중요하게여기면서 가족이나 주변 사람의 영향을 많이 받는 것으로 나타났다.

20～30대의 경우 자기계발과 자기만족에 대한 욕구가 강하여 일과여가의 적절

한 균형을 추구하는 라이프 스타일을 지니고 있다. 또한, 취업여성의 증가로 개인이 소비할 수 있는 능력이 향상되면서 자기중심적 소비로 개성과 차별화를 추구하고, 감각적 소비를 통해 가치 중심의 상징적 소비 성향을 지향한다는 특성을 가진다. 특히 20대 여성들은 변화에 적응력이 뛰어나고 유행에 민감하여 의상이나 메이크업에 지출을 많이 하며, 미혼의 여성들은 TV 연예인, 잡지, 광고 등에 흥미가 높다. 이 시기에 많은 여성은 피부 관리에 관심을 두기 시작하고 그 때문에 화장품의 기능에 대한 관심도가 높아지게 되며, 화장품 선택 시 실용적 가치와 상표의 명성을 동시에 추구하는 경향을 보이기 시작한다. 여성들은 소비 생활에서 집단행동, 구전을 통한 파워가 잘 형성 되는데, 이는 정보 수집과 교환이 쉬운 인터넷상에서 더 원활히 이루어 지고 있으며 다른 연령대에 비해 20대~30대 여성에게서 인터넷에서 정보를 찾고 쇼핑을 하는 경향이 높게 나타났다. 또한 여성들은 온 라인 커뮤니티를 중요한 정보원천으로 인식하고 있었는데, 여성들은 화장품을 구입하기 전 관심 있는 화장품 후기를 찾아보면서 적극적인 정보탐색을 하는 것으로 나타났다. 40~50대 중년 여성의 경우, 경제적으로 어려웠던 과거에는 자신을 위해 돈과 시간을 투자한다는 것이 어려운 일이었지만, 이제 의 · 식 · 주해결에서 벗어나 경제력을 갖춘 이들은 미에 대한 관심이 날로 높아져가고 있다. 이 시기의 여성들은 체중 증가와 체형 변화를 겪게 되고 젊었을 때와 다른 얼굴 형태로 인하여 심리적 위기감을 느끼고 외모적 매력을 높이기 위하여 노력하게 되므로 인해 화장에 관심이 커진다.

다시 말해 40~50대 중년 여성들은 경제적으로는 안정기에 해당하나 신체와 외모적으로는 급격한 노화를 겪기 시작하기 때문에, 피부미용과 관련한 소비가 급증할 수 있는 여지를 지니고 있는 계층이라고 볼 수 있다. 이 연령층의 경우 인터넷을 통한 구매보다는 방문 판매나 백화점과 같은 신뢰할 수 있는 유통구조를 선호하는 것으로 나타났다.

II 식품의약안전처의 향장품 기능성 소재 심사 기준

1. 기능성화장품의 심사를 위한 자료

가) 안전성, 유효성 또는 기능을 입증하는 자료

(1) 기원 및 개발경위에 관한 자료

(2) 안전성에 관한 자료(다만, 과학적인 타당성이 인정되는 경우에는 구체적인 근거자료를 첨부하여 일부 자료를 생략할 수 있다.)

(가) 단회투여독성시험자료

(나) 1차피부자극시험자료

(다) 안점막자극 또는 기타점막자극시험자료

(라) 피부감작성시험자료

(마) 광독성 및 광감작성 시험자료(자외선에서 흡수가 없음을 입증하는 흡광도 시험자료를 제출하는 경우에는 면제함)

(바) 인체첩포시험자료

(사) 인체누적첩포시험자료(인체적용시험자료에서 피부이상반응 발생 등 안전성 문제가 우려된다고 판단되는 경우에 한함)

(3) 유효성 또는 기능에 관한 자료(다만, 화장품법 시행규칙 제2조제6호의 화장품은 (다)의 자료만 제출한다)

(가) 효력시험자료

(나) 인체적용시험자료

(다) 염모효력시험자료(화장품법 시행규칙 제2조제6호의 화장품에 한함)

(4) 자외선차단지수(SPF), 내수성자외선차단지수(SPF, 내수성 또는 지속내수성) 및 자외선A차단등급(PA) 설정의 근거자료(화장품법 시행규칙 제2조제4호 및 제5호의 화장품에 한함)

나) 기준 및 시험방법에 관한 자료(검체 포함)

2. 기준 및 시험방법에 관한 자료

1. 안전성, 유효성 또는 기능을 입증하는 자료

가. 기원 및 개발경위에 관한 자료

당해 기능성화장품에 대한 판단에 도움을 줄 수 있도록 명료하게 기재된 자료

나. 안전성에 관한 자료

1) 일반사항

「비임상시험관리기준」(식품의약품안전처 고시)에 따라 시험한 자료. 다만, 인체첩포시험 및 인체누적첩포시험은 국내 · 외 대학 또는 전문 연구기관에서 실시하여야 하며, 관련분야 전문의사, 연구소 또는 병원 기타 관련기관에서 5년 이상 해당 시험 경력을 가진 자의 지도 및 감독 하에 수행 · 평가되어야 함

2) 시험방법

가) 독성시험법에 따르는 것을 원칙으로 하며 기타 독성시험법에 대해서는 「의약품등의 독성시험기준」(식품의약품안전처 고시)을 따를 것

나) 다만 시험방법 및 평가기준 등이 과학적 · 합리적으로 타당성이 인정되거나 경제협력개발기구(Organization for Economic Cooperation and Development) 또는 식품의약품안전처가 인정하는 동물대체시험법인 경우에는 규정된 시험법을 적용하지 아니할 수 있음

다. 유효성 또는 기능에 관한 자료

1) 효력시험에 관한 자료

심사대상 효능을 포함한 효력을 뒷받침하는 비임상시험자료로서 효과발현의 작용기전이 포함되어야 하며, 다음 중 어느 하나에 해당할 것

가) 국내 · 외 대학 또는 전문 연구기관에서 시험한 것으로서 당해 기관의 장이 발급한 자료(시험시설 개요, 주요설비, 연구인력의 구성, 시험자의 연구경력에 관한 사항이 포함될 것)

나) 당해 기능성화장품이 개발국 정부에 제출되어 평가된 모든 효력시험자료로서 개발국 정부(허가 또는 등록기관)가 제출받았거나 승인하였음을 확인한 것 또는 이를 증명한 자료

다) 과학논문인용색인(Science Citation Index 또는 Science Citation Index Expanded)에 등재된 전문학회지에 게재된 자료

2) 인체적용시험자료

사람에게 적용 시 효능 · 효과 등 기능을 입증할 수 있는 자료로서, 관련분야 전문의사, 연구소 또는 병원 기타 관련기관에서 5년 이상 해당 시험경력을 가진 자의 지도 및 감독 하에 수행 · 평가되고, 화장품법 시행규칙」 제2조제10호에 해당하는 기능성화장품의 경우에는「의약품 등의 안전에 관한 규칙」 제30조제2항에 따라 식품의약품안전처장이 지정한 임상시험실시기관 또는 식품의약품안전처장이 현지실사 결과「의약품 등의 안전에 관한 규칙」 의약품 임상시험 관리기준과 동등 이상의 수준으로 관리된다고 판단되는 외국의 임상시험실시기관에서 수행 · 평가된 자료에 해당할 것

3) 염모효력시험자료

인체모발을 대상으로 효능 · 효과에서 표시한 색상을 입증하는 자료

라. 자외선차단지수(SPF), 내수성자외선차단지수(SPF), 자외선A차단등급(PA) 설정의 근거자료

1) 자외선차단지수(SPF) 설정 근거자료

자외선 차단효과 측정방법 및 기준 · 일본(JCIA) · 미국(FDA) · 유럽(Cosmetics Europe) 또는 호주/뉴질랜드(AS/NZS) 등의 자외선차단지수 측정방법에 의한 자료

2) 내수성자외선차단지수(SPF) 설정 근거자료

자외선 차단효과 측정방법 및 기준 · 미국(FDA) · 유럽(Cosmetics Europe) 또는 호주/뉴질랜드(AS/NZS) 등의 내수성자외선차단지수 측정방법에 의한 자료

3) 자외선A차단등급(PA) 설정 근거자료

자외선 차단효과 측정방법 및 기준 또는 일본(JCIA) 등의 자외선A 차단효과 측정방법에 의한 자료

2. 기준 및 시험방법에 관한 자료

품질관리에 적정을 기할 수 있는 시험항목과 각 시험항목에 대한 시험방법의 밸리데이션, 기준치 설정의 근거가 되는 자료. 이 경우 시험방법은 공정서, 국제표준화기구(ISO) 등의 공인된 방법에 의해 검증되어야 한다.

1. 이 고시는 「화장품법」 제4조제1항 및 「화장품법 시행규칙」 제9조제1항에 따라 기능성화장품 심사를 받기 위하여 자료를 제출하고자 하는 경우, 기준 및 시험방법에 관한 자료 제출을 면제할 수 있는 범위를 정함을 목적으로 한다.

2. 제제를 만들 경우에는 따로 규정이 없는 한 그 보존 중 성상 및 품질의 기준을 확보하고 그 유용성을 높이기 위하여 부형제, 안정제, 보존제, 완충제 등 적당한 첨가제를 넣을 수 있다. 다만, 첨가제는 해당 제제의 안전성에 영향을 주지 않아야 하며, 또한 기능을 변하게 하거나 시험에 영향을 주어서는 아니된다.

3. 이 고시에서 규정하는 시험방법 외에 정확도와 정밀도가 높고 그 결과를 신뢰할 수 있는 다른 시험방법이 있는 경우에는 그 시험방법을 쓸 수 있다. 다만 그 결과에 대하여 의심이 있을 때에는 규정하는 방법으로 최종의 판정을 실시한다.

4. 화장품 제형의 정의는 다음과 같다.
   가. 로션제란 유화제 등을 넣어 유성성분과 수성성분을 균질화하여 점액상으로 만든 것을 말한다.
   나. 액제란 화장품에 사용되는 성분을 용제 등에 녹여서 액상으로 만든 것을 말한다.

다. 크림제란 유화제 등을 넣어 유성성분과 수성성분을 균질화하여 반고형상으로 만든 것을 말한다.

라. 침적마스크제란 액제, 로션제, 크림제, 겔제 등을 부직포 등의 지지체에 침적하여 만든 것을 말한다.

마. 겔제란 액체를 침투시킨 분자량이 큰 유기분자로 이루어진 반고형상을 말한다.

바. 에어로졸제란 원액을 같은 용기 또는 다른 용기에 충전한 분사제(액화기체, 압축기체 등)의 압력을 이용하여 안개모양, 포말상 등으로 분출하도록 만든 것을 말한다.

사. 분말제란 균질하게 분말상 또는 미립상으로 만든 것을 말하며, 부형제 등을 사용할 수 있다.

5. 「밀폐용기」라 함은 일상의 취급 또는 보통 보존상태에서 외부로부터 고형의 이물이 들어가는 것을 방지하고 고형의 내용물이 손실되지 않도록 보호할 수 있는 용기를 말한다. 밀폐용기로 규정되어 있는 경우에는 기밀용기도 쓸 수 있다.

6. 「기밀용기」라 함은 일상의 취급 또는 보통 보존상태에서 액상 또는 고형의 이물 또는 수분이 침입하지 않고 내용물을 손실, 풍화, 조해 또는 증발로부터 보호할 수 있는 용기를 말한다. 기밀용기로 규정되어 있는 경우에는 밀봉용기도 쓸 수 있다.

7. 「밀봉용기」라 함은 일상의 취급 또는 보통의 보존상태에서 기체 또는 미생물이 침입할 염려가 없는 용기를 말한다.

8. 「차광용기」라 함은 광선의 투과를 방지하는 용기 또는 투과를 방지하는 포장을 한 용기를 말한다.

9. 물질명 다음에 ( ) 또는 [ ]중에 분자식을 기재한 것은 화학적 순수물질을

뜻한다. 분자량은 국제원자량표에 따라 계산하여 소수점이하 셋째 자리에서 반올림하여 둘째 자리까지 표시한다.

10. 이 기준의 주된 계량의 단위에 대하여는 다음의 기호를 쓴다.

미터	m	데시미터	dm
센터미터	cm	밀리미터	mm
마이크로미터	μm	나노미터	nm
킬로그람	kg	그람	g
밀리그람	mg	마이크로그람	μg
나노그람	ng	리터	L
밀리리터	mL	마이크로리터	μL
평방센티미터	㎠	수은주밀리미터	mmHg
센티스톡스	cs	센티포아스	cps
노르말(규정)	N	몰	M 또는 mol.
질량백분율	%	질량대용량백분율	w/v%
용량백분율	vol%	용량대질량백분율	v/w%
질량백만분율	ppm	피에이치	pH
섭씨 도	℃		

11. 시험 또는 저장할 때의 온도는 원칙적으로 구체적인 수치를 기재한다. 다만, 표준온도는 20℃, 상온은 15~25℃, 실온은 1~30℃, 미온은 30~40℃로 한다. 냉소는 따로 규정이 없는 한 1~15℃ 이하의 곳을 말하며. 냉수는 10℃ 이하, 미온탕은 30~40℃, 온탕은 60~70℃, 열탕은 약 100℃의 물을 뜻한다.

가열한 용매 또는 열용매라 함은 그 용매의 비점 부근의 온도로 가열한 것을 뜻하며 가온한 용매 또는 온용매라 함은 보통 60~70℃로 가온한 것을 뜻한다. 수욕상 또는 수욕중에서 가열한다라 함은 따로 규정이 없는 한 끓인 수욕 또는 100℃의 증기욕을 써서 가열하는 것이다. 보통 냉침은 15~25℃, 온침은 35~45℃에서 실시한다.

12. 통칙 및 일반시험법에 쓰이는 시약, 시액, 표준액, 용량분석용표준액, 계량기 및 용기는 따로 규정이 없는 한 일반시험법에서 규정하는 것을 쓴다. 또한 시험에 쓰는 물은 따로 규정이 없는 한 정제수로 한다.

13. 용질명 다음에 용액이라 기재하고, 그 용제를 밝히지 않은 것은 수용액을 말한다.

14. 용액의 농도를 (1 → 5), (1 → 10), (1 → 100) 등으로 기재한 것은 고체물질 1g 또는 액상물질 1mL를 용제에 녹여 전체량을 각각 5mL, 10mL, 100mL 등으로 하는 비율을 나타낸 것이다. 또 혼합액을 (1:10) 또는 (5:3:1) 등으로 나타낸 것은 액상물질의 1용량과 10용량과의 혼합액, 5용량과 3용량과 1용량과의 혼합액을 나타낸다.

15. 시험은 따로 규정이 없는 한 상온에서 실시하고 조작 직후 그 결과를 관찰하는 것으로 한다. 다만 온도의 영향이 있는 것의 판정은 표준온도에 있어서의 상태를 기준으로 한다.

16. 따로 규정이 없는 한 일반시험법에 규정되어 있는 시약을 쓰고 시험에 쓰는 물은「정제수」이다.

17. 액성을 산성, 알칼리성 또는 중성으로 나타낸 것은 따로 규정이 없는 한 리트머스지를 써서 검사한다. 액성을 구체적으로 표시할 때에는 pH값을 쓴다. 또한, 미산성, 약산성, 강산성, 미알칼리성, 약알칼리성, 강알칼리성등으로 기재한 것은 산성 또는 알칼리성의 정도의 개략(槪略)을 뜻하는 것으로 pH의 범위는 다음과 같다.

미산성	약 5~약 6.5	미알칼리성	약 7.5~약 9
약산성	약 3~약 5	약알칼리성	약 9~약 11
강산성	약 3이하	강알칼리성	약 11이상

18. 질량을 「정밀하게 단다.」라 함은 달아야 할 최소 자리수를 고려하여 0.1mg, 0.01mg 또는 0.001mg까지 단다는 것을 말한다. 또 질량을 「정확하게 단다.」라 함은 지시된 수치의 질량을 그 자리수까지 단다는 것을 말한다.

19. 시험할 때 n자리의 수치를 얻으려면 보통 (n+1)자리까지 수치를 구하고 (n+1)자리의 수치를 반올림한다.

20. 시험조작을 할때 「직후」 또는 「곧」이란 보통 앞의 조작이 종료된 다음 30초 이내에 다음 조작을 시작하는 것을 말한다.

21. 시험에서 용질이 「용매에 녹는다 또는 섞인다」라 함은 투명하게 녹거나 임의의 비율로 투명하게 섞이는 것을 말하며 섬유 등을 볼 수 없거나 있더라 매우 적다.

22. 검체의 채취량에 있어서 「약」이라고 붙인 것은 기재된 양의 ±10%의 범위를 뜻한다.

chapter

02

바이오 향장품 소재 개발 특징

"인체를 청결 · 미화하여 매력을 더하고, 용모를 밝게 변화시키거나 피부 · 모발의 건강을 유지 또는 증진시키기 위하여 인체에 사용되는 물품으로서 인체에 대한 작용이 경미한 것(약사법 제2조 4항의 의약품에 해당하는 물품은 제외)", 이는 국내 '화장품법' 제2조 1항에 정의된 화장품을 이르는 말이다.

이와 같이 화장품은 보통 자신의 몸을 정결히 하고, 미적으로 돋보이도록 표현하며, 자외선 등으로부터 피부나 모발을 보호하고, 노화를 억제하며, 마음과 생활을 풍요롭게 할 목적으로 오래 전부터 우리 생활과 매우 밀접하게 사용되어 왔다. 경제성장에 따른 소득 수준의 향상과 여성의 사회 활동 증가에 따라 국내화장품산업은 2001년 기준 4조 원의 시장으로 확대되었으며, 관련 산업까지 합치면 약 10조 원 정도의 대형 시장을 형성하고 있다.

최근 '화장품법'이 시행(2000년 7월)되고, '기능성화장품 등의 심사에 관한 규정'이 제정(2001년 9월 26일자)됨에 따라, 화장품 산업은 보다 기능적이고, 자연주의적인 제품을 선호하는 소비자의 요구에 부흥하여 전문적이고, 고도의 기술을 요하는 첨단산업으로 점차 자리매김하고 있으며, 이에 따라 새로운 원료개발의 요구도 높아지고 있다. 특히 항노화 · 미백 · 자외선 차단 등 3개 분야의 기능성화장품은 올해 2조1,500억 원의 시장을 형성하고, 2009년에는 14조 2,000억 원, 2012년에는 24조원에 이를 것으로 전망되는 등 시장이 급격하게 커질 것으로 전문가들은 보고 있다.

그 중에서도 천연물을 활용한 미백과 노화방지 등의 기능성화장품의 소재개발이 활발해져 닥나무추출물과 감초추출물이 화장품원료로 안정성이 확인됐고, 녹차추출물이 항산화소재로, 상백피추출물 등이 미백활성을 가지는 화장품원료로 각광을 받고 있다.

현재 한방을 이용한 화장품시장은 2002년도 생산실적 기준 3조 7천억 원중 약 10%를 차지하는 3천5백억 원대의 시장을 형성하고 있으며, 한방화장품 전문기업도 14개나 된다. 최근에 일고 있는 자연 지향적이고, 환경 친화적인 추세에 따라 화장품에 들어가는 유효성분도 화학물질뿐만 아니라 식물 또는 동물유래의 천연물이 그 유용성을 기반으로 하여 여러 가지 형태로 화장품에 배합되어 사용되고 있다. 특히 자연주의의 바람을 타고, 생약을 포함한 식물성 원료에서 해양원료에 이르기까지 다양한 천연소재를 이용한 화장품의 개발이 이루어져 천연화장품, 한방화장품의 전성시대가 도래하고 있다.

본 장에서는 화장품의 원료로 최근 선호되고 있는 천연소재를 중심으로 그 종류와 기능 및 이를 응용한 한방 및 천연화장품의 개발 동향을 살펴보고, 천연물을 이용한 기능성화장품의 국내외 특허기술 분석을 통해 천연물로부터의 새로운 화장품원료 개발에 도움을 주고자 하였다 .이를 위해 본 보고서에서는 화장품에 이용되는 천연물소재의 개발 동향을 중점적으로 다뤘었다.

I 바이오 향장품 및 한국 화장품 기술 수준

화장품에 대한 소비자들의 고기능성 제품에 대한 새로운 니즈와 바이오 기술 및 피부과학의 발전을 바탕으로 한국화장품의 기술 수준이 꾸준히 향상되면서 '바이오 화장품'에 대한 관심이 높아지고 있다. '바이오 화장품'이란 생명공학 기술을 이용하여 제조된 화장품, 바이오테크놀로지를 구사하여 만들어진 물질을 성분으로 함유한 화장품을 의미한다. 즉, 생물이 자연적으로 만들어내는 천연 성분(대사산물)에 바이오 기술을 이용해 생산하고, 적용한 화장품으로 정의한다.

현재 한국 화장품의 선진국 대비 기술 수준은 2005년 67.4%에서 2014년 80.1%까지 상승했으며, 기술 격차 또한2005년 5.2년에서 2014년 4.7년으로 줄어들었다. 향후 4~5년 안으로 선진국 대비 기술 수준은 동등한 위치에 이를 것으로 판단한다. 이미 한국 화장품은 제형기술에서 선진국 대비 기술 격차가 상대적으로 크지 않으며, 이는 에어쿠션, 젤아이라이너 등 트렌디한 상품 기획력을 바탕으로 경쟁력이 크게 향상된 것으로 판단된다. 반면, 소재기술에 있어서는 선진국 대비 기술 격차가 가장 큰 상황이며, 이를 세분화하여 살펴보면, 소재 탐색 및 소재 확보 기술에서격차가 나타나고 있다.

그러나 최근 한국 화장품 업체들의 바이오 화장품 투자 강화와 한국 고유의 원천원료 활용이 증가하면서 글로벌수준의 신소재 확보와 기반 기술의 강화로 그 격차는 빠르게 축소될 전망이다. 정부 차원에서도 화장품업체들의 고부가가치 소재 개발 및 이를 활용한 한국 고유의 메가 브랜드 육성 개발을 지원하고 있으며, 이는 2015년 한국 화장품 수출액 20억달러, 수출 비중 21%에서 2020년 수출액 60억달러, 수출 비중 40%로 도약하는데 탄탄한 기반이 되어줄 수 있겠다.

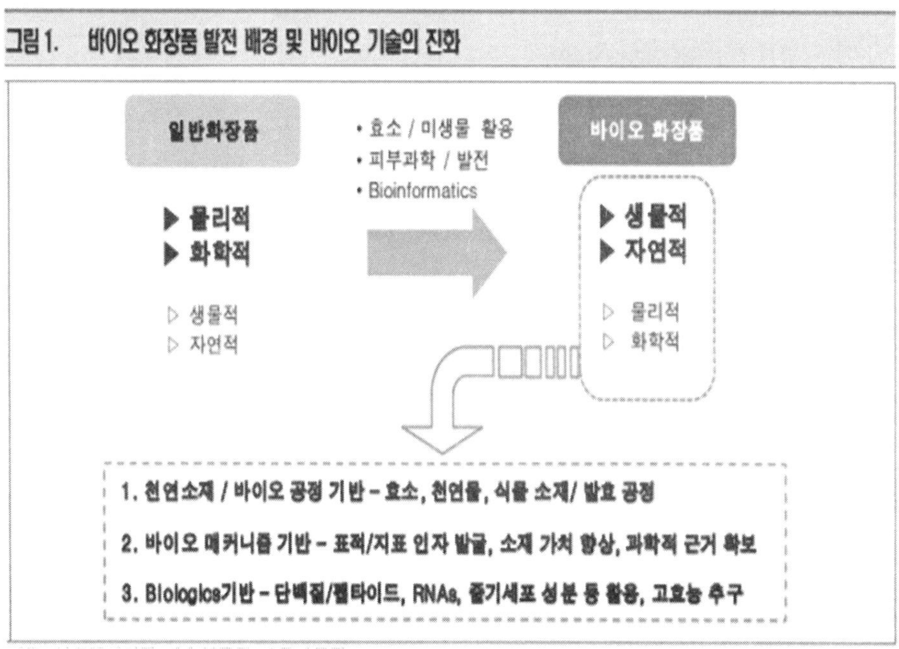

[그림 2-1] 바이오 화장품 발전 배경 및 바이오 기술의 진화

자료: 아모레퍼시픽 기술연구원, KB투자증권

그림 2 국내 화장품 선진국대비 기술 수준

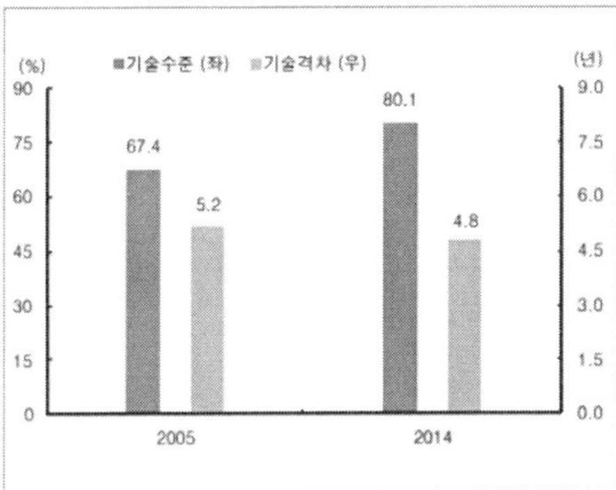

자료: 글로벌코스메틱연구개발사업단, KB투자증권

그림 3 화장품 기술별 기술 수준

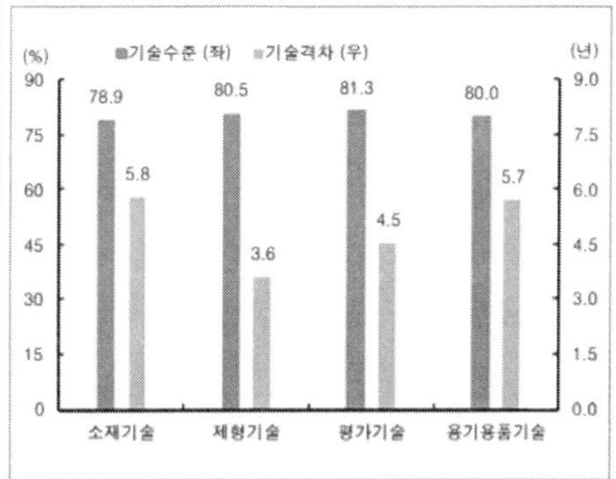

자료: 글로벌코스메틱연구개발사업단, KB투자증권

그림 4 화장품 소재 기술 수준

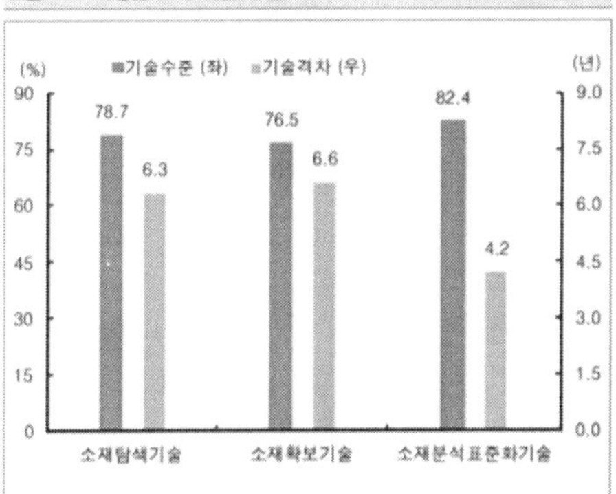

자료: 글로벌코스메틱연구개발사업단, KB투자증권

그림 5 화장품 제형 기술 수준

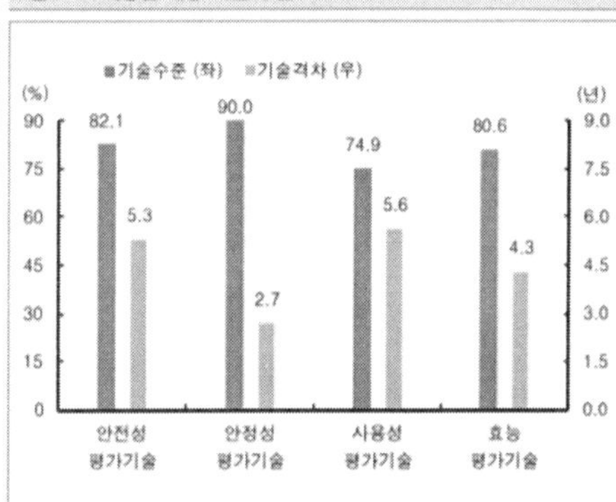

자료: 글로벌코스메틱연구개발사업단, KB투자증권

1. 화장품 R&D의 특성 및 해외 사례

화장품 R&D는 1) 안티에이징을 위한 융복합 기술의 집합체로서, 2) 인문 사회학 등 문화적 요소가 가미되고, 3) 트렌드에 민감하며, 4) 연구에서 사업화까지의 기간이 의약품에 비해 짧다는 특성을 가지고 있다. P&G, 로레알 등 글로벌 화장품 기업들은 장기간의 임상연구 및 세포연구를 통해 피부 기초 연구에 집중하고 있는데, 특히 로레알은 '뷰티오믹스(Beautyomics)'라는 프로젝트를 통해 유전학, 단백질학, 시스템생물학, 생물정보학 등을 이용하여 피부의아름다움을 종합적으로 연구하고 있으며, 연구결과는 노화 매커니즘의 규명, 피부나이 진달, 효능물질 분석 등에 활용하고 있다.

그림 6. 주요 화장품 업체 R&D 비용 비교

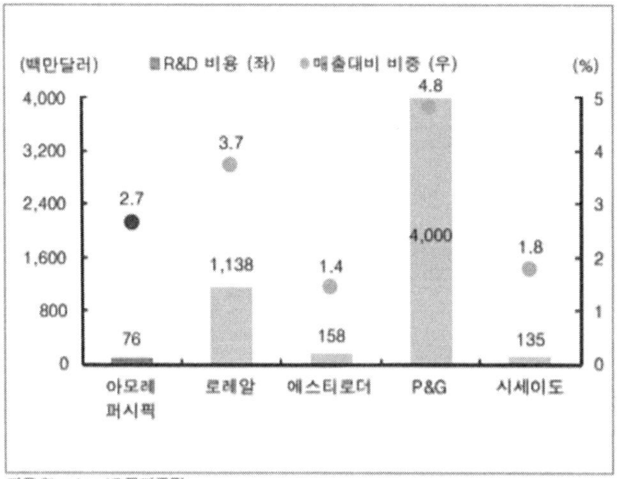

자료: Bloomberg, KB투자증권

그림 7. 기술별 특허 동향: 활성 소재와 헤어 소재의 비중이 높음

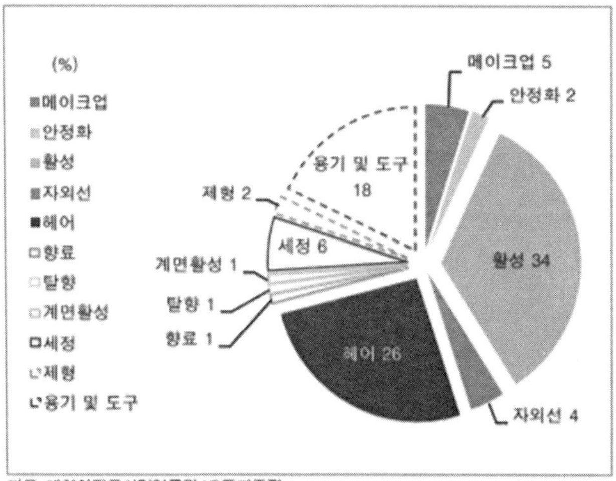

자료: 대한화장품산업연구원, KB투자증권

바이오 소재란 생명체(식물, 해초, 미생물)에서 추출 정제하여 얻거나, 또는 바이오기술로 만들어진 소재를 말한다. 바이오 화장품 소재의 경쟁력은 1) 용이한 원재료 확보(대량생산 가능), 2) 표준화, 3) 효능 검증 및 안정성의 확보, 4) 제형화(사용성 및 나노화를 통한 효용성 증대)에 있으며, 한국 화장품의 대표적인 바이오 소재를 통한 브랜드성공 사례가 바로 '한방 화장품'(인삼 사포닌의 바이오 변환)이다. 그 밖에 식물성 히아루론산을 활용한 발효 화장품, 나아가 Biologics(바이오공정을 통해 생산된 생명체 유래 산물들 활용) 기반의 다양한 컨셉의 바이오 화장품 출시가 많아지고 있다.

또한 천연물 소재를 활용한 화장품 원료 비중이 높아지고 있는데, 천연물의 경우 오랫동안 민간요법에 의해 식용또는 약제로 사용된 경우가 많아 안정성 확보가 용이하고, 다양한 약리 효과를 나타내며, Green product로서 안정적인 원료 공급이 가능하다. 또한 중국 소비자들이 천연의 이미지에 무방부제, 무알콜 화장품을 선호하는 경향이 높아 중국 화장품 시장 내 고부가가치 한방, 천연추출물을 활용한 한국 화장품에 대한 수요가 크게 증가하고 있다.

향후 한국 고유의 원료 활용도는 더욱 높아질 전망이다. 그 이유는 1) 한국 화장품의 수출 비중이 확대되면서 한방화장품처럼 K-Beauty를 대표할 수 있는 제2, 제3의 설화수를 개발하기 위한 화장품 기업들의 차별화된 원천소재 개발이 강화되고 있고, 2) 지난해 말 나고야의정서가 발효되면서 수입 생물유전자원을 원료로 활용하게 될 경우 발생하는 이익을 자원제공국과 공유하도록 지침하고 있어 아직 실질적인 의무 이행 가능성 여부가 높지 않은 상황이지만, 화장품업체들은 국산 원료에 대한 의존도를 크게 높일 것으로 예상한다.

2. 기술개발 동향

1) 화장품에 이용되는 천연 원료

화장품법 제4조, 제9조 및 제13조 제6호의 규정에 의하여 화장품원료 지정과 기준 및 시험방법등에 관한 규정(식품의약품안전처 고시 제2000-27호, 제2003-23호)에서는 화장품에 사용되는 원료와 배합 허용한도 및 배합 금지원료, 화장품의 기준 및 시험방법 등에 관련된 사항을 규정하고 있는데, 이에 따르면 화장품의 원료는 화장품원료 기준(장원기)에 수재되어 있는 원료, 대한민국 화장품 원료집(KCID), 국제화장품 원료집(International Cosmetic Ingredient Dictionary: ICID), EU 화장품 원료집에 수재되어 있는 원료, 식품공전, 식품첨가물공전(천연첨가물에 한함)에 수재되어 있는 원료, 화장품 종별제조(수입)에 사용 가능한 원료, 배합 허용한도 내의 원료로 지정되어 있다.

화장품의 원료로 천연물을 활용한 역사는 오래되었는데, 일본에서는 예부터 미강(米糠)이나 수세미물 등을 이용하여 피부를 가꿔왔고, 중국에서는 '외태비요(外台秘要)', '천금익방(千金翼方)', '천금미용방(千金美容方)' 등에 나타나 있는 바와 같이 이미 약초를 화장품으로 이용하고 있었다. 현재 일본 공정서인 '화장품원료기준', '화장품종별배합성분규격'에는 총 272품목의 식물추출성분 67품목의 식물유가 수재되어 있고, 기타 각 사가 독자적으로 사용실적을 얻고 있는 물질까지 합치면 400품목 이상의 식물성분이 화장품에 이용되고 있다.

우리나라에서도 화장품의 주요 원료를 수입에 의존하던 것에서 탈피하여 우리나라 여성들의 피부에 적합한 한방이나 생약성분의 신소재를 개발하여 제품화하는 움직임이 활발히 일고 있다. 은 화장품원료 기준에 수재되어 있는 대표적인 천연물 원료 품목을 나타낸 것이다.

천연물이 화장품에 배합되는 목적은 크게 기제를 목적으로 한 것과 기능적인 유효성을 목적으로 한 것으로 나뉜다. 기제로는 각종의 식물유, 당류 등이 있으며, 유효성분으로는 여러 가지 다양한 물질이 이용되고 있다. 화장품원료는 스킨, 로션 등 제품마다 차이가 있지만 대개 20~30가지의 원료가 들어가는데, 한약재나 천연 약초가 주원료인 화장품은 원료공급이 수월하지 못하여 대량 생산이 곤란하고, 고가라는 것이 가장 큰 단점으로 되어 있다. 최근에는 천연화장품의 연구개발과 제품화가 활발해지면서 이러한 문제점을 극복하는 기술개발이 이루어지고 있다.

〈표 2-1〉 화장품원료 기준(장원기)에 수재되어 있는 대표적인 천연물 원료 품목

갈조추출물	감자전분	감초추출물	고삼추출물	고추틴크
구아검	굴추출물	그레이프씨드오일	그레이프프룻추출물	꿀
녹차추출물	닭벼슬추출물	당근추출물	당약추출물	동백유
들국화추출물	딸기추출물	로즈마리추출물	로커스트빈검	마카데미아넛오일
마트리카리아추출물	면실유	미네랄오일	밀납	밀전분
밍크오일	변성식용전분	비피두스추출물	사플로워오일	상백피추출물
세이지추출물	수세미추출물	스쿠알렌	식물성스쿠알렌	실크가루
쌀전분	쑥추출물	아몬드오일	아보카도오일	아이비추출물
아카시아	알로에베라젤	알로에추출가루	알로에추출물	에그오일
옥수수전분	올리브오일	우유단백추출물	울금추출물	월견초유
유용성감초추출물	의이인추출물	인삼추출물	작약추출물	장미수
참기름	창포추출물	천궁추출물	치자추출물	카라야검
카렌듀라추출물	코코넛오일	콘키오린가루	콩기름추출물	파슬리추출물
파자마유	하이페리쿰추출물	헨나추출물	호스테일추출물	호호바오일
혼합식물추출물	화분추출물	황토	효모추출물 등	

2) 화장품에 이용되는 천연물의 특징

화장품에 이용되는 천연물은 생체에 대해 약리학적으로 유효성을 나타내는 생약이 많으며, 그 실체는 여러 가지 화학물질의 혼합물이라 할 수 있다. 이들 생약 성분은 미용을 위한 장식뿐만 아니라 피부나 모발의 보호, 양모 등의 목적으로 응용되고 있는데, 대표적인 것으로는 피부를 보호하고, 윤기를 내는 각종 식물성 기름, 천과분, 수세미, 알로에, 하수오 및 색소로 사용되는 홍화 등을 들 수 있다.보통 생약은 천연물이기 때문에 1년에 1회 밖에 수집이 안 되므로, 재배품 뿐만 아니라 야생품을 사용하는 일도 있다. 또한 생육지의 기후나 토양의 환경도 다르므로 산지나 수확시기에 따라 품질의 차이가 있으며, 보존이나 품질의 향상 또는 특정 성분을 제거하거나 증가시킬 목적으로 행해지는 여러가지 수치의 방법에 따라서도 품질의 차이가 커서 일정한 품질의 화장품으로 사용되기 위해서는 추출물의 규격 선정 등 취급에 어려운 점이 있다. 이러한 식물성분의 천연물이 화장품에 응용되었을 때의 장단점을 정리하면 다음과 같다.

〈표 2-2〉 천연물화장품의 장단점 비교

장점	단점
• 부작용이 적다 • 작용이 일반적으로 온화하고 지속적이다. • 보조성분으로 난용성(難溶性) 성분이 이용성(易溶性) 성분으로 되는 경우가 있다. • 유효성분과 보조성분의 상반된 작용으로 효과를 가져오는 경우가 있다. • 천연유래로 이미지가 좋다. • 생분해성이 좋고 환경친화적이다.	• 유효성분의 함량이 일정하지 않다. • 유효성분 또는 약리작용이 밝혀지지 않은 것이 있다. • 제조되는 데 시간이 오래 걸린다. • 유사품이나 위조품이 있다. • 저장이 곤란하다. • 대량생산에 적합하지 않다.

3) 화장품에 이용되는 천연화학성분

생약에는 많은 성분이 함유되어 있으며, 이들은 1차 대사성분과 2차 대사성분으로 나눠진다. 생물에 따라 기본적인 대사에 관계하고 있는 당, 아미노산 등의 성분을 1차 대사성분이라고 하고, 식물 등에 한정된 분포를 보이며, 활발한 대사를 나타내지 않는 페놀, 테르페노이드, 알칼로이드 등을 2차 대사성분이라고 한다. 식물의 성분을 고찰할 경우, 2차 대사성분을 대상으로 하는 경우가 많다. 실제 화장품에 사용되는 천연물은 정제된 것만이 아니라 여러 물질이 함유된 추출액으로 배합되는 경우가 많지만, 여기서는 주성분 및 유효성분을 중심으로 살펴본다.

(1) 유지 및 지방산

유지는 지방산류의 글리세린에스테르로, 화장품에 사용된 역사도 깊어 포마드, 팅크 등의 모발용제에서부터 오늘날 많이 이용되는 마사지 오일, 립스틱 등의 유성기제, 화장수, 유액, 크림 등의 피부연화제, 샴푸, 린스 등의 지방첨가제에 이르기까지 사용범위가 상당히 넓다. 유지뿐만 아니라 유지로부터 얻는 지방산, 글리세린 및 그 유도체와 토코페롤 등 유지에 함유된 미량성분도 화장품에 이용되며, 올리브유, 동백유, 호마유, 채종유, 면실유, 팜유, 대두유나 천연 왁스, 대두나 난황의 레시틴이 주로 사용되고 있다.

(2) 당류

화장품에 사용되는 식물성분에는 강한 증점 작용을 나타내는 것이 많지 않으나, 알로에 베라, 해조 추출액 등 당류를 함유한 추출액은 훌륭한 보습제로 이용된다. 최근 많은 주목을 받고 있는 당류인 trehalose는 장기적인피부 건조상태로부터 생체를 보호하는 역할을 한다. 당류 중에는 피막형 성능이 있어 모발보호제로 사용되는 것도 있으며, 당의 지방산 에스테르는 계면활성작용을 나타낸다. 특히 당류 중에서 천연고분자라 할 수 있는 식물성다당류는 안전성이 높아 의약 및 식품첨가물로 주로 사용되고 있으며 증점성, 겔화성, 유화 안정성, 보습 및 피막형성효과 등이 있어 화장품 원료로도 다양하게 사용된다. 대표적인 것으로는 미생물 발효에 의해 얻어지는 히알루론산, 게의 껍질에서 얻는 키틴 유도체 등이 있으며, 일반적으로 사용되는 식물성 다당류인 pectin, carrageenan, locust bean gum의 화장품으로서의 용도는 과 같다.

〈표 2-3〉 주요 식물성 다당류의 화장품 용도

다당류	용도
pectin	페이스 크림, 면도용품, 스킨로션, 헤어포마드, 피부연화제, 탈취제
carrageenan	치마제, 샴푸, 스킨로션, 겔상 헤어제품, 면도용품
locust bean gum	스킨로션 및 크림

(3) 아미노산 및 단백질

화장품에 이용되는 아미노산, 펩타이드, 단백질은 주로 보습 및 피부나 모발의 보호를 목적으로 배합된다. 피부에 탄력과 윤기를 주기 위해 콜라겐 및 그 유도체가 사용되며, 견으로부터 얻은 펩타이드는 모발의 보호 및 보습을 위해 사용되고, 우유로부터 얻는 락토페린은 항산화성 및 항균성을 지니고 있어 특히 주목을 받고 있다. 화장품에 주로 사용되는 대표적인 식물성아미노산 유도체는 와 같다.

〈표 2-4〉 대표적인 식물성 아미노산 유도체

식물유래성분	아미노산	용도
지방산	글루타민산 아스파라긴산 글리신 DL-알라닌 N-메틸-β-알라닌 N-메틸타우린 트레오닌 사르코신 리신 아르기닌	음성계면활성제
지방산, 에탄올	아르기닌	양성(陽性)계면활성제
고급알코올, 글리세린	아르기닌	양성(兩性)계면활성제
지방산, 글리세린	PCA	비이온성 계면활성제
지방산, 피토스테롤	글루타민산	피부연화제
-	트리메틸글리신	보습제
폴리머	아스파라긴산	보습제
지방산	리신	분체

(4) 유기산

피부 각질의 대사를 촉진시켜 부드러운 살결을 유지토록 하는 피부조정제의 용도로 화장품에 주로 이용되는 유기산으로 알파-하이드록시산이 최근 많은 주목을 받고 있다. 이 알파-하이드록시산의 일종인 유산은 우유 발효물에 많이 함유되어 있다. 또한, 감귤류나 키위 등의 과실에 함유되어 있는 구연산 등도 유기산 또는 추출액으로서 화장품 제조 시 배합된다.

(5) 비타민

신선한 녹황색 채소로부터 추출하는 비타민C는 미백효과가 있어 가장 많이 사용되며, 특히 천연비타민C가 들어있는 식물원료로 아세로라나 로즈힙유 등이 주목받고 있다.화장품에 이용되는 프로비타민A는 주로 천연색소로 사용되는 베타-

카로틴으로 항산화작용이 있으며, 비타민 E는 광보호효과와 피지생성 억제 및 주름방지효과가 있고, 비오틴(비타민H)은 간이나 난황과 같은 식품 중에 단백질과 결합되어 있는 것이 많으며, 주로 육모제로 사용된다.

(6) 시키믹산(Shikimic acid)계

천연물질식물에 광범위하게 분포하고 있는 플라보노이드와 탄닌이 대표적이다. 플라보노이드는 항염증작용이 있는 바이칼린을 주성분으로 하는 황금, 헤스페리딘 등을 함유하는 등피, 진피, 기타 고삼, 상백피 등에 함유되어 있으며, 탄닌은 차나 감, 현초, 하마멜리스엽, 오배자 등에 함유되어 있고 항산화성을 나타내며, 티로시나제를 저해하여 미백작용을 나타내는 것이 많다. 또한 방향환을 가지므로 자외선 흡수작용이 있고, 플라보노이드, 페닐프로파노이드는 UV-B 영역뿐만 아니라 UV-A 영역에도 흡수된다. 이밖에 계피산류와 쿠마린은 향료로 이용된다.

(7) 메발론산(Mevalonic acid)계

천연물질이소프렌을 단위로 하는 모노테르펜류는 멘톨, 리모넨, 리나룰, 히노키치올, 게라니올 등 허브의 독특한 향을 내는 중요한 정유성분이 많아 향료로 널리 쓰이는데, 대부분은 합성품이 이용된다. 또한 디테르펜으로는 스테비아에 함유되어 있는 감미성분인 스테비오사이드가 알려져 있다. 트리테르펜의 배당체인 사포닌은 계면활성작용이 있어 지속적인 포말을 형성하며, 의약품뿐만 아니라 화장품에도 이용된다. 인삼의 주성분인 진세노사이드류, 감초의 글리시리진, 대두의 사포닌류 등도 주목되고 있다.

(8) 퀴노이드(Quinoid)

구조적으로 불포화케톤을 가지고 특이한 정색(呈色)이나 산화환원반응에 관여하는 퀴노이드계 천연물질로는 자색을 띠는 자근의 시코닌, 외국에서 염모제로 쓰이는 헨나엽에 함유된 라우손 등을 들 수 있다. 또한 퀴노이드에포함시키기에는 다소 부적절할 수 있으나, 화장품에 자주 배합되는 천연물질로는 우바우르시엽에 함유된 알부틴과 코지로부터 얻어지는 코직산이 있다. 이들 성분은 주로 미백제로 사용된다.

(9) 알칼로이드(Alkaloid)

식물기원의 질소를 함유하는 염기성 화합물의 총칭인 알칼로이드는 다양한 생리활성을 가지며, 모르핀, 아트로핀, 에페드린 등 의약품에 응용되는 것이 많다. 소량의 베르베린을 주성분으로 하는 황련, 황백 등은 항염증, 항균 및자외선 흡수 효과가 있어 화장품에 배합되기도 한다.

(10) 식물성 왁스(Vegetable wax)

지방산과 고급 알코올의 에스테르인 왁스는 유화성과 분산성이 우수하여 립펜슬, 아이펜슬, 헤어왁스 등의 화장품에 기제로 이용된다. 현재 사용되는 주요 식물성 왁스로는 carnauba wax, rice wax, candelilla wax, jojoba wax 등이 있으며, 제조공정상 탈취, 탈색 등 정제 기술의 개발이 꾸준히 요구되고 있다.

(11) 식물성 색소

천연색소, 특히 식물성 색소는 온화한 색조와 안전성으로 식품 첨가물 뿐만 아니라 화장품에도 널리 사용되어 왔으며, 원료 확보와 분리정제 및 색조 안정화 기술 개발로 품질이 향상되어 화장품 색조시장의 주류로 떠오르기 시작하였다. 최근에는 기능성과 안전성이 더욱 보강된 식물성 색소 개발이 더욱 활발해지고 있다. 카로티노이드계, 안토시아닌계, 안트라퀴논계, 플라보노이드계, 포르피린계, 디케톤계, 베타시아닌계의 색소가 주로 실용화되고 있다.

4) 화장품 원료로서 천연물의 기능과 효과

(1) 주름방지 및 세포부활작용

자외선 또는 스트레스 등으로 기능이 저하된 세포를 활성화시켜 노화를 방지할 목적으로 세포부활물질이 개발되어 왔다. 세포부활, 피부대사 촉진 및혈액순환 촉진 등의 효과가 보고되어 주름방지제, 보습제 등으로 화장품에 이용되는 식물로는 아이리스, 알로에, 아르니카, 살구, 황금, 해조, 백리향, 카밀레, 고삼, 쇠뜨기, 대두, 적설초, 약모밀, 토마토, 인삼, 범부채, 너도 밤나무, 마로니에, 메리롯, 복숭아나무, 라벤더, 유칼리엽 등이 있으며, 이들 중 주요 식물을 다음에 나타내었다.

〈표 2-5〉 세포부활작용이 있는 식물

식물	주성분
알로에 Aloe arborescens Mille	barbaloin, aloesin
해조	미네랄, 다당류, 알긴산
대두 Glycine max Merrill	soyasaponin, daidzein
적설초 Centella asiatica	asiaticoside, asiatic acid
인삼 Panax ginseng	ginsenoside류
범부채 Belamcanda chinensis	iridin
너도밤나무 Fagus silvatica	quercetin
마로니에 Aesculus hippocastanum	escin

(2) 자외선 방지 및 미백 효과

자외선은 직접적으로 DNA를 손상시키기도 하지만, 이에 의해 발생되는 활성산소로 인해 세포가 손상을 입어 피부면역 기능이 저하되고, 탄성섬유가 변성되는 등 각종 피부장애를 일으키는 주범이다. 이를 방지하기 위해 개발되고 있는 식물성소재로는 자외선 흡수효과가 있는 차, 황금 추출액, 미강유, 손상된 DNA에 대한 수복 촉진효과가 있는 바위취, 회향 추출액 및 활성산소 소거작용이 있는 계피, 대황, 하마멜리스, 마로니에, 지유 등을 들 수 있다. 그러나 자외선 흡수제로 위와 같은 성분을 화장품에 배합하는 경우 착색성이 문제가 될 수 있으며, 아직은 비용 등의 면에서도 개발에 어려운 점이 있다. 자외선 방지 이외에도 화장품의 주요 기능 중 하나인 미백효과는 색소 침착 메커니즘에 근거하여 티로시나제라는 효소의 활성 또는 생합성 저해물질을 중심으로 개발되었는데, 티로시나제 활성저해제가 주류를 이룬다. 미백제로 개발되는 천연물질로는 월귤나무 등에 다량 함유되어 있는 알부틴(arbutin), 콩과식품에 함유된 폴리페놀성분인 ellagic acid, kojic acid, (−)epicatechin을 비롯하여 상백피, 갈근, 감초 함유 성분 등이 있다.

(3) 보습 효과

각종 피부 트러블을 없애고 탄력 있는 피부를 유지하기 위해서는 피부 각질층에 일정량의 수분을 가지고 있는 것이 중요하다. 피부 수분량을 회복시키고, 유지할 목적으로 개발되는 천연물 보습제로는 히알루론산, 키틴 유도체, 알로에추출물, 해조에서 추출한 carageenan 등의 식물성 다당류, trehalose, xylobiose 등의 올리고당, 감초 성분인 glycyrrhizin과 같은 사포닌류, 유지 등이 이용되고 있다.

(4) 육모 효과

오래 전부터 육모 혹은 양모효과를 위해 작용이 완만하고 부작용이 적은생약이 주로 사용되어 왔으며, 최근 각종 생약을 배합한 육모제의 개발이 활발히 진행되어 특허출원도 꾸준히 늘고 있다. 발모나 육모제로 배합되는 천연물로는 검정콩, 다시마, 효모, 달맞이꽃, 해조류, 솔방울추출물, 동충하초, 황기, 컴프리, 고추나물, 인삼, 감초, 은행, 상백피, 황금, 산사자, 목단피 등 다양한 식물이 이용된다.

(5) 기타

생활여건이 개선되면서 최근 수요가 늘고 있는 욕용제로서 온욕, 진정 및 피부개선효과를 기대할 수 있는 서양 허브류, 쑥, 금은화가 이용되며, 기타 피부의 건강을 보존하기 위해 혈류 개선을 목적으로 쓴풀, 인삼, 작약이 이용되고, 피부에 항균성을 부여하기 위해 고삼, 황련 등이 화장품에 배합되기도 한다.

3. 연구개발 동향

1) 해외

인류가 화장품을 통해 얻고자 하는 효과는 메이크업 이 외에도 항노화(항주름) 효과, 보습, 미백효과가 있으며, 이러한 것들이 화장품 개발의 큰 테마가 되고 있다. 이외에도 육모효과나 육용제로서의 효과도 요구된다. 화장품에는 이러한 목적의 유효성분으로 다양한 물질들이 배합되고 있으며, 기제로 사용되기도 한다.

피부의 노화에 있어서 가장 문제가 되고 있는 것은 자외선, 일광에 의한 영향이다. 자외선에 의한 흑화, 염증 또는 자외선에 의해 발생되는 라디칼(활성산소)에 의한 산화적 장해, 피부 탄성섬유의 변성, DNA 장해 등에 대한대책이 요구되고 있다. 이를 위해서 자외선 흡수효과가 있는 차, 황금추출액, 오리자놀, 항염증효과가 있는 컴프리, 작약, 목단피, 감초추출액, 항산화작용이 있는 차, 목단피, 황금추출액, 광선억제효과가 있는 황금, 인삼추출액, 돌연변이 DNA 수복촉진효과가 있는 범의귀, 회향추출액이 주목되고 있다.

또한 최근 아토피성 질환에 대한 치료 요구가 증가하면서 항알레르기 효과가 있는 컴프리, 작약, 목단피, 연명피, 자소(차조기), 사루비아, 참피나무 등도 화장품의 소재로 주목을 받고 있다. 탄력있는 피부를 유지하기 위해 콜라겐 관련 원료, 섬유아세포 활성화효과가 있는 클로렐라, 태반추출액이 배합될 수 있다. 보습효과를 위해서는 히알루론산, 키틴유도체, 다당류 또는 유지가 이용된다. 미백에 있어서는 티로시나제 활성 저해효과, 멜라노마 세포 배양에 의한 평가 등이 행해지는데, arbutin, kojic acid나 상백피, 갈근 등이 이용된다.

이와 같이 천연물이 가진 다양한 효과를 기대하여 많은 화장품 개발에 천연물이 이용되고 있는데, 천연물을 이용한 화장품 개발에는 무엇보다도 안전성의 확인이 최우선되어야 하고, 또한 제품의 특성상 이미지도 중요하다고할 수 있다. 따라서 화장품에는 천연물 중에서도 사용 경험이 오래되고, 꽃등 아름다운 이미지를 가지며, 동서양을 막론하고 고대로부터 화장에 가장널리 이용되었던 식물추출액이 가장 많이 이용되고 있다.

또한 유럽, 미국, 일본 등의 선진국에서는 광우병의 발병으로 동물유래의 화장품소재들이 대부분 식물 유래의 소재로 급격히 대체되고 있으며, 최근에 실시된 규제완화조치에 의해 일부 배합이 금지된 성분을 제외하고는 배합된 전 성분을 표시하면 자유롭게 모든 소재들을 사용할 수 있게 됨에 따라 식물 유래의 화장품 원료개발에 박차를 가하게 되었다.

식물 유래의 화장품 소재로 올리브유, 야자유와 사포닌, 소맥 배아유, 미강유, 인지질 등과 같은 계면활성성분, 아미노산, 단백질, 당류 등을 함유한 수용성성분 등이 보습제, 피막 형성제, 피부보호제로 이용되고 있으며, 최근에는 MMP-1(Matrix Metalloproteinase-1) 활성 및 생산을 억제하는 소재, 엘라스티나제(Elastinase)의 활성을 억제하는 소재, 히알루론산의 합성을 촉진하는 소재, 활성산소의 제거 능력을 가진 소재, 각화세포의 증식을 촉진하는 소재, 섬유 아세포의 증식을 촉진하는 소재, 멜라닌 생성을 억제하는 소재 등이 연구개발 중이거나 이미 보습, 항노화, 미백 화장품의 원료로 사용되고 있다.

천연 식물을 주성분으로 한 미국의 화장품 및 피부 관리 제품 시장은 2002년말 현재연매출 45억 달러 규모로 커짐으로써 지난 5년간 평균 10%가 넘는 고속성장을 기록하고 있다. 대부분 90% 이상 또는 100%까지의 천연성분을 사용하며, 로즈메리 나무잎, 버드나무껍질 추출액, 나래지치 뿌리, 꿀, 당근 등 다양한 천연물이 크림류, 보습제, 립스틱, 향류 등 다양한 화장용품에 이용되고 있다. 최근 미국, 유럽, 일본 등 선진국을 중심으로 먹을 수 있는 화장품 개발도 활발하다. 이것은 기존의 화장품들과는 달리 피부노화의 억제를 영양적 측면에서 접근하고 있는데, 이미 일본 가네보나 시세이도 같은 대형 회사에서는'뷰티 푸드'라는 이름의 브랜드를 선보이고 있다.

야채나 과일을 위주로 하는 미용식, 녹차나 허브차 등의 미용차에서 그 원형을 찾아볼 수 있는 신 개념의 먹는 화장품은 콜라겐, 포도씨 추출물, 석류추출물, 실크 펩타이드, 베타카로틴 등의 천연물질을 사용해 식용이 가능하도록 하면서도 항산화제나 기타 유효성분의 체내흡수를 촉진시켜 그 작용을 원활하게 하는 특징을 가지고 있다.

식물 이외에 최근에는 해양으로부터 많은 생리활성물질을 찾아내고 이를 화장품에 응용하려는 연구가 활발하다. 현재 해양에서 얻어진 생리 활성물질들은 7,000여 종이 넘었고, 스파(Spa)나 해양심층수, 철갑상어의 알인 캐비아 등을 활용한 제품 개발이 이뤄지고 있다. 해외에서는 이미 해양요법(Thalasso-therapy) 제품들이 명성을 얻고 있으며, 해조, 바닷물, 바다진 흙을 기본으로 한 다양한 해양요법 화장품이 출시되고 있다. 미국의 스크립스 해양연구소(Scripps Institute of Oceanography)에서는 해양생물로부터 여러 가지 유용물질을 분리하여 주목을 모으고 있으며, 프랑스의 CODIF사에서는 홍조류, 녹조류, 갈조류로부터 피부의 노화, 민감 피부, 주름방지 등의 기능을 가진 20여 종 이상의 해조 추출물을 상품화하고 있다.

한편, 일본의 한 지자체에서는 1996년부터 심층수를 이용한 화장품 개발에 착수하여 1999년부터 세계에서 처음으로 심층수를 이용한 화장품을 생산하여 상당한 매출을 올리고 있는 것으로 알려져 있다.해양심층수는 수심 200m 이상의 바닷속 깊은 곳에 존재해 유기물이나 병원균 등이 거의 없을 뿐 아니라 영양염류가 풍부한 바닷물을 말하는데, 인체를 이루고 있는 물과 원소 구성이 매우 유사하여 피부 친화력이 우수하다. 특히 민감한 피부에도 자극이 적으며, 심층해저수의 풍부한 미네랄성분들이피부 깊숙이 흡수되어 영양공급 및 보습강화의 역할을 한다. 특히 일본에서관련 연구가 활발히 진행되고 있으며, 심층수를 이용한 일본의 산업시장은 10조 원에 이른다.

2) 국내

(1) 천연 식물 소재

천연식물, 특히 효능 있는 생약을 미용에 이용한 역사는 인간의 생활과 함께 해왔다고 할 수 있을 정도로 오래되었으나, 우리나라에서 화장품에 직접 이용한 것은 1973년 태평양이 인삼을 주원료로 한 '진생삼미'라는 제품을 선보인 것이 그 원조라 할 수 있다. 그 후 산삼, 홍삼뿐만 아니라 감초, 녹두, 흑두, 한란, 단풍잎, 대나무, 닥나무, 주목, 귤나무, 오가피, 야자수, 생강, 영지버섯, 녹차, 꽃잎, 우엉, 뽕나무 등 다양한 식물자원으로부터 효능 성분을 추출하여 화장품 개발에 적극적으로 활용하고 있으며, 끊임없이 소재개발이 이루어지고 있다. 국내 천연식물을 응용한 화장품 소재 및 제품 개발은 가급적 화학적 원료를 배제하고, 순수한 생약성분을 함유하여 인체기관의 기능과 기 · 혈의 순환을 촉진시키는 피부공학개념으로 연구개발의 초점이 모아지고 있다.

태평양은 1967년부터 인삼 중심의 한방미용법 연구를 시작하여 '진생삼미'(73년)란 브랜드를 탄생시킨 축적된 경험을 바탕으로 경희대 한의대와 공동연구를 통해 '97년엔 6년근 인삼과 옥죽(둥글레), 작약, 연자육, 백합, 지황 등 5가지 한약재 혼합물인 자음단을 18시간 이상 달여 만든 설화수를 출시한 바 있다. 또한 미백에 뛰어난 닥나무추출물을 함유한 '헤라화이트 프로그램'을 내놓았으며, 제주 한란을 원료로 한 향수 '일리'를 출시하기도 했다. 태평양은 또한 쑥, 녹차, 인삼, 대나무 등의 성분으로부터 '이니스프리'와 '데일리 솝트리'라는 클렌징 브랜드를 선보였으며, 티트리 추출물인 멜라레우카알터니폴리아라는 천연성분원료로 만들어 피부 상처 부위를 깨끗하게 가꿔주는 '이니스프리 안티트러블 에센스젤'을 개발하기도 했다. 또한 동양의학에 기초를 두어 석류, 지황, 천궁, 작약, 황금, 당귀 등의 생약추출물로 만들어진 '스템Ⅲ'를 개발한 바 있다.

태평양은 특히 카테킨, 비타민C, 아미노산 등이 함유되어 피부미용에 효과가 뛰어나다고 알려진 녹차 화장품에 대한 연구개발을 활발히 추진하고 있다. 시장에 출시되어 있는 녹차성분 함유 화장품은 20여 개 정도로, 아직 단순히 녹차를 함유한 정도에 불과하여 아직 소비자들로부터 큰 호응을 얻지는 못하고 있는 실정이다. 태평양을 위시한 화장품업계에서는 카테킨의 효능을 제품화하는 연구가 진행 중에 있으며, 일부 업체에서는 빛이나 열과 습기에 약한 몇 가지의 어려운 문제를 해결하여 출시를 준비하고 있다. 태평양도 카테킨 효능을 안정하게 전달할 수 있는 연구에 성과를 올리고 있다.

LG생활건강은 속수자라는 식물에서 추출 · 분리한 '피토클리어 EL-1'이라는 미백성분을 개발하였으며, 최근엔 당귀, 녹용, 산수유, 사향초, 오가피, 천문동 등이 들어 있는 한방원료인 '공진단'을 주원료로 궁중비방 의학방식으로 제조한 한방화장품 '더 후(The 后)'를 출시했다. 이는 고대 왕실 여성들이의학에 이용했던 궁중비방 비서를 바탕으로 대한한의피부과학회와 LG천연물연구소가 공동 개발한 것으로 보습과 항염, 항균효과가 뛰어난 원료들을 사용했다. 또한 백합, 국화, 매실 등 천연 꽃잎성분을 함유하여 피부회복과 마사지 기능이 있는 '헤르시나 하이드로 퓨어 클렌저' 화장품을 개발하기도 하였다.

코리아나화장품은 야자식물인 빈랑자에서 추출한 성분을 함유한 '엔시아인텐시브 라인' 6종을 개발하였으며, 20년 이상 된 장뇌삼성분과 빈랑자성분등을 함유한 '한방 단액진 크림'을 개발하기도 했다. 또한 우엉추출물을 함유한 '초록색 엔시아 모공라인'과 어린 뽕나무 가지에서 얻은 추출물로 만든 미백화장품 '엔시아 화이트닝 엘리먼트 세럼', 밤나무 껍질을 주원료로 하는 '레미트 포어 클린 이펙트 세럼', 녹두에서 추출한 성분으로 제조된 '엔시아 녹두 청정팩' '녹두 폼 클린싱', 비타민C에 감잎 재스민 차에서 추출한 티(Tea) 복합체 등을 나노좀에 넣어 피부 속 깊숙이 흡수하게 한 '엔시아 티플러스', 대추, 키위, 매실 추출물과 난초추출물을 이용한 '엔시아 허브 네이처' 등 식물성 화장품의 개발에 적극적이다. 또한 사상의학에 기초한 한방화장품으로 황금, 황련, 감초, 오가피 등 4가지 성분 추출물인 사상단과 백년초, 보리, 율피, 부활초 등 18가지 생약성분을 원료로 하는 '한방미인 '도 개발하였다.

한국화장품은 충북대 원예기술개발센터와 공동으로 3년여의 개발 끝에 최근 110년근 천종삼을 조직배양한 추출물을 원료로 만든 '산심(山心)'을 출시함으로써 국내 최초로 산삼을 이용한 화장품 원료개발에 성공했다. 이 제품은 산삼 외에도 감초, 어성포, 영지버섯 등 13가지 한방성분을 담아 피부미백과 세포활성화 및 보습효과를 부여했으며, 산심의 '청안상'이란 제품은 산삼 조직배양 추출물과 구기자, 마황, 감마 오리자놀, 대두 발효액으로 만든 아이크림이다. 한국화장품은 또한 녹차성분을 함유하여 모공 속 노폐물과 각질 및 피지 제거 기능이 있는 '칼리클린 에브리데이 밀크 클렌저'를 개발하기도 하였다.

한방화장품 전문업체인 정산생명공학은 옥과 진주 및 치자, 자근, 홍화 등천연색소가 처방되어 피부의 혈액순환과 신진대사를 촉진하여 피부건강과 피부색을 화사하게 유지해 주는 '백옥생 허브 페이스 파우더'를 개발하였으며, 최근에는 옥성분과 피마자, 행인 등의 천연원료 및 치자, 자근, 홍화, 카민 등 천연색소로 제조된 '허브립스틱'을 개발하기도 하였다.

나드리 화장품은 9가지 필수아미노산을 비롯하여 마그네슘, 칼슘 등 각종영양분이 다량 함유되어 있는 것으로 알려져 있는 대나무 추출수를 이용하여 '메소니에'라는 상품을 개발하였는데, 이 제품은 수분 공급을 위해 대나무추출물과 유산균발효액 '나노좀'성분을 사용했다. 또한 항암효과로 널리 알려진 상황버섯을 이용하여 피부면역 및 노화예방, 미백 기능이 있는 '상황 에이지 트리트먼트' 라인 및 주름개선 기능성화장품인 '상황 렌티스테롤 링클세럼'을 개발하였다.

로제화장품은 십장생을 연상시키는 천연물인 솔싹(소나무), 영지버섯(불로초), 월귤나무(학), 녹용(사슴), 자라(거북), 게르마늄(바위), 로열젤리(물), 홍삼(산), 연어알(해), 레몬(구름) 등의 성분을 이용한 혼합 추출물과 자작나무 수액 등 한방원료 10가지를 이용하여 '십장생(十長生)'이라는 제품을 개발하였다. 또한 동충하초와 표고버섯 추출물을 주성분으로 한 고보습제품 '마자린셀 리뉴얼'을 개발하였으며, 가시오가피를 이용하여 마이크로캡슐기법을 적용한 '환희 프레스티지', 라벤더, 재스민, 레몬 등 7가지 허브추출물을 제품에 따라 종류와 함량을 차등 적용해 피부보호를 효과적으로 할 수 있게 한 '허브 바이탈 에너지' 등을 개발하기도 했다.

애경산업은 귤나무에서 미백효과가 있는 알부틴 성분을 추출하여 멜라닌생성억제에 효과가 있는 '셀퓨어 인텐시브 화이트닝'을 개발하였으며, 녹차를 활용한 '포인트 녹차 비타C 클렌징' 등을 개발하기도 했다.

(주)생그린은 상백피, 목단피, 밤, 황금, 백련초, 치마버섯, 콩단백질 추출물, 감마 오리자놀 등이 함유되어 UVB뿐만 아니라 UVA까지 차단하는 이중 자외선 차단 기능의 '선베이직' 및 '선블록' 제품을 개발하였다. 또한 인삼과 산초 추출물, 솜다리추출물 등의 전통 생약을 이용하여 피부보호 및 피부진정효과가 있는 남성용 화장품인 '창조'를 개발하기도 했다.

소망화장품은 원광대 생명공학연구소와의 공동연구로 홍삼, 상백피, 역초추출물 등을 주원료로 한 한방화장품 'DNA 컨트롤 프로그램'을 개발하여 스킨케어라인과 탈모를 방지하는 헤어케어라인으로 구성하였다.

한얼 한방화장품(주)은 본초강목에서 피부를 관장하는 가장 주요한 성분으로 언급된 황기, 홍삼, 백봉령, 향부자, 녹두분, 당귀 등을 성분으로 하는 '동의보감 21'을 개발한 바 있다.

한불화장품은 홍삼, 감초, 당귀 등을 함유한 'ICS 오리엔탈 이펙트 프로그램'을 개발하였으며, 최근에는 단풍나무, 벚나무 등의 잎에서 고농도 항산화물질인 비텍신을 추출하여 피부노화 방지용 기능성 제품인 'ICS 메이플 퍼밍라인'을 개발하였다.

최근에는 비단 화장품업계뿐만 아니라 한의원이나 바이오벤처기업, 제약회사를 중심으로도 천연물을 이용한 화장품 개발에 적극적이다. 이은미 여성한의원 원장은 상백피, 녹차, 당귀, 도인, 녹차 추출물, 황금 추출물 등 각종 한약재를 활용하여 여드름 및 주름살 방지, 모공 청소, 자외선 차단 등의 기능을 가진 '이은미 한방에센스 시리즈'와 녹두, 상백피, 당귀 등에서 추출한 물질로 만들어 무색, 무향, 무알코올의 특징을 가진 '렉스 해말근'을 개발한 바있다. 피부의약 전문 바이오벤처기업인 바임래버러토리즈도 순식물성의 여드름치료물질로 만든 화장품 '노블렘'을 개발하였다.

일양약품은 상황버섯 자실체 및 균사체의 화장품 조성물에 대한 조성물 특허를 취득하여 미백, 보습화장품원료 개발을 추진 중에 있으며, 한방 전문회사인 광동

제약은 여성한의원 이은미 박사와 공동연구로 산삼추출물과 영묘향, 동의보감에 수록된 한약재들을 주원료로 한 순식물성 한방화장품인 아미단을 개발하였다.

이밖에도 CJ 엔프라니는 최근 주목에서 추출한 원료로 고농축 항산화 물질을 독자적으로 개발하였으며, 제일제당은 여러 식물종에서 추출한 성분으로 이루어진 '식물나라'시리즈를, 유니레버 코리아는 솔싹추출물을 함유한 '폰즈'를, 잉스화장품은 상황버섯추출물을 함유한 발모제를, 쥬리아화장품은36종류의 약초에서 추출한 성분을 원료로 한 '이너프 팔존'을, 네슈라화장품은 알로에를 주성분으로 하는 '엘레네스'를, 보령 메디앙스는 천연식물성 성분인 히노키치올을 전 제품에 함유해 피부트러블이 없는 것은 물론 아토피에도 효과적인 '히노키'를 개발하였다.

또한 한방성분이 함유된 화장품으로 감초와 적성초, 표고버섯 추출물을 사용한 리케아화장품의 '에스메딕 WH',표고버섯추출물, 무궁화추출물이 든 피어리스의 '피어 브라이트 필링 팩', 시호추출물을 이용한 에센디화장품 '아스프리르 스킨케어' 등 다양한 식물성 원료로 부터 효능 있는 화장품 개발을 위한 소재와 제품 개발이 이뤄지고 있다.

(2) 과일유래 화장품

LG생활건강은 청포도 추출성분을 젤 형태로 만든 '오휘 컨투어 포뮬라 모닝 에센스'를 개발하였으며, 코리아나화장품은 석류를 주성분으로 하여 영지, 감자 등 식물성 추출물을 함유시킨 기초화장품 '아가페'를 개발하고, 각질 제거에 효과적인 대추, 키위, 매실을 클렌징제에 응용하였다.

일명 '먹는 성분 화장품'으로 미국에서 인기를 끈 키엘은 최근 국내에서도 토마토성분을 함유한 '라이코핀 훼이셜 모이스처라이징' 크림과 로션을 개발하였으며, 파인애플 · 파파야성분을 넣은 각질제거용의 훼이셜 스크럽'도 개발하였다.

오리진스는 딸기로 만든 보디 젤인 '트루 그리트'와 잘 엉키는 머리카락을 위해 복숭아성분을 넣은 '낫 프리 샴푸'와 '휘니싱 린스'를 개발하였다. 염색약에 있어서도 과일을 적용한 제품 개발이 활발한데, 가르니에는 각 색깔마다 블루베리, 라스베리, 망고, 바나나 등 과일을 한 가지씩 넣어 염색하는 동안 산뜻한 과일 향을 맡을 수 있도록 하였다. 또한 아베다는 오렌지성분이 들어간 '핸드 릴리프'를 출시했으며, 랑콤의 비네피트는 청포도에서 추출한 비타민, 미네랄성분을 함유시켰다.

(3) 해양유래 화장품

반도국인 우리나라는 해양자원이 풍부하며, 특히 해조류는 400만 톤 이상의 전세계 수확량 중 80만 톤을 생산하는 국가로 전통적으로도 해조 생산과 이용이 활발하다. 따라서 김, 미역, 다시마 등의 해조류를 이용한 고부가가치의 기능성 화장품원료 개발에 대한 전망은 상당히 밝다고 볼 수 있다.

초기 해양성분제품에 대한 연구는 해조류나 게껍질 등을 활용해 생리 활성물질을 포함한 화장품연구에 힘을 쏟았다. 즉, 미역, 다시마 등 해조류에 다량 함유된 알긴산은 몸에 축적된 중금속과 콜레스테롤을 체외로 배출하고, 혈액순환을 촉진시켜 피부노화를 막는다고 해서 각종 화장품원료로 사용되었다. 또한 게, 새우껍질의 주성분인 키틴과 이를 화학적으로 처리한 키토산은 항균성, 보습성, 생체친화성, 응집성 등이 입증되어 피부관리를 위한 기능성화장품 원료로 사용되고 있다.

최근에는 해양심층수에서 뽑아낸 신 물질을 이용하여 제품 개발에 활용하고 있으며, 철갑상어의 알인 캐비아를 이용하기도 한다. 현재 각 업체별로 출시되고 있는 제품군은 미백용 기초제품부터 피부노화 방지 링클 제품까지 다양한 제품에 해양성분을 첨가하고 있다.

가. 해양심층수

최근 해양수산부가 해양심층수의 다각적 활용을 위한 시범사업단지 조성을 착수해 심층수로부터 저온 · 무균 · 고미네랄 기능성 생수와 의약 · 화장품을 생산하는 등 해수와 해양생물을 활용한 새로운 산업을 육성하겠다고 밝힌바 있어 해양심층수를 활용한 연구가 더욱 활발해질 것으로 보인다.

국내 해양성분 화장품의 원조격인 LG생활건강은 인체의 수분과 원소 구성이 유사해 피부친화력과 보습력이 우수한 해저심층수를 원료로 하여 '이자녹스 아쿠아퍼펙션'이란 클렌징제품을 개발하였다. 또한 천연해초성분을 컨셉으로 한 바디/샴푸 린스 제품인 '오셔니아'를 개발하기도 했다.

한불화장품도 일본북해 시레도코 지역의 청정해역에서 끌어올린 200m 이하, 태양광선이 투과하지 않는 심해의 해양수를 특수 냉동기법으로 정제해 만든 청정해양수를 활용한 기초라인 '바탕' 7종을 개발하였으며, '바탕 바이탈 파운데이션'과 '바탕 바이탈 메이크업 베이스제품' 개발을 통해 심층해양수를 베이스 메이크업 제품에 첨가하기도 했다.

잎스코스메틱은 자사제품인 엔클라인을 통해 해양심층수 성분의 제품을 개발했으며, 쿠지인터내셔널의 쿠지 딥 씨는 오키나와 14,000m 심층 해양수에서 성분을 추출해 오일감을 없앴고, 만성적인 건성피부에 효과를 보이는 제품으로 총 15종을 출시한 바 있다.

나. 콜라겐

지금까지는 소, 돼지 및 그 외 유사 반추동물의 뼈나 껍질로부터 추출된 콜라겐이 화장품 및 식품용 원료로 이용되어 왔지만, 광우병 발병을 계기로 많은 사람들이 그 안전성에 문제를 제기하고 있으므로 선진국뿐만 아니라 우리나라에서도 육상동물에서 추출한 콜라겐의 사용을 금지하고 있는 바, 광우병이 없는 안전한 천연의 해양원료로부터 콜라겐 대체소재의 개발이 시급히 요청되고 있는 실정이다.

국내에서는 처음으로 불가사리에서 콜라겐을 추출하여 산업화를 추진하고 있다. 불가사리에서 추출된 해양 콜라겐은 분자량을 3,000~10,000 정도로 저분자화 함으로써 가용성이 우수하고, 소화흡수가용이하며, 또한 기포성, 보습성, 보호콜로이드성 등으로 착색성이 뛰어나고, 제품의 팽창을 방지하는 효과와 용해온도가 육상동물의 콜라겐보다 낮은 특성을 가지고 있다. 최근 해양수산부 산하 국립수산과학원은 연안을 황폐화시키는 불가사리 1kg에서 콜라겐 30g을 추출하는 기술개발에 성공하여 보습로션, 마스크팩, 비누 등 광범위하게 화장품원료로 이용할 수 있게 하였다.

다. 캐비아(Caviar)

캐비아란 철갑상어의 알을 소금에 절인 것으로 단백질, 아미노산, 비타민, 각종 미네랄 등을 다량 함유한 고 영양 성분으로 피부미용에 탁월한 효과가 있는 것으로 알려졌다. 특히 캐비아 추출물은 피부 세포분열을 활성화하여 피부재생을 촉진시키고, 뛰어난 보습효과로 피부를 부드럽게 해주는 것으로 알려져 오래 전부터 캐비아를 미용에 접목시키기 위한 노력이 활발하게 진행되었다.

로제화장품은 최근 캐비아성분 및 천연진주추출물을 함유한 제품으로 '잉그리드 미에'를 개발하였으며, 에스까다코스메틱도 캐비아에서 추출한 고영양성분과 함께 신소재인 레노자임을 다량 함유하여 윤기 있고, 건강한 피부를 가꿔주는 '하이 퍼포먼스 크림 파운데이션'과 '얼티밋 뉴트리티브 캐비아크림' 등을 개발하였다. 청호나이스화장품 역시 캐비아와 진주 추출물이 주성분인 '발만 럭셔리 뉴트리티브 캐비아 라인'을 개발하였다.

라. 해양추출물

해조류 등 각종 해양추출물을 다량 함유하여 피부보습과 미백에 효능을 보이는 다양한 제품개발이 이루어지고 있다.

코리아나는 피부건조에 효능이 있는 마린 미네랄성분을 가진 '아스트라 원에이지'를 개발하였으며, 엔프라니는 피부보호와 탄력 강화에 효능을 보이는HPS−3과 베누신 등의 해양 신물질을 사용한 슈퍼 아쿠아 세럼을 개발하였다. HPS−3은 지중해에서 서식하는 파디나에서 추출한 유효성분이고, 베누신은 캘리포니아 수심 2,000m에서 생존하는 심해미생물에서 뽑아낸 성분으로 피부진피 내 섬유세포 손상을 막아준다.

한국화장품도 해양추출물을 이용하여 '오션'을 개발하였고, 지인인터내셔널은 해양식물, 해조류부터의 추출물, 비타민 등의 영양성분을 함유하고 있어 보습에 뛰어난 '~H2O+ 페이스 오아시스'를 개발하였는데, ~H2O+만의 독특한 운반시스템인 '씨 미네랄 콤플렉스'를 통해 피부에 보습과 동시에 충분한영양을 공급하고 있다. 나드리화장품은 갈조추출물 등 해양성분을 통해 피부활력을 부여한 해양화장품으로 '사이버21 링클 리스토링 컨센트레이트'와 '사이버21 하이드레이팅에센스 크림' 등의 제품을 개발하였다.

(4) 스파(온천수) 성분

자연주의가 새로운 화장품 키워드로 떠오르면서 최근 가장 이슈가 되고 있는 성분이 스파(Spa)이다. 벨기에의 한 온천도시를 뜻하는 이 단어는 어느덧 인간의 풍요롭고, 건강한 생활을 대표하는 고유명사가 되고 있다.

우리나라에 스파가 도입된 것은 고급 스파 센터나 피부 관리 전문점이 시초였으나, 스파 효과를 반영한 화장품들이 속속 출시되면서 대중적인 붐이 조성되고 있다. 현재는 주로 강남지역을 중심으로 스파컨셉을 내세운 관리실이 늘어나면서 피부미용실 전용브랜드도 다양하게 출시되고 있는 상태이다.

스파 제품은 자극이 없는 물 즉, 온천성분을 함유해 피부에 쌓인 스트레스를 해소시켜 주는 제품으로 정의할 수 있으나, 최근에는 심신을 안정시키는 릴렉스 효과가 있는 아로마테라피(aromatherapy), 해양성분 등 바쁜 현대인의 몸과 마음에 활력을 더해주는 제품으로까지 의미가 확대되는 추세로, 화장품업체들은 스파시장을 공략할 홈스파제품 출시에 열을 올리고 있다.

최근에 개발된 것으로는 일진화장품의 아로마틱 스파 모자이크 프로그램, 성신의 알고덤, 유나이티드 인터팜의 탈라 스파, 밀라코리아 밀라데이 스파 등이 있다. 젊은 층의 주요 트렌드로 자리 잡은 홈스파제품은 현재 수입사를 중심으로 개발, 출시되고 있는데, 스킨케어제품으로는 유니코스 피에르가르뎅 릴랙스SP△가 대표적이다. 마그네슘, 칼슘, 유황 등 풍부한 미네랄이 함유된 스위스 이베르동레 벵의 스파워터를 주성분으로 피부 진정 및 보습작용이 있다. 온천욕 개념의 스파와 어울리는 바디제품의 경우 가장 많은 화장품회사가 경쟁 중인 품목으로, 에스티로더, 바디샵, 지인인터내셔널, 유니시티 네트워크코리아 등이 대표적인 브랜드라 할 수 있다.

에스티로더는 집에서 즐기는 스파 트리트먼트로 '프라이빗 스파 바디 컬렉션'을 개발했으며, 바디샵의 '아프리카 스파 라인'은 손과 발, 팔꿈치, 무릎등 건조해지기 쉬운 부위에 풍부한 보습효과를 주는 '핸즈 앤 핏 허니버터', '리치 바디 코코아 바디 밤'은 밀납, 참깨오일 등이 피부에 쉽게 스며들어 매끄럽게 가꿔준다. 또한 '딥 클렌징 허니머드'가 몸의 기름기와 더러움을 제거해주는 '헤어 앤 바디 머드', 천연 소금이 각질을 제거하고 셰어버터가 부드러운 피부로 만들어 주는 '바디솔트 스크럽' 등이 천연 성분을 첨가한 제품으로 집에서도 손쉽게 사용할 수 있도록 개발되었다.

물을 기초로 한 브랜드인 지인인터내셔널의 '~H2O+ SPA라인'은 씨 훼널, 씨 레터스, 스피룰리나 추출물이 주성분으로 피부에 수분과 영양을 동시에공급하는 토털 바디 컬렉션제품이다.유니시티네트워크코리아는 향기요법을 응용해 심리적 안정을 주는 '아로마테라피 릴렉세이션 스파 키트'를 개발하였으며, 캐모마일, 해조추출물 등이체내에 축적된 노폐물을 제거해주며, 고보습 기능을 제공한다.

클렌징제품에 도입된 스파로 유니레버코리아는 주요 미네랄 성분 및 포도와 녹차 추출물인 바이오 스파복합체로 이루어진 '폰즈 클리어 훼이스 스파'를 개발했으며, 유니코스 피에르 가르뎅에서도 마그네슘, 칼슘 등 미네랄성분에 허브가 첨가된 '릴렉스 스파'를 개발하였다.

겐조 화장품도 최근 대나무, 연꽃, 쌀, 생강 등에서 추출한 성분으로 만든 스파 제품 '겐조키'를 개발한 바 있다. 또한, 블리스 코리아는 일체의 화학물질을 첨가하지 않아 민감성 피부를 가진 유아에게도 안심하고, 사용할 수 있도록 한 유아용 스킨케어 베이비 스파 제품을 개발하기도 하였다.

〈표 2-6〉 업체별 대표적인 천연화장품

회사명	구분	제품명	제품의 특징
LG생활건강	해양	이자녹스 아코아 퍼펙션라인	심층해저수의 풍부한 미네날 성분들이 피부 깊숙이 흡수되며, 영양공급 및 보습, 가화특허기술인 고분자 유화시스템이 오염물질을 제거해 줌. 클린징크림, 클린징로션, 마사지크림, 클린징폼, 립앤아이리무버, 팩 등 총 6품목으로 구성됨.
		오셔니아 리후레쉬 모이스춰라이징 스페셜 라인	20대 중후반을 타깃으로 오염되지 않은 천연 해초성분이 각종 유해환경에 노출된 피부에 고기능성 효과를 부여하는 무자극 제품으로 스페셜 바디관리 전문 브랜드
코리아나	한방	한방	사상의학에 기초한 피부개선 전문 한방화장품으로 18가지 한방 생약성분이 사용됨. 체질별 피부특성에 맞춘 특수 에센스, 탄력 아이크림을 선보인 신개념 브랜드
		엔시아 녹두	한국산 녹두의 플라보노이드 성분인 비텍신과 이소비텍신을 추출해 특허등록한 신토불이 화장품
	해양	아스트라 원에이지	피부건조에 효과적인 풍부한 이온을 함유한 마린 미네랄이 첨가돼 신진대사를 활성화시켜 주며, 생기있는 피부로 가꿔 줌
한국화장품	한방	산심양명수, 양명액, 자양로, 자양상, 산심 청안상	예로부터 몸에 좋은 산삼이라는 원료의 강점을 십분 활용한 토종 한방원료를 이용한 한방브랜드
	해양	오션바이탈, 화이트 퍼펙트라인	하이드로프레시너, 하이드로에멀션, 하이드로리체에멀션, 아코아드롭, 화이트토너퍼펙트, 화이트 에멀션퍼펙트, 화이트 파우더에센스로 구성된 해양화장품
한불화장품	한방	ICS 오리엔탈 이펙트프로그램	연령의 증가로 인해 피부탄력 저하현상으로 고민하는 여성들을 위한 한방생약화장품. 혈액의 생성을 촉진해주는 천궁과 당귀, 피부신진대사 활성효과가 있는 홍삼과 감초 추출성분이 피부의 영양공급과 방어기능을 원활히 해줌
	해양	바탕모이스티 라인	일본 북해 시레도코지역의 청정해역에서 끌어올린 200m 이하, 태양광선이 투과되지 않는 심해의 해양수를 특수냉동 기법으로 정제하여 만든 청정해양수로 피부의 건조함을 근원부터 해결해 줌
로제화장품	한방	십장생	십장생 이미지를 형상화한 재료로 전통 한방화장품 특허기술인 십장생 복합체가 첨가됨. 사상의학과 피부과학을 접목한 퓨전 코스케틱을 시도해 상생, 활력, 공용라인을 선보이며 각 제품 및 라인에서 10가지 재료를 사용

회사명	구분	제품명	제품의 특징
나드리 화장품	한방	상황	항암효과의 약효로 널리 알려진 자연산 상황버섯, 특히 북한산 상황버섯추출물로 만들어 피부면역기능을 강화시키고 프리라디칼로부터 피부를 보호하여 피부를 맑고 깨끗하게 가꾸어 주는 제품
	해양	사이버21 링클 리스토링 컨센트레이트, 사이버 21 하이드 레이팅 에센스 크림	아쿠아넷과 갈초추출물을 함유해 피부세포에 활력을 부여해 칙칙하고 푸석푸석해 보이는 피부를 맑고 투명감 넘치는 피부로 가꿔줌
엔프라니	해양	하이드로 뉴트리티브크림, 슈퍼 아쿠아세럼	지중해 연안 심해 200m에서 서식하는 신비의 해양물질인 파디나에서 추출한 유효성분으로 피부세포증식, 탄력강화, 외부 유해물질로부터 피부를 보호하며, 해저미생물에서 추출한 성분이 피부를 활력있게 가꿔줌
잎스코스케틱	해양	엔클라인	해양심층수, 수심에 따라 서식하고 있는 마린알게 성분, 고순도의 마린 유용성분 등을 나노캡슐레이션 공법으로 피부에 빠르고 깊숙이 흡수시켜 피부상태를 최적의 조건으로 유지시켜 줌
쿠지 인터내셔널	해양	쿠지플래티늄 익스클루전 코니어스 필링겔, 익스클루전 코니어스 필링 세럼	과각화된 각질을 연화시켜 바다에서 얻어지는 해양 보습성분을 피부에 공급해 영양과 탄력을 부여해 주는 새로운 개념의 필링겔. AHAs, BHAs가 함유되어 피부 턴오버 사이클 불균일로 인한 이상각화 및 불균일한 각질 연화에 도움을 줌
에스까다 코스메틱	해양	하이퍼포먼스 크림 파운데이션, 얼티밋 뉴트리티브 캐비어 크림	철갑상어의 알, 캐비어에서 추출한 각종 미네랄, 비타민, 단백질 등 고영양성분과 신소재 레노자임이 거칠어진 피부에 탄력을 부여하여 건강한 피부로 유지시켜 주며, 깊은 해양에서 자라는 바다식물에서 천연보습인자를 추출해 피부를 촉촉하게 가꿔줌
유니코스	스파	피에르가르뎅 릴랙스 SPA	스위스의 칼슘, 나트륨, 유황, 마그네슘 등 각종 성분이 다량 함유되어 있는 스파워터가 스파테라피 효과를 극대화함
	해양	피에르가르뎅 젤 엑스폴리앙	순수해양의 13가지 식물 및 레몬, 은행잎, 느타리버섯추출물 등이 함유돼 피부친화력이 우수해 노화각질을 눈으로 직접 확인할 수 있는 마사지젤임

회사명	구분	제품명	제품의 특징
패션코스메틱	한방	앙드레김 페이스존 테라피 마사지	당귀추출물이 피부신진대사를 활성화시켜주며, 경락이 교차하는 경혈점을 자극해 기의 순환을 원활히 해 줌
	해양	앙드레김 크리스탈 필링 마스크 프로그램	매끄러운 해초감촉의 마스크를 필링후 부착하면 해초성분과 실크단백질이 각종 무기질을 공급하고, 노화산화를 방지하며 진정효과를 줌
피어리스	해양	피어브라이트 필링팩	표고추출물, 갈조추출물 및 표피각질층을 부드럽게 하는 무궁화추출물 성분을 함유해 피부의 투명감과 매끄러움을 유지시켜 주며, 피부세포의 신진대사를 증진하고 활력을 부여해 줌
리케아화장품	한방	에스메딕WH 라인	감초와 적성초, 표고버섯 추출물 등이 민감하고 지친 피부를 보호하고 진정시켜 줌
	스파	돔 뿌르 옴므	미네랄 성분 복합체인 Sepitonic M3이 유해산소를 제거해주고, 피부보호 및 피부신진대사 활성화에 도움을 줌
	해양	바다야채	청각, 파래, 미역, 다시마 등의 바다 야채성분을 함유하여 피부청정과 보습, 진정효과를 줌
유니레버 코리아	스파	폰즈 클리어 훼이스 스파	스파(온천수)성분이 혈액순환을 촉진시켜 모공을 부드럽게 열어줌으로써 모공속 노폐물과 메이크업 잔여물을 깨끗이 씻어내 딥클린징 해줌. 주요 미네랄 성분과 천연성분의 복합체인 바이오 스파 복합체가 함유돼 피부를 최적의 상태로 유지시켜 줌
에센디화장품	한방	아스프리르 스킨케어라인	시호의 뿌리에서 추출한 성분인 트레할로스가 표피세포의 보습 지속효과를 향상시켜 늘 촉촉한 피부로 가꿔 줌
자인닌터내셔널	스파	~H2O+SPA라인	씨 웨널, 씨 레터스, 스피룰리나 추출물 등 해양성분으로 이루어져 피부에 수분과 영양을 함께 공급하는 토탈 바디 콜렉션
	해양	~H2O+페이스 오아시스	해양식물, 해조류로부터의 독특한 추출물, 비타민 등의 영양성분을 함유해 보습에도 뛰어난 효능을 통해 피부에 보습과 동시에 충분한 영양을 공급해 줌
제이앤씨화장품	해양	씨리절트	주성분인 씨위드는 풍부한 양의 아미노산과 비타민을 함유한 섬유조직으로 뛰어난 세포재생력을 지니고 있으며, 노화방지 및 피부보습에도 탁월함
유니스티워크 코리아	스파	아로마테라피 릴렉세이션 스파 키트	카모마일, 해조추출물, 녹차추출물이 보습효과를 더해주며, 아로마 향은 쌓인 피로와 긴장이완 뿐만 아니라 피부에 축적되어 있는 노폐물 등을 제거함

〈표 2-7〉 각사별 2003년도 히트브랜드의 주요 성분 일람표

<table>
<tr><th>회사명</th><th colspan="2">브랜드 및 제품명</th><th>주요 성분</th></tr>
<tr><td rowspan="3">태평양</td><td>아이오페</td><td>리제너레이션 프라이머/소프너/프로그램/플루이드/크림/마사지 크림</td><td>마로니에추출물, 황기추출물, 강황추출물, 세라마이드, 콜레스테롤, 지방산, 지방, 수분</td></tr>
<tr><td rowspan="2">라네즈</td><td>스타화이트 스킨 리파이어</td><td>파파야, 수련 추출물</td></tr>
<tr><td>스타화이트 에멀전/에센스</td><td>블루베리 추출물, 라스베리 추출물, 완두콩</td></tr>
<tr><td rowspan="5">LG생활건강</td><td rowspan="2">이자녹스</td><td>화이트 포커스 베이직 화이트닝 스킨 EL-1</td><td>오행초, 탱자추출물</td></tr>
<tr><td>화이트 포커스 화이트닝 세럼 EL-1/화이트닝 에멀전 EL-1/화이트닝 아이세럼 EL-1/나이트 화이트닝 크림 EL-1/UV 스크린 EL-1/워터프루프 메이크업베이스 EL-1/워터프루프 파운데이션 EL-1</td><td>피토클리어 EL-1, 지실추출물, 오행초</td></tr>
<tr><td>라끄베르</td><td>라끄베르 매직 선블록 크림</td><td>식물성(미인초) 성분</td></tr>
<tr><td>헤르시나</td><td>헤르시나 하이드로 이퀄라이저</td><td>몬테로사산 빙하수 성분</td></tr>
<tr><td colspan="2">캐시캣 일루밍네이팅라인</td><td>자수정과 산호추출물</td></tr>
<tr><td rowspan="5">코리아나</td><td rowspan="5">엔시아</td><td>엔시아 화이트 엘리먼트 토너</td><td>베타인, 에리스리톨, 알부틴</td></tr>
<tr><td>엔시아 화이트 엘리먼트 에센스</td><td>AA-2G, AHA에스테르, 폴리쿼터늄 51</td></tr>
<tr><td>엔시아 화이트 엘리먼트 스팟 트리트먼트</td><td>상지추출물, 월귤나무추출물, 세라마이드</td></tr>
<tr><td>엔시아 화이트 엘리먼트 에멀전</td><td>베타글루칸</td></tr>
<tr><td>엔시아 화이트 엘리먼트 그림</td><td>베타글루칸, 알부틴, 화이트 플라워 콤플렉스</td></tr>
<tr><td rowspan="3">애경산업</td><td>프레시스</td><td>프레시스 실크제닉 라인</td><td>Silkgen-G, 보습센서인자</td></tr>
<tr><td colspan="2">포인트 워셔블 클렌징 오일</td><td>쌀겨추출물, 쌀단백질, 오리자 세라마이드</td></tr>
<tr><td colspan="2">마리끌레르 화이트닝라인</td><td>7가지 식물에서 추출한 미백 생약성분</td></tr>
<tr><td rowspan="2">참존</td><td>링클리어</td><td>링클리어 토닉/에멀전/크림/세럼</td><td>우르솔릭 애씨드</td></tr>
<tr><td>탑뉴스</td><td>탑뉴스 미즈라인</td><td>느릅나무 뿌리</td></tr>
</table>

회사명	브랜드 및 제품명		주요 성분
엔프라니	엔프라니	화이트제닉 멜라닌 락 폼 클렌저	화이트제닉, 루시놀, 해수 파우더
		화이트제닉 멜라닌 락 마스크/크림	화이트제닉, 루시놀
로제화장품	십장생	십장생 기초라인	십장생 복합체, 한방재료
	에슬리	에슬리 기초라인	라벤더, 재스민, 로즈, 로즈마리, 레몬, 민트
	마자린 셀 리뉴얼	마자린 셀 리뉴얼 기초라인	천연 식물성분
소망화장품	꽃을 든 남자 노드	꽃을 든 남자 노드 리후레쉬 스킨/릴랙싱 로숀	곡물성분(쌀, 밀, 녹두, 콩, 귀리), 비타민C 유도체
	플러스유 틸립 S/S컬러 3종		진주펄, 해조추출물, 비타민 유도체
나드리화장품	메소니에	메소니에 베이직 케어제품	대나무추출물
	에르케나 베이스 메이크업		진주파우더와 선인장 추출물
금비화장품	가네보	가네보 페어크레아 화이트닝 클렌징/화이트닝 폼/파워 오브 클리어 N	감초추출물, 수용성 비타민
	에센스 듀		오렌지 과즙 엑기스, 나이아신B
웰코스	과일나라	컨듐헤어컬러	알란토인, DL-판테놀
쿠지 인터네셔널	딥씨	클렌징 크림/바이탈 포스 토너/아쿠아 튜닝 에멀젼	천연 해양추출물
에뛰드	에뛰드	에뛰드 스타일 립스 아쿠아톡스	미네랄 워터 볼류머, 크리스털 겔 폴리머
보브	엘리스	엘리스 색조라인	새틴 펄
청호나이스	발만	발만 럭셔리 뉴트리티브 캐비아 라인	캐비아추출물, 진주추출물
JNC 화장품	씨 리절트	파워 프라이머	필수지방산, 하이드라 리포좀
오마샤리프 화장품	아델리움	블루밍 필 컴팩트 파우더	퍼퓸 캡쳐 파우더
	노블 마인 투웨이 케익		세라마이드, 비타민E, 스쿠알렌

회사명	브랜드 및 제품명		주요 성분
라미화장품	지오	지오 셈프레 C-워터 하이드로스킨	C-워터, 식물성 다당류
		지오 셈프레 C-워터 하이드로에멀전/하이드로크림	식물성 세라마이드, 레시틴, 자연보습성분
		지오 셈프레 C-워터 콘트롤 스킨	카모마일, 위치 하젤 추출물
		지오 셈프레 C-워터 콘트롤 에멀전	PMMA 파우더, 카모마일 추출물
		지오 셈프레 C-워터 콘트롤 크림	엘라스코머 마우더, 카모마일 추출물
		지오 셈프레 C-워터 하이드로세럼	마린콜라겐, 비타민, 세라마이드, 레시틴
		지오 셈프레 C-워터 퍼밍 아이크림	히알루론산, 비타민
네슈라화장품	엘레네스	엘레네스 리바이탈라이징 에센스	고농축 보습성분, 알로에추출물
		엘레네스 에너자이징 아이크림	천연알로에추출물, 세라마이드, 감초추출물
		엘레네스 리얼라이징 에멀젼	알로에추출물
클리오	클리오	스위스 보태닉스 허브 클렌징	알프스의 허브, 에델바이스추출물
애리조	애리조	애리조 리퀴드 파운데이션	다공성 실리콘 분자
		애리조 립글로스	비타민 유도체, Microcrystslline Wax
		애리조 컬러 마스카라	천연 호호바오일, 비타민E
이플립	이플립	프레시 에너지 바디케어라인	오렌지, 레몬, 자몽 추출물
보령메디앙스	히노키	히노키 라인리크	올리브유 등 식물유
		히노키 플로이드콜드	비타민E
		히노키 크리닉컬 RE 로션	콜라겐
리케아화장품	에이씨케어	싸이언티픽	효모추출물, 해양추출물 복합체, 살리실산
피어리스 화장품	엑시몬 피어	피어 브라이트 필링 팩	라벤더 워터
빌리디안 코스메틱	화이트닝 스노우	화이트 스페셜 세럼	알부틴
유니레버 코리아	폰즈	폰즈 더블화이트 스킨 토너/밀키 에멀전/에센스 세트	유용성 감초추출물, 천연보습인자
니베아서울	니베아 비사지	니베아 비사지 베이직 케어 라인	알로에 베라, 카오마일
에센디화장품	화이티아	화이티아 스킨케어	비타민C 유도체, 해양성 콜라겐G

회사명	브랜드 및 제품명		주요 성분
휠라코리아	휠라	휠라 스킨 하이드로 컴포트 워터	피토 릴랙스 콤플렉스, 빌베리 추출물
한불화장품	ICS	ICS스타일러라인	포도씨 오일, 세라마이드
		ICS 퍼퓸 파우더 팩트	박추출물
한국화장품	칼리	칼리하이드로 비타라인	라임추출물, 수분활력입자 하이드로 비타좀
에스까다 코스메틱	A3F[on]화이트에이라인		알부틴, 아데노신, 대두발효액
유니코스	피에르가르뎅 아로마 릴랙스 에크랑 쏠레르 SPF 31		은행잎 추출물
	피에르가르뎅 아로마 릴랙스 스패르 빼를르		스쿠알렌
시선래브	모라비또 보따니끄 엑스트라레 앙띠 쏠레르		녹차추출물, 은행
	모라비또 보따니끄 바즈 블랑쉬쌍뜨		잎추출물, 감초추출물, 비타민E
입스코스메틱	엔클라인 젤 엑스폴리앙		파파야 추출물, 에바산타
클리오	섹시샤인 립샤인		호호바 오일
리케아 화장품	에이시케어 사이언티픽라인		세라마이드, 감초추출물
	에스메딕 베이직 라인		징크옥사이드, 레몬 등 천연추출물
사임당 화장품	사로매 화이트에센스		상백피추출물, 알부틴, 식물성 프라센타
	사로매 한방팩		천연점토, 황백추출물, 감초추출물
아란	휘 에센셜라인		인삼, 은행추출물
지엘화장품	지엘 바이탈 플루이드 스킨케어라인		인삼추출물, 은행잎추출물
메나도코리아	엠벨리아 나이트 크림		영지버섯추출물, 비피더스 유산균
마베르뜨 코리아	마베르뜨 에너지 드롭라인		13종의 열대 자생식물 추출물
지인 인터내쇼날	~H2O+ 아쿠아펌라인		해초성분의 퍼밍블렌드, 마린 콜라겐 등

3) 비교분석

2001년 한국보건산업진흥원에서는 보건산업 5개 분야의 기술 예측 및 기술수준 비교를 델파이법으로 실시한 결과를 발표한 바 있는데('미래 보건 산업기술 예측(2001–2025)'), 이에 따르면 화장품 분야에서 주요 공통기반 기술을 소재, 제형,

평가, 기타의 4가지 분야로 세분화하여 예측 대상과제를 선정한 결과 총 113개 과제가 도출되었다.

이들 기술과제의 중요도를 조사한 결과, 소재분야에 속하는 '현재의 레티노이드보다 우수한 주름개선 신소재의 개발(약 92%)', '기미/주근깨 등의 원인을 치료하는 유효성분의 개발(약 87%)', '저자극성 및 무독성의 새로운 미백성분의 개발(약 81%)'이 상위 10위권 안에 들었으며, '천연물을 이용한 계면활성제, 보존제, 색소, 향 등의 개발이 활발(약 81%)', '해양 식물유래의 항노화 및 미백 신소재가 개발(약 78%)', '기(경혈학), 사상의학에 기초한 화장품용 신소재가 개발(약 77%)', '남성호르몬의 작용을 억제하는 생약성분의 분리및 화장품에 응용 가능(약 77%)', '천연물을 이용한 안전성이 우수한 경피 흡수 촉진제 개발(약 77%)' 등 천연물을 직접적으로 화장품 소재로 활용하는 과제의 중요도가 높게 나타났다(참조).화장품 분야의 연구개발 수준을 선진국과 비교한 결과, 제형분야가 가장수준이 높고, 소재분야가 가장 취약한 것으로 분석되었으며, 전체평균 기술수준은 약 49%로 나타났다.

단위과제별 연구개발 수준을 비교한 조사에서수준이 높은 상위 10대 과제에 '새로운 미백제를 생약성분으로부터 또는 합성법으로부터 개발', '피부노화를 억제시키는 free radical 소거제 혹은 항산화제 개발', '기(경혈학), 사상의학에 기초한 화장품용 신소재 개발'이 포함되어 있어, 천연물 소재의 화장품 개발기술이 선진국대비 약 60%대의 수준에 있으며, 타 과제들에 비해서는 비교적 높은 수준으로 나타났다. 이는 분자생물학적 연구에 기초한 유전자이용 화장품 개발기술을 위주로 한 연구개발수준이 낮은 하위 과제들에 비해 보다 빠르고, 쉽게 선진기술에 접근하여 국가경쟁력을 가질 수 있다는 점을 시사하며, 이러한 과제들의 상당부분이 기능성 천연소재의 개발에 있다는 점에 주목해야 할 것이다.

〈표 2-8〉 화장품 분야의 중요도가 높은 상위 30대 과제

순위	영역	과제명	지수
1	소재	현재의 레티노이드보다 우수항 주름개선제의 신소재가 개발	91.7
2	평가	자외선에 의한 사람피부에서의 멜라닌 생성과 미백화장품에 의한 미백작용을 효과적으로 그리고 정량적으로 평가하는 실험법이 개발	89.4
3	소재	기미/주근깨 등을 원인 치료하는 유효성분이 개발	86.9
4	평가	각종 항산화제의 항산화능을 평가하는 실험법이 개발	84.5
5	소재	합성공정 기술개발로 저가 대량생산 가능한레시틴 및 유도체의 개발	84.2
6	평가	실질적인 in vivo 보습효과 평가법이 개발	84.0
7	제형	효소구조의 변화를 이용한 다양한 효소 안정화 기술이 개발	83.7
8	평가	피부세포 배양계와 삼차원인공피부를 이용한 광차단 시험법이 개발	81.1
9	소재	저자극성 및 무독성의 새로운 미백성분이 개발	81.0
10	평가	자외선이 피부괴사 및 단백질발현에 미치는 영향의 평가법이 개발	80.7
11	소재	천연물을 이용한 계면활성제, 보존제, 색소, 향 등의 개발이 활발	80.8
12	〃	전자파로부터 피부세포를 보호하는 신소재가 개발	79.7
13	〃	해양식물 유래의 항노화 및 미백 신소재가 개발	77.3
14	〃	과침된 멜라닌의 분해를 촉진시키는 신소재가 개발	77.2
15	〃	기(경혈학), 사상의학에 기초한 화장품용 신소재가 개발	77.2
16	〃	남성호르몬의 작용을 억제하는 생약성분의 분리 및 화장품에 응용가능	76.7
17	〃	천연물을 이용한 안전성이 우수한 경피흡수 촉진제가 개발	76.6
18	제형	Time Releasing System이 개발	76.1
19	소재	과산화수소 대신 효소를 이용하여 냄새가 없고 인체에 자극성이 없는 염모제가 개발	76.1
20	제형	Active Ingredient 안정화기술이 개발	76.1
21	소재	콜라겐, 엘라스틴, 피브로넥틴과 유사한 기능을 갖는 올리고펩타이드가 개발	76.1
22	평가	스트레스에 의한 피부세포의 변화에 대한 평가법이 개발	75.0
23	소재	피부의 각질층만을 선택적으로 분해시키는 물질이 개발	74.5
24	평가	유정란을 이용한 in vitro 안점막자극시험법이 개발	74.5
25	〃	Telomere 유전자의 연구로 노화속도를 평가하는 방법이 개발	73.9
26	〃	in vitro에서 자외선 차단효과측정법이 개발	73.9
27	〃	인체를 대상으로 한 기능성화장품의 효과평가를 위한 컴퓨터 화상처리 소프트웨어 개발 및 평가 프로토콜이 확립	73.9
28	제형	계면활성제를 사용하지 않는 유화제품이 개발	72.9
29	기타	피부장벽기능이 물리화학적으로 해석 가능	72.2
30	소재	손상된 모발의 치유 및 남성의 대머리, 스트레스에 의한 탈모, 국소부위의 새치를 위한 육모작용이 있는 기능성 소재가 개발	72.3

〈표 2-9〉 화장품분야의 연구개발수준이 높은 상위 10대 과제

순위	과제명	선진국 수준 대비(%)
1	유정란을 이용한 in vitro 안점막자극시험법이 개발	70.9
2	새로운 미백제들이 생약성분으로부터 또는 합성법으로부터 개발	68.8
3	다상 에멀젼을 이용한 활성성분 안정화기술이 개발	68.8
4	in vitro에서 자외선 차단효과측정법이 개발	64.7
5	피부노화를 억제시키는 free radical 소거제 혹은 항산화제들이 개발	64.1
6	다공성 분체를 이용한 유효성분 안정화기술이 개발	63.8
7	기(경혈학), 사상의학에 기초한 화장품용 신소재가 개발	60.4
8	Active Ingredient 안정화기술이 개발	60.0
9	각종 항산화제의 항산화능을 평가하는 실험법이 개발	60.0
10	실질적인 in vivo 보습효과 평가법이 개발	59.6

4. 기술개발 현황

1) 기술개발 이슈

화장품 중 최고의 특성치와 가치를 올리는 가장 우월한 순위를 갖고 발전시켜야 하는 분야가기능성을 갖는다. 차세대 화장품의 길을 위하여 더욱 발전시켜야 한다. 이는 화장품의소재와 제형, 유효약물의 안전하고 안정성 있게 효능/효과 발현해야하며, 이를 가지고 경피 흡수능과 실제로 몇 주간 바를 때 효과가 나는지 미세하게 비교할 수 있는 디지털 이미지분석기술이 필요하다. 더 나아가 이 유효성분이 서로 다른 기능을 가지거나 같을 때 시너지효과를 나타내는지를 확인하고 새로운 소재를 빨리 개발하여, 선진국인 미국, 유럽 및 일본을 따라 잡아야 하며 또한 추격하는 중국을 따돌리기에 수월한 지점에 서야 한다.

수행해야 하는 키워드는 천연/합성 유효약물의 봉입법, 천연유래 유효약물의 효과와 안전성/안정성 유지하고 유효약물의 성능을 발현 하는지를 보는 DDS(Drug Delivery Systenm)와 디지털 이미지 분석하고, 복합기능성소재의 제형

화로 만들어진 기능성 화장품이다.

첫 번째로 기능성 화장품의 중요 목적인 유효약물로 원하는 부위 또는 전체적인 부위를 변화시키는 것이며, 원하는 부위의 목적된 점도, 전달 물질의 흡수율 높이기 위한 물질 등이 많은 변화가 있음. 그 변화를 차단하기 위하여 마이크로화/나노화 시키면서 마이크로 캡슐화나 비드화를 시킨다. 그로서 제품의 다양성을 위한 여러 특이제형의 개발이 이루어지는데 예를 들어 아이스크림의 크림제형, 캐비어 모양의 제형, 부착형 화장품 등 많은 제형에 들어 갈수 있다. 이는 소비자의 눈길을 끌고 호기심 및 특이한 케어를 받는 다는 점이다.

특히 천연/합성 유효약물의 봉입법은 봉입법의 자유롭게 하기 위하여 제형 개발의 기술, 제형의 안정화, 미생물 등의 저항성 및 쉽고 빠른 적용과 효과 등이 필요한 기술을 하나의 예로 나노화 캡슐을 들자면, 나노 크기의 조성물은 피부와 비슷하거나 더 작은 크기로 입자를 제조하여 수용성 또는 유용성 활성성분을 일반적인 마이크로미터 크기의 물질보다 피부 전달이 용이하도록 하는 약물전달 시스템(DDS)에 이용하고. 나노캡슐은 크게 리포좀과 에멀젼 형태로 나뉘며, 나노크기의 리포좀은 가장 안쪽 성분이 수상이며, 수용성 활성성분을 안정화시키는 것이 용이하다. 에멀젼은 가장 안쪽 성분이 유상이며, 인지질 이중층(lipidbilayer)에 유용성 활성성분을 안정화시키는 것이 자주 이용한다. 이들은 모두 각각 가지고 있는 캡슐화 및 독특한 계면구조상의 특성을 이용하여 화장품, 의약분야에서 다양하게 사용한다.

그리고 캡슐화된 유효성분을 미백, 주름개선, 자외선차단과 복합, 그리고 탈모의 헤에케어 기능성 화장품을 제작 시에 유효약물이 안정화된 상태에서 약물을 잘 전달되어 제형의 제약을 받지 않는 다는 장점이 있다.

두 번째로 천연유래 유효약물의 효능/효과와 안전성/안정성 유지하는 법으로 천연유래 물질의가공법은 발효, 숙성 그리고 변성법에 따른 기간 당 수율이 나와야 하며, 기존 방법과 발효, 숙성, 변성법에 따른 농축의 비율 개선을 해야 한다. 천연물질의 기능성 유효 약물로의 효능/효과를 나타내는지와 생체친화성/안정성/안전성 등을 고려해야 한다.

[그림 2-8] 나노캡슐

〈표 2-10〉 천연물질 관련 특허 사항

No	명칭	출원인
1	황칠나무, 섬오갈피나무 및 인삼이 포함된 복합물의 추출물을 유효성분으로 포함하는 미백 개선용 조성물, 및 이를 이용하여 제조되는 기능성 식품 및 한방 화장품	한약진흥재단
2	시스테인-메티오닌 포함 트리펩타이드를 포함하는 피부 미백용 화장품 조성물	주식회사 웰스킨
3	버섯 균사체 배양물을 유효성분으로 함유하는 미백화장품	주식회사 참선진 종합식품
4	상지 추출물을 유효성분으로 함유하는 화장료 조성물	주식회사 코리아나화장품
5	돌외 조사포닌을 함유하는 미백 화장료 조성물	코스맥스 비티아이
6	발효 조성물을 함유하는 피부 미백 기능성 화장품	재단법인 금산국제 인삼약초연구소
7	Topical cosmetic skin lightening compositions and methods of use thereof	Stiefel Laboratories
8	Pyranonr compounds and skin-lightening cosmetic preparations or local demelanizing agents containing the same	Yakurigaku Chuo Kenkyusho

세 번째로는 유효약물의 성능을 발현하는지를 보는 DDS(Drug Delivery Systenm)와 디지털 이미지 분석인데 이 방법은 잘 알려진 프란쯔 셀을 이용한 DDS 실험으로 규정하지만 프란쯔 셀의 셋팅 방법에서 어긋나면 잘 측정되어지기 힘들 수 있으므로 여러 가지 변수를 잘 생각해야 한다. 또한 측정방법은 여러 기기가 있지만 이것들을 사용하는 것에 있어 적절하고 타당한 이유가 있어야 하며, 기계

를 고안하는 것도 힘들고 더 나아가 설비의조작자의 교육 및 여러 가지의 방법 등을 고려해야 한다.

〈표 2-11〉 기능성 설비 관련 특허

No	명칭	출원인
1	화장료 조성물의 피부 미백효과 평가 방법	코웨이 주식회사
2	트리펩타이드 및 이를 함유하는 노화방지, 주름개선, 미백 및 항염 효능의 화장료 조성물	미원상상 주식회사
3	피부 상태 측정 방법	아모레퍼시픽
4	한방약재추출물, 그 추출물의 제조방법 및 이를 포함하는 조성물	한국콜마홀딩스주식회사

네 번째는 기능성 유효약물의 신규 조성물 조합을 통합 복합 기능성 소재의 제형화 기술로는 기능성 유효 약물 간 충돌로 상쇄되는 것을 회피하며, 기능성 유효 약물간의 생성되는 시너지 효과를 검증한다. 이는 기능성 유효 약물들의 충돌/상쇄를 막고 이의 매카니즘을 규명하는 것이며, 피부에 접촉 시 시너지 효과를 기대할 수 있으며 이를 사용해 복합 기능성제품을 만들 수 있다.

〈표 2-12〉 기능성 소재의 제형화 관련 특허

No	명칭	출원인
1	아스코르브산과 파라쿠마릭산의 신규한 혼성체 화합물과 이를 포함하는 피부 미백용 및 주름개선용 조성물	경북대학교 산학협력단
2	플라타너스 나무 에탄올 추출물로서 미백, 주름, 노화방지, 자외선 차단 화장료 성분을 함유한 고기능성 화장료 조성물	한울환경연구원(주)
3	비타민 C 유도체 및 미누카오일 표면 처리된 미백 및 주름개선용 복합분체	주식회사 케미랜드
4	미백, 자외선 차단 및 항산화 효능을 가지는 산삼 줄기세포(캘러스) 및 산삼부정근 추출물	주식회사 비트로시스
5	가공한 인삼 및 녹체에서 추출한 다당체를 함유하는 미백용 및 자외선 차단용 조성물	아모레퍼시픽

〈표 2-13〉 기능성 화장품의 중소기업 관련 기술

기술개발 테마	세부분류	설명
기능성 화장품	제형 및 소재	• 크림/로션, 에센스/오일, 수렴/유연/영양제/화장수, 부착형 화장품의 특이한 제형 • 천연유래물질의 추출법/가공법/정제법에 따른 기능성 유효약물의 기능성 발현개발 기술 • 마이크로/나노화된 비드 및 캡슐화로 유효약물 봉입기술 개발
	유효 약물의 효능/효과	• 유효약물의 안전/안정성 유지 및 평가기술 개발, 2차 감염 억제 기술 개발 • 가공법에 따른 고수율화 기술 개발, 소비자 맞춤형 제공 시스템 구축 기술 • 천연유래물질의 발효/숙성과정과 미생물/식물세포/ 배양법에 따른 기승성 유효약물의 효과
	시험평가방법	• 극미세량 기능성 소재의 정량을 정성/정량분석 기법 • 기능성 효과에 대한 디지털 이미지 분석 기술 • 마이크로/나노화 입자의 경피흡수능 개량 기술 개발
	복합 기능성 화장품	• 기능성 약물의 충동/상쇄 방지 및 상생효과 발현 기술 • 기능성 유효약물의 신규 조성물 조합을 통한 복합 가능성 소재의 제형과 기술

2) 특허동향 분석

(1) 기능성 화장품 특허 상 주요 기술

• 기능성 화장품은 유효약물 분야로 유효약물의 봉입법 기술, 천연유래 유효약물의 효과 기술 및천연유래 물질의 기능성 발현 개발 기술이 있으며, 효능/효과 분야로 안전 및 안정성 유지 기술 및 피부 흡수 스크리닝 기술로 구분된다. 또한 가공 기술 분야로 디지털 이미지 분석 기술, 복합 기능성소재의 제형화 기술, 특이 제형화 기술, 가공법 개선 기술, 정성/정량분석 기법 및 약물의 충돌/상쇄방지 기술로 구분된다.

〈표 2-14〉주요 특허기술

세부분야	요소기술	설명
유효약물	유효약물의 봉입법 기술	• 유효약물의 개선하기 위한 봉입법을 이용하는 기술 개발
	천연유래 유효약물의 효과 기술	• 천연 소재의 유효약물을 이용하여 유효약물의 효과를 분석하고 향상시키는 기술 개발
	천연유래 물질의 기능성 발현 개발 기술	• 천연 소재의 유효약물을 이용하여 유효약물의 기능을 발현시키기 위한 기술 개발
효능/효과	안전 및 안정성 유지 기술	• 유효약물의 안전/안정성 유지 기술 개발, 동물실험 시험평가 기술 개발, 안정성 평가 기술 개발, 2차 감염 억제 기술 개발
	피부 흡수 스크리닝 기술	• 나노입자의 경피흡수능 개량 기술 개발
가공 기술	디지털 이미지 분석 기술	• 화장품의 입자 및 결정구조에 대한 이미지 분석 기술 개발
	복합 기능성 소재의 제형화 기술	• 복합 기능성 소재의 제형화 기술 개발
	특이 제형화 기술	• 화장품의 특이 제형에 대한 제형화 기술 개발
	가공법 개선 기술	• 가공법에 따른 고수율화 기술 개발, 소비자 맞춤형 제공 시스템 구축 기술
	정성/정량분석 기술	• 화장품 소재의 정성 및 정량분석 기법 기술 개발
	약물의 출동/상쇄 방지 기술	• 기능성 약물의 충돌/상쇄 방지 및 상생효과 발현 기술 개발

(2) 세부 분야별 특허동향

- 기능성 화장품의 요소기술별 주요 국가별 특허정보 데이터 입수하였으며, 최근 10년간의 특허 데이터를 비교 분석한다.
- 국가별 요소기술별 특허동향에서 유효약물 분야는 유효약물의 봉입법 기술은 일본이, 천연유래유효약물의 효과 기술은 한국이, 그리고 천연유래 물질의 기능성 발현 개발 기술은 미국이 가장 많은 비중을 차지하고 있음. 하지만 유효약물의 봉입법 기술과 천연유래 유효약물의 효과 기술은 미국과 유럽의 출원이 전혀 없었으며, 천연유래 물질의 기능성 발현 개발 기술은 유럽이 가장 적은비중을 차지하고 있다.

- 효능/효과 분야는 안전 및 안정성 유지 기술은 일본이 가장 많은 비중을 보이고 있으며, 유럽이 가장적은 비중을 보임. 또한 피부 흡수 스크리닝 기술은 한국이 가장 많은 비중을 차지하고 있고, 유럽이 가장 적은 비중을 보이고 있다.
- 가공 기술 분야는 전체 분야에서 한국과 미국이 가장 많은 비중을 보이고 있고, 약물의 충돌/상쇄방지 기술에서 한국이 가장 적은 비중을 보이고 있는 것을 제외하고 다른 기술에서 일본과 유럽에서 가장 적은 비중을 보이고 있다.
- 유효약물 분야의 유효약물의 봉입법 기술은 아모레퍼시픽이 가장 많은 특허를 보유하고 있으나, 전체적으로 특허건수가 많지 않음. 천연유래 유효약물의 효과 기술은 아모레퍼시픽이 가장 많은 특허를 보유하고 있으며, 그 뒤를 코리아나화장품과 연세대학교가 따르고 있음. 또한 천연유래물질의 기능성 발현 개발 기술은 L'Oreal이 가장 많은 특허를 보유하고 있으며, Evonik, DowCorning이 따르고 있다.
- 효능/효과 분야의 안전 및 안정성 유지 기술은 Kyoei Chemical이 가장 많은 특허를 보유하고 있으며, Kaneka와 엘지 생활건강이 특허를 그 다음으로 많이 보유하고 있음. 피부 흡수 스크리닝기술은 국내 기업인 아모레퍼시픽, 코리아나화장품, 엘지 생활건강이 많은 특허를 보유하고 있다.
- 가공 기술 분야의 디지털 이미지 분석 기술은 L'Oreal이 가장 많은 특허를 보유하고 있으며, 코웨이가 그 다음으로 많은 특허를 보유하고 있다.

  복합 기능성 소재의 제형화 기술은 엘지 생활건강이 가장 많은 특허를 보유하고 있으며, Evonik, 코리아나화장품이 따르고 있다.

  또한 특이 제형화 기술은 SPCM과 Roquetta, Elevance가 많은 특허를 보유하고 있으며, 가공법 개선기술은 L'Oreal, Evonik과 한불화장품이 가장 많은 특허를 보유하고 있다.

  정성/정량분석 기법은 케미랜드, 코웨이, Senomyx가 많은 특허를 보유하고 있으며, 약물의 충돌/상쇄 방지 기술은 DowCorning, Momentive Performanc, The Procter And Gamble Company가 그 뒤를 많은 특허를 따르고 있다.

〈표 2-15〉 국가별 특허 현황

세부분야	요소기술	한국	미국	일본	유럽	계
유효약물	유효약물의 봉입법 기술	8	–	10	–	18
	천연유래 유효약물의 효과 기술	1,031	–	108	–	1,139
	천연유래 물질의 기능성 발현 개발 기술	199	220	71	64	554
효능/효과	안전 및 안정성 유지 기술	190	54	217	15	476
	피부 흡수 스크리닝 기술	558	116	152	33	859
가공 기술	디지털 이미지 분석 기술	4	4	2	1	11
	복합 기능성 소재의 제형화 기술	711	422	93	116	1,342
	특이 제형화 기술	14	28	25	8	75
	가공법 개선 기술	154	84	95	30	363
	정성/정량분석 기술	15	15	10	1	41
	약물의 출동/상쇄 방지 기술	14	64	18	17	113
합계		2,898	1,007	801	285	4,991

(3) 기능성 화장품 분야의 주요 경쟁기술 및 공백기술

기능성 화장품 분야의 주요 경쟁기술은 유효약물 분야의 천연유래 유효약물의 효과 기술, 천연유래 물질의 기능성 발현 개발 기술과, 효능/효과 분야의 피부 흡수 스크리닝 기술과, 가공 기술 분야의 복합 기능성 소재의 제형화 기술이며, 공백기술은 유효약물의 봉입법 기술, 디지털 이미지 분석 기술, 특이 제형화 기술, 정성/정량분석 기법 및 약물의 충돌/상쇄 방지기술로 나타났다.

〈표 2-16〉 주요 경쟁기술 및 공백기술 동향

세부분야	요소기술	기술 집중도
유효약물	유효약물의 봉입법 기술	○
	천연유래 유효약물의 효과 기술	●
	천연유래 물질의 기능성 발현 개발 기술	◕
효능/효과	안전 및 안정성 유지 기술	◓
	피부 흡수 스크리닝 기술	◕
가공 기술	디지털 이미지 분석 기술	○
	복합 기능성 소재의 제형화 기술	●
	특이 제형화 기술	○
	가공법 개선 기술	◓
	정성/정량분석 기술	○
	약물의 출동/상쇄 방지 기술	◔

※ ●: 1000건 이상, ◕: 500~900건, ◓: 200~499건, ◔: 50~199건, ○: 50건 미만

〈표 2-17〉 최신 국내 특허기술 동향

세부분야	요소기술	설명
유효약물	유효약물의 봉입법 기술	• 펩타이드 성분 유도체의 피부 미백용 조성물 • 스테아릴 글리시레이티네이트 유효성분 • 리피드가 코팅된 하이드로겔 입자
	천연유래 유효약물의 효과 기술	• 이소플라본 함유 황장료 조성물 • 배롱나무 추출물 유효성분 • 폴리필린을 포함하는 화장료 조성물
	천연유래 물질의 기능성 발현 개발 기술	• 콩 유래의 뿌리, 잎 꼬투리를 이용한 화장료 조성물 • 데칸알, 디오스민, 제라닉산, 오시멘 등을 유효성분으로 하는 화장료 조성물 • 세포 분화용 펩타이드를 이용
효능/효과	안전 및 안정성 유지 기술	• 난용성 성분의 안정화 • 다공성 다면체 파우더를 포함 • 안정성 개선 이중층 고분자 캡슐
	피부 흡수 스크리닝 기술	• 피부 세포 분화 폭진용 조성물 • 자외선 차단제의 피부 흡수 촉진 • 경피 흡수용 하이드로겔 조성물

세부분야	요소기술	설명
가공 기술	디지털 이미지 분석 기술	• 형광강도를 이용한 피부의 항산화 활성 평가 • 피부 또는 외피의 톤을 특화하기 위한 방법
	복합 기능성 소재의 제형화 기술	• 한약 약초 복합 추출물의 화장료 조성물 • 복합 효모 균체 유효성분 • 생약 복합 추출물을 이용한 탈모 방지용 조성물
	특이 제형화 기술	• 옥 분말 함유 조성물 • 고함량 오일 봉입 화장료 • 분체 코팅 파우더를 이용한 조성물
	가공법 개선 기술	• 초음파 추출 방법 • 건조 하이드로겔 시크의 제조방법 • 비닐 형태의 화장품 필름 제조
	정성/정량분석 기술	• 복합 분체의 정량 사용 • 지질 염색을 이용한 피부 장벽 기능 평가 • 고객 맞춤형 화장품 제공방법
	약물의 출동/상쇄 방지 기술	• 과산화지질의 변성 억제

〈표 2-18〉 주요 기술별 출원인 동향

세부분야	요소기술	기술 집중도	주요 출원인	국내 특허동향
유효약물	유효약물의 봉입법 기술	○	아모레퍼시픽	대기업, 중소기업 중심 아모레포시픽, 나투젠, 씨앤비코스메틱 등
	천연유래 유효약물의 효과 기술	●	아모레퍼시픽 코리아나화장품 연세대	대기업 중심 아모레퍼시픽, 코리아나 화장품, 엘지생활건강 등
	천연유래 물질의 기능성 발현 개발 기술	◕	L'Oreal Evonik DowCorning	대학교, 기업 중심 아모레퍼시픽, 연세대, 케어젠 등
효능/효과	안전 및 안정성 유지 기술	◓	Kyoei Chemical Kaneka 엘지생활건강	기업 중심 아모레퍼시픽, 코리아나 화장품, 엘지생활건강 등
	피부 흡수 스크리닝 기술	◕	아모레퍼시픽 코리아나화장품 엘지생활건강	대기업 중심 아모레퍼시픽, 코리아나 화장품, 엘지생활건강 등

세부분야	요소기술	기술 집중도	주요 출원인	국내 특허동향
가공 기술	디지털 이미지 분석 기술	○	L'Oreal 코웨이	개인출원인, 기업 중심 조병순, 한백아이앤티, 코웨이 등
	복합 기능성 소재의 제형화 기술	●	엘지생활건강 Evonik 코리아나화장품	대학교, 대기업 중심 엘지생활건강, 코리아나 화장품, 제주대 등
	특이 제형화 기술	○	PCM Roquetta Elevance	대기업, 개인출원인 중심 아모레퍼시픽, 최화숙 등
	가공법 개선 기술	◓	L'Oreal Evonik 한불화장품	기업 중심 한불화장품, 모아캠, 아모레퍼시픽 등
	정성/정량분석 기술	○	케미랜드 코웨이 Senomyx	기업 중심 코웨이, 케미랜드 등
	약물의 출동/상쇄 방지 기술	◔	DowCorning, Momentive Performanc P&G	기업 중심 Agency for Science 코스맥스, 한국콜마 등

국내 특허동향을 살펴보면 국내의 화장품 대기업을 중심으로 대부분 연구개발이 진행되고 있으며, 천연유래 유효약물의 효과 기술, 천연유래 물질의 기능성 발현 개발 기술, 피부 흡수 스크리닝 기술, 복합 기능성 소재의 제형화 기술에 대하여 활발하게 연구개발이 진행되고 있음. 하지만 그 외의 기술에서는 연구 개발이 거의 진행되고 있지 않아 극명하게 연구가 집중되고 있는 기술이 다른 것으로 나타났다.

- 유효약물의 봉입법 기술, 천연유래 유효약물의 효과 기술, 천연유래 물질의 기능성 발현 개발 기술, 피부 흡수 스크리닝 기술, 특이 제형화 기술은 아모레퍼시픽 주식회사에서 연구개발을 집중하고 있으며, 안전 및 안정성 유지 기술, 복합 기능성 소재의 제형화 기술은 엘지 생활건강에서 연구개발을 집

중하고 있다.

- 이 중 중소/중견 기업은 나투젠, 씨앤비코스메틱, 코리아나화장품, 케어젠, 한백아이엔티, 코웨이, 한불화장품, 모아캠, 케미랜드, 코스맥스, 한국콜마 등이 있으며, 대학교는 연세대, 제주대 등이 기능성 화장품에 연구개발을 진행하고 있는 것으로 나타난다.

(4) 중소기업 특허전략 수립 방향 및 시사점

기능성 화장품의 공백기술 분야는 유효약물의 봉입법 기술, 디지털 이미지 분석 기술, 특이제형화 기술, 정성/정량분석 기법 및 약물의 충돌/상쇄 방지 기술로 나타난다.

- 기능성 화장품 분야는 각종 유효성분을 추출하는 조성물에 대하여 다양한 기능성 화장품 및의약품에 유용하게 사용될 수 있다.
- 기능성 화장품 분야는 아모레퍼시픽, 엘지생활건강 등의 대기업과 나투젠, 씨앤비코스메틱, 코리아나화장품, 케어젠, 한백아이엔티, 코웨이, 한불화장품, 모아캠, 케미랜드, 코스맥스, 한국콜마 등의 중소/중견 기업 등에서도 특허 활동이 활발하게 진행되고 있어 이에 대한 연구개발이 활발하게 진행되고 있음을 알 수 있다.
- 하지만 집중되는 기술 분야와 연구개발이 활발하지 않은 기술 분야가 극명하게 나뉘어 있어 공백기술에 대한 연구개발에 대한 투자가 필요할 것으로 보인다.

5. 연구개발 네트워크

1) 연구개발 기관/자원

(1) 연구개발 기관

- 기능성 화장품 연구개발 기관: 대학연구소가 주로 약물의 효능 및 가공법에 관하여 연구하고 있으며 봉입기술 및 마이크로/나노화된 캡슐화 제작은 기업부설연구소가 진행중에 있음. 또한 특이한 사실은 지방 토산물을 이용하여 기능성을 찾으려는 노력이 지방자치단체에서 진행되어 지고 있다.

구분	기관	연구내용
기업부설연구소	코스맥스	적합 제형화 기술
	더마잭	기능성 유효약물의 신규 조성물 조합을 통한 복합 기능성 소재의 제형화 기술
	한국콜마	특이 제형화 기술
	대한피부과학연구원	국미세량 기능성 소재의 정량을 정성/정량분석 기법
	더마프로	기능성 효과에 대한 디지털 이미지 분석 기술
		유효약물의 안전/안정성 유지 및 평가 기술 개발, 2차 감염 억제 기술 개발
	엘리드	마이크로/나노화 입자의 경피흡수능 개량 기술 개발
대학연구소	경북대학교	천연유래물질의 추출법/가공법/정제법에 따른 기능성 유효약물의 기능성 발현 개발 기술
	경희대학교	기능성 약물의 충돌/상쇄 방지 및 상생효과 발현 기술
	서울과학기술대학교	크림/로션, 에센스/오일, 수렴/유연/영양제/화장수, 부착형 화장품의 특이한 제형
		마이크로/나노화된 비드 및 캡슐화로 유효약물 봉입기술 개발
지자체/재단법인	재단법인 금산국제인삼약초연구소	천연유래물질의 발효/숙성과정과 미생물/식물세포 배양법에 따른 기능성 유효약물의 효과
	전라남도 농업기술원	공법에 따른 고수율화 기술 개발, 소비자 맞춤형 제공 시스템 구축 기술

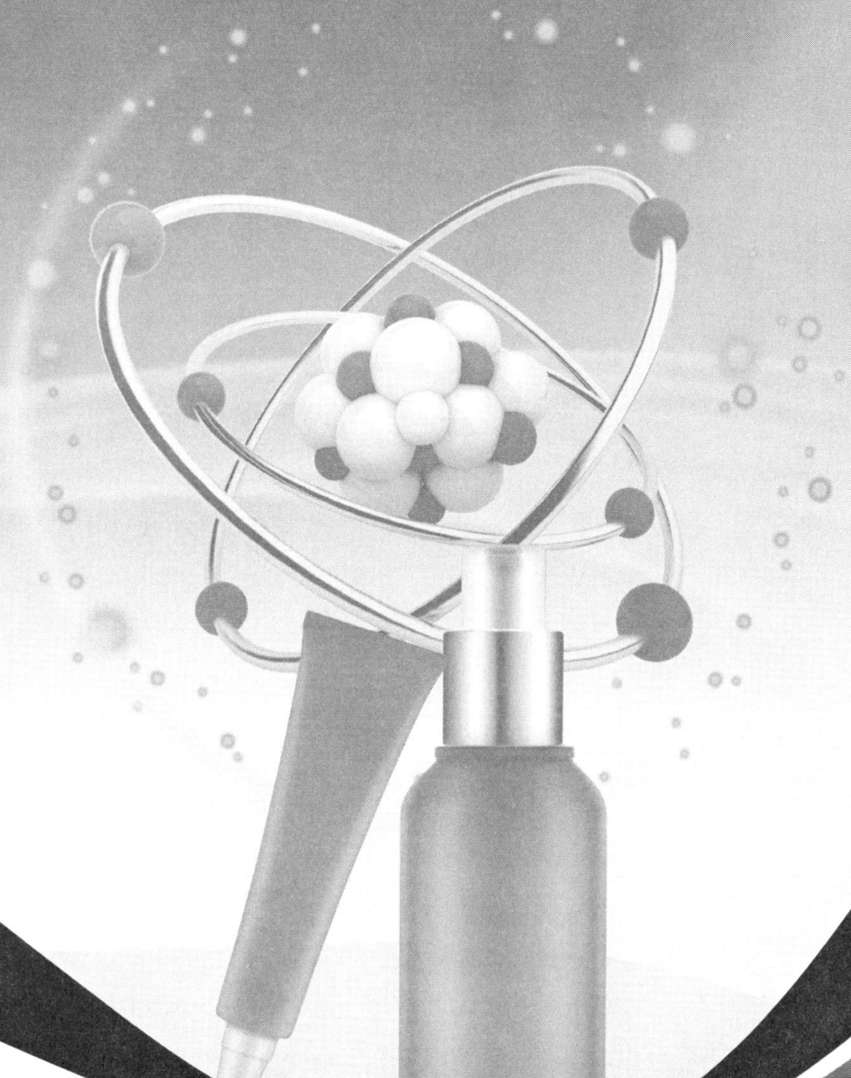

chapter
03

바이오 향장품 소재 독성검사 및 생리활성 방법

I 바이오 향장품 소재 독성검사

1. 세포

1) 세포배양실험법의 계획

실험을 수행하려는 경우, 우선 실험재료와 방법이 적절해야만 한다. 실험기술의 원리를 잘 이해하고, 그것의 장점과 한계를 알아야한다. 실험기술에 익숙해지지 않으면 안 된다. 이것을 바탕으로 연구자가 아이디어를 내어, 가설을 증명할 수 있게 된다. 세포배양은 화학 실험과 달리 살아있는 세포를 다룬다는 점에서, 특히 섬세한 감각이 필요하다. 세포배양실험을 하는 경우의 기본적인 사고방식과 전략에 관하여 알아보자.

(1) 세포의 선택과 입수

세포배양에 의한 실험을 하려고 했을 때, 어떤 세포를 어떠한 방법으로 배양할 것인가이다. 먼저 문헌을 참고로 목적에 맞는 세포를 선택한다. 다음으로 목적에 맞는 세포주를 어디에서 입수할 것인가를 고려하여야 한다. 연구실에서 입수할 수도 있지만 세포은행이 설립되어 있어 세포은행으로부터 구하는 것이 보다 품질이 보증되어있고 안심하고 사용할 수 있다.

(2) Cloning, Screening에 의한 세포의 선택

손에 넣은 세포를 그대로 사용하는 것이 아니라, 처음에 정말로 실험목적에 쓰일 수 있는지 positive control을 써서 확인할 필요가 있다. 또 오랜 시간 배양하고 있는 사이 성질이 변해버리는 일이 많다. 목적에 맞는 clone을 screening 하는 일이 필요로 하다.

실험 목적에 맞는 세포가 아직 보고되어 있지 않은 때에는 기존의 세포주를 screening해서 찾을 필요가 있다. 예를 들어 EGF수용체 고도발현 세포인 A431세포는 EGF결합량에 대해서 screenign한 결과 얻어진 것이다 우리들의 실험에도 C kinase의 down regulation분석때, 처음 한 것은 세포주의 screening이었다. 그 결과 test한 41개 중에서 eown regulation이 빨리 일어나는 FRSK세포를 발견하고 기전을 분석 할 수가 있었다.

실험목적에 맞는 세포를 스스로 만드는 것이 가장 이상적이다. 스스로 수립한 세포를 사용하면 연구를 이끌 수가 있고, 새로운 전망도 할 수 있을 것이다. 그러나 세포주를 수립하는 것은 시간이 걸리고 반드시 목적으로 하는 세포주가 나타나지 않을 수도 있지만, 실험과 동시에 세포주 수립을 시도하여 세포배양으로 발생되는 다양한 문제를 학습해보자.

(3) 초대배양

초대배양 세포는 생체내의 특성을 유지하고 있기 때문에 실험의 생물학적 의의에 대하여, 생체에서와 유사한 정보를 얻을 수 있다는 이점이 있다. 세포주 바양과 달리, 세포의 분리, 배지, 배양법 등에 대해 다양하게 생각해서 수행해야 할 필요가 있다.

(4) Human세포

세포배양의 커다란 이점 중의 하나는 human세포를 이용할 수 가 있다는 점이다. Human cancer로부터 수립한 다양한 암 세포주를 모아서 암의 특성을 조사할 수가 있다. Human 정상 세포로서는 섬유아세포가 가장 일반적으로 쓰이고 있다. Wister 연구소의 Hayflick에 의해서 수립된 W138, 동경 노인의학종합연구소가 수립한 TIG주 등은 세포의 특성도 정확히 기술되어 있고, 대표적인 human정상세포라고 할 수 있다. 그러나 이들 세포주는 섬유아세포이기 때문에 보다 특징적인 세포를 필요로 하는 경우에는, 초대배양을 이용하게 된다. 그러나 스스로 배양하려고 하면 human 정상 조직을 입수해야만 하는데, 일반적으로 어렵고 윤리규정을 지키지 않으면 안 된다. 현재 다양한 human 정상세포가 상업적으로 입수가 가능하다. 그것들 대부분은 미국에서 배양되어, 수입된 것으로 가격은 비싸지만 정말 필요할 때는 편리하다.

2. 다양한 배양법

1) 다양한 배양법

(1) 단층정치배양

세포를 배양기 벽에 접착시켜 단층상태로 배양하는 방법이다. 가장 널리 쓰이는 기본적인 배양법이고, 정치해서 배양한다. 대부분의 정상조직구성세포는 배양계에 옮기면 배양기벽에 접착해서 단층으로 되어 확장 · 증식한다. 거꾸로 말하면, 배양기 벽에 접착 할 수 없는 경우는 증식을 못하고 대부분의 경우 사멸에 이른다. 전자를 증식의 기반 의존성(anchorage dependency), 벽에 붙지 못하면 apoptosis에 빠지는 현상을 anoikis라고 한다. 세포는 아랫면은 배양용기에, 윗면은 배지에 접해있고, 측면은 세포와 인접하게 된다. 세포는 증식해서 배양기 면을 다 덮어버리는 상태(confluent)가 되면 증식을 정지한다. 이것을 접촉억제(contact inhibition) 혹은 밀도의존성증식억제(dependent inhibition)라 부른다. 세포를 유지하기 위해서는 이러한 상태에 도달하기 전에 계대해서 새로운 배양기로 옮긴다.

배양기로는 유리나 플라스틱으로 만든 것이 사용된다. 플라스틱은 미리 적당한 친수성을 가지도록 표면처리가 되어 있는데 세포의 종류나 실험 목적에 따라, collagen, laminin, fibronection, matrigel 등의 세포외 기질을 coating하는 것도 있다.

단층정치배양은 크게 3개로 나눌 수 있는데 순수배양은 한 종류의 세포를 배양하는 것이고, 혼합배양은 여러 종류의 세포가 혼재한 상태의 배양이다. 초대배양의 대부분은 세포를 완전히 순수하게 분리할 수 없기 때문에 통상 혼합배양이라고

한다. 세포의 상호작용을 보기 위해, 의도적으로 여러 종류의 세포를 혼합배양하는 것도 있다. Feeder layer배양은 혼합배양의 한 형태이다. Feeder가 되는 세포를 사전에 배양해서 방사선이나 mitomycin C처리 등에 의해 증식능력을 불활성화 시킨 뒤, 목적의 세포를 배양하는 것이다.

(2) 회전 배양

회전하는 금속 drum에 배양기를 꽂아서 배양하는 방법으로, 다양한 타입이 있다. 배양기면의 주변 전체에 세포가 부착해서 상대적으로 적은 배양액에서 배양이 가능하고, 정치배양보다도 gas · 대사물의 교환이 원활하다는 특징을 가진다.

가장 기본적으로 회전배양은 시험관 형태의 배양용기에 세포를 부착시켜 5°정도로 기울여 1시간에 10회 정도의 회전으로 배양하는 것이다. 세포의 회수율이 높은 것 외에도 human 암세포의 일차배양에 효과를 나타난다. human암세포의 배양에서 큰 문제가 되는 것은 섬유아 세포의 overgrowth인데, 암 조직을 가늘게 잘라 시험관 면에 붙여 장기간 계대하지 않고 배양을 계속하면 섬유아세포의 증식능력은 약해지지만 암세포의 증식능력은 오히려 항진한다. 이 단계에서 암세포부분을 기계적으로 떼어내 통상의 단층배양을 옮기는 것이다.

Bottle 형의 배양기를 사용하면 대량배양장치로서 이용할 수 있다. 이 경우는 배양기를 옆으로 해도 배지가 입구까지 오는 일이 없기 때문에 기울일 필요 없이 수평으로 두고 회전시키면 좋다. 현재는 그다지 사용하지 않지만 금속 drum을 고속(~50rpm)으로 회전하면서 배양하면, 본래 벽에 붙어서 단층으로 증식하는 세포라도 벽에 붙지 못하고 부유 상태에서 배양할 수 있다. 간편하게 고밀도로 배양 가능하지만, 이 환경에 적응할 수 있는 세포는 한정되어 있다.

(3) Microcarrier 배양

작은 beads상의 carrier표면에 세포를 부착시켜, 그 beads를 포함한 배지를 흔들어서 부유 상태로 배양하는 것이다. 표면적이 매우 커지기 때문에 한정된 공간에서 대양의 세포를 배양할 수 있다. 세포 본연의 모습으로는 단층배양의 한 변형이다. 세포에 따라 모든 beads표면에 균등하게 세포를 분소 시키는 것이 의외로 어렵고, 표면적의 계산 값으로부터 기대되는 세포 수에 도달할 수 없는 경우가 많다. 이러한 beads상의 세포 지지대를 전용 용기에 채워 넣어 배지를 순환시키면 대량배양용의 bioreactor가 가능한다. 교반 · 부유하지 않기 때문에 cilica 등의 무거운 지지대로도 사용 할 수 있다.

(4) 부유 배양

세포를 배지에 부유한 상태에서 배양하는 것이다. 혈액세포, 특히 림프구 유래 세포는 통상의 배양조건에서도 배양기 벽에 부착하지 못하고, 부유 상태에서 증식한다. 조직세포는 기본적으로 벽에 붙어서 증식하지만, 암세포나 장기간 배양한 정상세포 중에는 벽에 붙지 못하고 부유 상태에서 증식하는 것이 있다. 또한 통상의 조건에서는 벽에 부착하는 세포라도 배지를 교반해서 강제적으로 벽에 부착하는 것을 저지시켜도 증식을 계속하는 세포가 있다.

부유배양은 통상의 dish를 사용해서 하는 것도 있지만 대량의 세포를 배양하기에는 배지를 교반할 필요가 있고 그 때문에 다양한 배양기가 연구되어 있다. 부유배양은 기술이 간편해서 같은 규모의 배양으로 단층배양에 비교해서 다량의 세포를 회수 할 수 있는 이점이 있다.

(5) 선회 배양

수평면상의 회전운동을 배양기에 주어 배양하는 방법을 말한다. 부유배양의 한 방법으로도 사용되지만 세포덩어리(spheroid)를 형성하는데 쓰인다. 전자는 배양기를 120~180rpm이라는 비교적 고속으로 선회하고, 선회 진탕 배양이라고도 불린다. 후자는 배양기를 수평면 상에서 적당한 빠르기로 선회하면 부유물이 중앙에 모이는 성질을 이용한다. 선회속도는 60~70rpm이고, 전용기기가 시판되고 있다.

(6) Shperoid 배양

세포는 부유해서 서로 가볍게 접촉하는 상태로 해두면, 상호접착을 통해 둥근 덩어리를 형성한다. 이것을 spheroid라고 한다. 이 배양법에 의해 형성된 세포 덩어리의 크기나 형태는 세포의 종류나 배양조건에 따라 다르다. 조직을 뿔뿔이 흩어서 얻은 세포를 spheroid배양을 하면, 세포간 상호작용을 통해서 보다 친화성이 높은 세포끼리 접착하고 원래의 조직구조를 얼마간 반영한 구조를 만든다. 처음에 이러한 현상을 보고한 것은 Moscona였다. 일반적으로 세포는 입체적인 조직구축 안에서는 단층배양보다도 고도의 분화기능을 발휘한다. 간세포의 배양에 spheroid 배양이 자주 사용되는 것은 이 이유에 기인한다. Spheroid 중의 간세포는 보다 분화한 세포구조를 보이고 접착장치도 발달해서, 간세포 특이적인 기능의 발현도 높다.

Spheroid 배양은 선회배양에 의해서 행하는 것이 일반적이지만, 보다 간편한 방법으로 세포 접착성이 낮은 U자 형의 well을 가진 plate에서 세포를 배양하는 방법이 있다. 세포간 상호 작용을 이용해서 ES세포로부터 Embryoid body(배 모양)를 만드는 방법도, Spheroid배양의 한 변형법이다. 세포에 따라서는 벽에 부착성이 없는 세균배양용의 dish에 접종해 주는 것만으로도 spheroid를 형성하는 것이 있다.

(7) Gel 내 배양

Gel 상 기질의 안에 세포를 시어 배양하는 방법이다. Gel 상 기질자체는 세포에 친화성이 있는 것과 없는 것이 있다. 다양한 기질이 사용된다.

가. Collagen gel

Gel 상으로 한 collagen 안에서 배양하는 것이다. Collagen은 직접 만들어도 괜찮고, 시판도 되고 있다. 혈관내피세포는 관상구조를 형성하고, 유선세포는 방 모양의 구조를 만드는 등 세포가 본래 가지고 있는 조직 형성 능력을 assay하는 수단으로 사용하고 있다. 또 섬유아 세포를 심으면 세포작용에 의해 collagen gel이 수축한다. 이 수축된 collagen gel은 피부의 삼차원배양의 진피에 해당하는 물질로서 사용된다.

나. 연한 한천

0.35~0.75% 정도의 한천 배지에 세포를 심어 배양한다. 기질접착성인 정상세포는 기반의존성이 있어서 이러한 연한 한천 배지에서는 증식하는 것이 불가능하다. 세포가 암세포화 하면 일반적으로 기반의존성이 저하한다. 이 때문에 연한 한천 내 colony형성법은 세포의종양성을 배양 내에서 검정하는 방법으로서 널리 사용된다. Methyl cellulose도 같은 목적으로 사용된다.

다. 합성 polymer

다양한 특징을 가진 합성 polymer가 gel 내 배양의 지지대로서 개발 중이다. 예를 들면, mebiol gel은 온도를 감지하는 성질이어서, 37℃에서는 gel 상태로, 온도를 낮추면 용액 상태가 된다.

(8) 삼차원 지지대 배양 · bioreactor

생체 내에서는 세포는 빽빽하게 접착해서 특유의 구조를 취하고 있다. 이 빽빽한 세포집단을 영양분, 효소를 공급하고, 노폐물을 제거하기 위해 가는 혈관이 여기저기 뻗어 나가 있다. Human의 조직 1cm^{3}안에는 대략 108~109 개의 세포가 가득 차 있다고 추측된다. 세포의 종류나 배양조건에도 기인하지만, 단층배양에서는 CO_2 incubator 1대로 같은 정도이거나, 조금 상회하는 정도의 세포밖에 배양할 수 없다. 보다 중요한 것은 특유의 조직구조가 세포의 분화기능에도 커다란 의의를 가지는 것이다. 결국, 고밀도, 고기능 배양에는, 생체조직을 모방하면 좋다는 것이 된다.

고밀도이면서 입체적인 세포증식을 가능하게 하도록 지지대를 사용하는 배양법을 3차원 지지대 배양이라고 한다. 대부분의 경우에, 고밀도인 세포의 영양 · gas 교환을 가능하게 하기 위해 배지의 순환계통이 필요한데, 이들을 모두 합쳐 bioreactor라고 한다. 지지대로서는 다양한 다공성 polymer, 강화 collagen, chitosan나 beads가 사용되고 있다. 이 경우에는, 배지는 지지대 사이를 순환한다. 가는 투과성 tube를 bioreactor 내에 연경해 배지를 흘려, 그사이사이에 세포를 배양하는 방식도 있다.

삼차원 지지대 배양은, 재생의학적 치료법의 하나로서 그대로 생체에 이식하거나, 체외 설치형 인공장기로서 사용하거나, Human 조직과 유사한 기능을 가진 배양계로서 약물대사 등의 assay 계로써 사용하는 등의 목적으로 활발한 개발경쟁이 진행 중에 있다.

(9) 기관 배양

몸에서 기관 일부를 잘라내어, 그대로 배양하는 방법이다. 일정기간 내에는, 생체 내에서의 기능이 잘 유지되고, 태아조직에서는 발달과정이 그대로 진행되는 현상도 보인다. 가능한 한 조직구축을 흩트리는 일 없이 조직을 지지해서, 조직 내부에서 효율 좋게 영양분 · 효소를 주고 받을 수 있도록 하는 것이 중요하다. 이 때문에 다양한 시도가 있었지만, 가장 간단한 방법으로서는 작은 구멍이 뚫린 막(Nuclepore filter 등)에 조직을 얹어 배지에 띄워 배양하는 방법이 있다. 기관 배양은 고도의 세포 기능이나 세포간 상호작용을 해석하는데 알맞은 배양법이지만, 동시에 해석이 어렵고, 조작성이 떨어진다는 문제도 있다.

2) 배양 목적

세포를 배양하는 방법은 다양하고 제각각 장 · 단점이 있다. 본인 스스로 실험을 진행하기 위해서는, 그 목적에 맞게 적절한 배양법을 선택할 필요가 있다.

(1) 간편성, 조작성

앞에서 서술한 다양한 배양법은, 대체로 간편하고 조작하기 쉬운 순으로 열거

되어 있다. 실험목적에 적합한 정보를 줄 수 있는 것이면, 간단한 방법이 바람직한 것은 말할 필요도 없다. 간편성과 조작성은 많은 경우 비슷하지만, 예를 들면 부유배양은 단층배양보다 간편하지만, 조작성은 오히려 단층배양 쪽이 좋은 것이 많다. 단층배양세포는 관찰이 쉽고, 유전자도입, 단백질 도입도 효율이 좋다. 삼차원 지지대 배양 같은 입체적인 조직을 만드는 배양법에서는, 일반적으로 고도의 분화 기능을 발휘하는 것이 기대되어, 조직 구축능력도 조사할 수가 있다. 그러나 세포관찰 마저 절편을 만들어야 하고, 유전자 도입은 virus vector를 사용해도 효율이 낮다.

(2) in vivo를 반영하는 정도, 실험계가 내포하는 정보량

우리들은 많은 경우 최종적으로는 생체 내에서 일어나고 있는 것을 알기 위해서 배양세포를 이용하고 있다. 따라서 특정 배양계가 지신의 연구 목적에 비추어 어느 정도 in vivo를 반영하고 있는 것인가를 확인하는 것은 대단히 중요한 포인트이다.

DNA 복제 machinery 그 자체를 연구하는 것이라면 증식하는 세포만 있으면 충분하다. 세포 종류를 물을 필요도 없다. 그러나 DNA 복제의 제어를 해석하고 싶은 것이라면 그 같은 제어를 받는 세포 조건이 아니면 안 된다. 게다가 특정 signal의 반응이나 분화기능을 조사하고 싶은 것이라면 세포를 선택하는 것은 물론 단층배양에서는 불충분한 경우도 많다.

배양계가 복잡하게 되는 만큼 일반적으로는 내포하는 정보량은 많다. 기관배양과 단층배양을 비교해 보면 그 차이는 분명할 것이다. 다만 내포하는 정보량은 그것을 끌어내는 방법이 있어야만 의미가 있다. 만약 정보를 끌어내는 방법에 한계가 없다면 세포를 배양할 필요 없이 생체 그 자체를 해석하면 된다. 따라서 특정의 연구목적을 위해 배양계를 선택할 때는 먼저 알고 싶은 정보가 확실히 그 실험계에 내포되어 있는지 어떤지 그것을 수용할 수 있는 지지대의 범위내에서 이끌어낼 수단이 있는지 어떤지를 생각해야만 한다. 때로는 타협을 해야 하는 경유도 있다. 먼저 간편한 실험계에서 기본적인 정보를 모으고 그 요점만을 보다 in vivo를 반영하는 실험계 혹은 in vivo에서 확인하는 것이 자주 택해지는 전술이다.

(3) 연구 목적에서 배양세포를 이용한 실험을 행하는 목적

연구 목적에서 배양세포를 이용한 실험을 행하는 목적은 「배양세포」=「생체」로 간주해서 생체정보를 얻는다는 것이 대부분이다. 이 경우 위에서 기술한 것처럼, 목적으로 하는 현상이 내포되어 있는 범위에서 가장 간편한 배양계를 선택하면 좋다. 세포에 생체 내에서는 일어날 수 없을 것 같은 조작을 가해서 식견을 얻는 것도 자주 행해진다. 예를 들면 특정 유전자나 단백질을 도입하거나 그것의 발현 · 기능을 억제하거나 하는 것이다. 이것도 기본적으로는 「배양세포」=「생체」로 간주하는 것이기 때문에 신중하게 세포의 종류나 배양법을 선택할 필요가 있다.

세포를 어떤 종류의 수단으로 보는 입장에서는 예를 들어 특정 생리활성물질을 생산하거나 인공장기의 구성요소로서 이용하는 경우가 있다. 이 경우 목적이 명확하기 때문에 필요한 기능이 있는지 어떤지를 검정하면 된다.

세포를 배양해서 대량으로 증식시키거나 혹은 유전자 조작등을 실시한 뒤에 생체 내에 이식해서 치료용으로 사용하는 것을 목적으로 하는 연구는 재생의학으로서 가장 주목받고 있는 영역이다. 이 경우 배양 내에서 반드시 특정 기능을 발휘할 필요는 없고 생체 내에 이식되었을 때에 기능이 발휘되면 된다. 따라서 배양방법으로서는 단층배양이든 아니면 어떠한 대량배양법을 이용하는 것이 되어 고도의 기능을 발휘하는 배양법은 반드시 필요치 않다. 중요한 것은 형질의 안정성으로, 생체 내에 이식된 뒤에 빠르게 기능을 상실하거나 암세포화 하는 일이 없도록 신중하게 검토할 필요가 있다.

3. 배양 설비, 기기, 기구

배양의 목적은 실험에 이용하는 세포를 배지 중에서 증식시키는 것으로, 그 사이에 가장 주의를 요하는 것은 미생물(세균, 곰팡이, mycoplasma 등)의 오염을 피하는 것이다. 이것은 배양 환경을 가능한 무균상태로 유지하고 무균 조작을 함으로써 달성할 수 있다. 아래에 세포 배양을 시작할 때에 필요로 하는 설비, 기기, 기구에 대해서 그 사용 방법이나 주의에 대해서 논한다.

1) 목적

미생물의 혼입을 막기 위해 filter로 여과한 멸균 공기가 흐르는 환경에서, 멸균한 배양 기구, 배지 등을 이용해 무균 조작으로 세포를 배양한다.

2) 설비

(1) 무균실

Clean room은 배양을 하기 위해 특별히 설계된 실험실이다. Filter로 여과한 멸균 공기를 유입시켜 주위의 일반 실험실보다도 양압으로 유지해서 실외의 오염된 공기의 유입을 막도록 되어 있다. 실내의 천정에는 몇 개의 살균등(자외선 lamp)이 달려 있고 작업을 하지 않을 때에는 점등해서 살균한다. 적어도 연 1회는 공기 filter를 배내 깨끗하게 세정하도록 유의한다.

3) 기기

(1) 멸균기

배양에 사용하는 용액(염류 용액, trypsin액, 배지 등), 배양 기구, 무균복 등은 사용하기 전에 각각의 성질이 손상되지 않는 방법으로 멸균해야 한다. 세포 배양에 사용되는 멸균기에는 아래와 같은 것이 있다.

가. 건열 멸균기

160 ℃에서 90분 혹은 180 ℃에서 45분간 가열해서 멸균하는 장치이다. 유리제의 pipette, dish, CO_2 incubator의 선반, tray 등의 멸균에 사용한다.

나. Autoclave

고온 · 고압(121℃, 2 기압)의 수증기를 직접 접촉시켜 멸균하는 장치이다. 유리 및 내열성 plastic제 기구 또 열변성을 받지 않는 염류 용액 등의 멸균에 사용한다.

다. 여과 멸균기

가압식 혹은 흡인식의 여과 멸균장치가 있어서 열에 불안정한 성분을 포함하는 배지 등의 멸균에 사용한다.

(2) Clean bench

무균 조작을 행하는 상자 형의 실험대로 1면 혹은 서로 마주보는 2면이 개폐되는 유리문으로 되어 있고 그 내부에서 조직이나 세포의 처리를 한다. Filter로 여과한 멸균 공기를 유입 시켜 bench 내를 무균적으로 유지하고 있다. 또 bench 내의 벽에는 살균등(자외선 lamp)가 붙어 있어서 작업을 하지 않을 때는 점등해서 멸균하도록 되어 있다.(다만 사용 중에는 실험자의 안전을 위해 살균등을 끄는 것을 잊지 않도록 한다.)

일반적으로 clean bench는 여과 멸균한 공기가 내부에서부터 외부로 빠져 나가든가 혹은 air curtain방식으로 설계되어 있다. 그러나 virus 등 인체에 해로운 것을 취급하는 경우에는 bio hazard 대책이 된 안전 cabinet이 필요하다.

(3) incubator

세포를 일정 온도(37℃)로 배양하기 위한 기기이다. 일반적인 세포 배양에는 5% CO_2를 혼합한 공기를 보내는 CO_2 incubator를 사용한다. 이 incubator의 최하단의 금속 tray에는 멸균한 증류수를 넣어 기기 내 습도를 100%로 유지해 배지의 증발을 막도록 되어 있다. 이 CO_2 incubator는 통상의 밀폐되지 않는 개방계 배양은 말할 것도 없이 밀폐해서 배양하는 폐쇄계에도 이용 가능하다.

(4) 원심기

세포의 부유액으로부터 세포를 분리하기 위해 사용한다. 냉각 장치가 붙은 원심기가 이상적이지만 일반적인 탁상형 원심기(~4,000rpm: ~2,600×g)로도 충분히 기능한다. Screw cap이 붙은 원심관이 발매되어 있어서 편리하다. 통상, 세포를 분리하는데 필요한 500~1,500rpm 정도의 원심에는 세정 · 멸균해서 재사용할 수 있는 aluminium cap이 붙은 유리 원심관이 경제적이다.

(5) 위상차 현미경

배양 세포와 같이 거의 무색이고 투명한 것은 파장(색)과 진폭(밝기)에 차이가 적기 때문에 통상의 광학현미경으로는 그 내부 구조를 관찰 할 수 없다. 위상차 현미경은 이같이 살아있는 세포를 관찰하기 위해 특수한 ring 조리개와 위상판이 붙여져 있다. 세포는 미묘하게 다른 굴절률을 가진 미세 구조로 되어 있고 거기를 빛이 통과하면 빛 파장의 진행 또는 후퇴(위상차)가 생긴다. 위상차 현미경은 이것을 위상판에 의해 증폭시켜 굴절률의 작은 차이를 상의 광도 혹은 contrast 차이로서 눈에 보이도록 되어 있다. 따라서 위상차 현미경은 살아 있는 세포 혹은 염색되지 않은 세포나 조직 같은 투명한 표본의 구조를 섬세하게 검사하는데 특히 유용한 연구 기구이다.

(6) 냉장고(4℃) −20℃ 및 −80℃ freezer 액체 질소 보존 용기

기본적으로 냉장고(4℃)는 액체 배지 등 단기간에 소비하는 비교적 안정한 것의 보존에 −20℃ freezer는 혈청 증식 인자 cytokine 등의 stock의 장기 보존에 −80℃ freezer 및 액체 질소는 세포의 동결 보존에 이용한다.

4) 배양기구

(1) Pipette

세포 배양에는 1,2,5,10㎖의 mespipette 2,5,10㎖의 끼워 넣어 사용할 수 있는 pipette2~1,000㎕의 micropipette 및 pasteur pipette등을 사용한다. 일반적으로 mespipette은 정량용 끼워 넣을 수 있는 pipette은 분산용이다. Micropipette은 정량 및 분산용으로 사용할 수 있고 pasteur pipette은 배지의 흡입이나 세포의 동결시에 glass ampoule로 세포 부유액을 주입하는데 사용한다. Pipette은 배양 용기나 세포 부유액의 용량에 맞는 크기의 것을 골라 사용한다. r선 조사 멸을 한 일회용 plastic제 mespipette(1, 2, 5 및 10㎖)은 대단히 편리하지만 비용이 많이 든다. 유리제 pipette에는 mespipette과 끼워 넣을 수 있는 pipette이 있고 사용 후 세정 멸균해서 재이용 가능해서 대단히 경제적이다.

Pasteur pipette도 유리제이고 재이용 가능 하다.

(2) Dish, flask, multi-well plate

Dish는 35㎜, 60㎜, 100㎜, flask는 25㎠, 75㎠, 225㎠, multi-well plate는 96well, 24well, 12well, 6well 등이 자주 쓰인다.

※ 알아야 할 것

① Dish는 세포를 긁어모으기가 쉽고 세포 단백질 핵산의 추출 등의 실험에 최적하다. 조작하기 쉽기 때문에 계대 배양에도 자주 사용되는데 개방형이기 때문에 미생물 오염을 일으킬 위험성이 높아 주의를 요한다.

② Flask는 screw cap을 잠그는 것으로 간단히 폐쇄계로 사용 가능하기 때문에 휘발성 시약을 첨가하는 것 같은 폐쇄계 실험에 편리하다. 또 조작하는 입구가 좁아 미생물 오염의 위험성이 낮아 계대 배양에도 자주 이용된다. 게다가 75㎠, 225㎠ 등의 대형 flask는 세포의 대량배양에 자주 이용된다. Flask의 또따른 이점은 세포를 살린 채 운송 가능하다는 것이다. 세포를 배양 바닥면의 20~30%를 덮을 정도로 배양해서 배지를 채워 밀봉하면, 실온에서 1주일 정도의 운송은 가능하다.

③ multi-well plate는 small scale의 실험에 적당해서 고가시약을 사용하는 경우에 편리하고 동시에 경제적이다. 또 multi-well plate는 세포의 cloning에 사용하기에 편리하다. 예를 들면 capillary법 및 제한 희석법에 의한 단일세포 cloning에서는 배지 100㎕에 1개의 세포를 포함하도록 96well plate에 깔고 그 뒤 confluent 할 때마다 size가 큰 plate로 계대해서 clone을 수립한다.

4. 세정, 멸균

배양세포의 오염원으로서의 미생물은 진균, 세균 및 mycoplasma 등으로, 대기 중에 존재해서, 실험자의 조작을 통해 배양기 내로 들어간다. 따라서 무균조작에 익숙해야 함은 물론 배양재료 기구 등의 멸균을 확실하게 하고 배양환경을 청결하게 유지하는 것이 중요하다.

배양세포는 미생물에 유래하는 독소 뿐만 아니라 배양 기구에 붙어있는 오염이나 씻고 남은 세제에 의해서도 장해를 받아 극단적인 경우에는 죽게 된다. 따라서 배양기구의 세정에 있어서는 단순히 더러움을 없앨 뿐 아니라 사용한 세제도 확실히 헹궈 씻어내는 것이 중요하다. 다음에 배양기구의 세정, 멸균법에 대해서 제각각 구체적인 순서 또 각각의 주의 점에 대해 기술한다.

1) 개략

배양 기구에 부착한 혈청이나 다량의 단백질은 알칼리성 세제에 의해 가수분해함과 동시에 초음파 처리로 씻어낸다. 또 부착한 조직단편은 chrome산 혼합액에 담궈 산화분해하고 물로 씻어 제거한다. 통상의 유기성 시약의 더러움은 중성세제와 함께 솔질을 해서 씻어낸다. 무기염류만의 경우에는 물로 씻는 것만으로도 충분하다. 어느쪽의 경우도 최후에 증류수로 헹궈서 건조 시킨다. 다음에 환경 중에서 혼입된 미생물은 고압가열 혹은 고온 · 고압처리에 의해 사멸시키거나, 또는 여과에 의해 제거해서 무균의 배양재료나 기구를 준비한다.

(1) 세정

가. 유리제의 dish, 배지 병

혈청이나 다량의 단백질이 부착한 유리제의 기구는 세정력이 강한 알칼리성 세제로 세정한다.

① 알칼리성 세제를 채운 초음파 세정기에 유리 기구를 하룻밤 담궈 둔 후 초음파 처리를 한다.
② 기구를 세정기에서 꺼내어 흐르는 온수로 깨끗이 헹군다. 마지막으로 증류수로 헹궈 건조시킨다.

나. 유리제 pipette

① Pipette도 알칼리성 세제에 하룻밤 담군 뒤 초음파 pipette 세정기로 자동적으로 급, 배수하면서 초음파 처리를 해서 세정한다.
② 그 뒤 pipette을 1개씩 증류수로 헹궈 건조시킨다.

다. 유리제 혹은 plastic 제의 beaker, mescylinder

① 생화학 실험에 사용하고 통상의 유기성 시약의 더러움이 남은 기구는 중성세제로 씻고 흐르는 물로 헹군다.
② 이어서 증류수로 헹궈 건조시킨다.

라. 백금제 유리 mesh

① 조직으로부터 조제한 세포 부유액의 여과에 사용한 백금제의 유리 mesh는 chrome산 혼합액에 하룻밤 담궈둔다. 이것에 의해 부착한 조직편이나 세포를 산화 분해한다.
② 이어서 흐르는 물로 잘 씻고 마지막으로 증류수로 헹궈 건조 시킨다.

※ 알아야 할 것

《세정》

① 혈청 등이 말라 굳어지면 잘 떨어지지 않기 때문에 배양에 사용한 기구는 바로 물을 채운 bucket 안에 넣는다.
② 중성세제의 세정력은 그다지 세지 않지만 유리 부식성이 없고 또 물도 씻기도 쉬워서 편리하다. 또 솔질을 하면 세정효과가 올라간다.
③ Chrome 산 혼합액 및 초기 세정액은 하수로 흘려보내서는 안 된다. 모아서 폐액 처리를 해야 한다.
④ 세제나 chrome 산 혼합액은 세포장해를 일으킬 수 있기 때문에 세제가 남지 않도록 주의를 요한다.

(2) 멸균

멸균조작은 세포배양의 성공과 실패를 결정하는 최대 요인이다, 배지, 기구 등 멸균하려고 하는 것의 성질을 손상시키지 않도록 재료에 맞는 멸균법을 선택하지 않으면 안 된다. 내열성인 것은 autoclave 혹은 건열에 의해 멸균한다. 한편 열에 불안정한 것의 멸균처리에는 여과멸균 ethylene oxide 멸균, 자외선 멸균, 방사선 멸균이 있다.

가. autoclave 멸균

고온 · 고압의 수증기를 직접 접촉시켜 멸균하는 방법으로 통상의 사용조건은 2기압(이EO의 온도121℃), 15~20분간이다. 본 방법은 유리 및 내열성 plastic 제 기구 또 열변성을 받지 않는 염류 용액 등의 멸균에 적합하다.

나. 건열멸균

고열에 견디는 것으로 직접 수증기에 닿아서는 안 되는 것의 멸균에 사용한다. 통상은 160℃에서 90분 혹은 180℃에서 45분간 가열해서 멸균한다. 본 방법에 적당한 것은 유리제 pipette, dish, CO_2 incuvator 선반, tray 등이다. 유리제 pipette은 솜으로 입구를 막아 멸균한다.

다. 여과멸균

열에 불안정한 성분을 포함한 배지 등의 멸균에 적합하다. 사전에 여과기에 membrane filter를 장착해서 autoclave 멸균을 해둔다. 멸균을 끝낸 일회용의 membrane filter 장착 여과기도 시판되고 있다. 여과기는 가압식인 것이 사용하기 쉽고 손으로 누르는 것은 혹은 air compressor, squeeze pump 등을 이용한다.

라. 그 외

열 불안정성의 시료를 멸균하는 방법으로서는 그 밖에 ethylene oxide gas 멸균, 자외선 멸균, 방사선 멸균이 있다.

※ 알아야 할 것

《멸균》

① 대부분의 배지는 autoclave 멸균이 불가능하지만 멸균 가능한 배지도 시판되고 있다. 다만 glutamine, $NaHCO_3$ 등 용액상태에서 열변성 하는 것은 별도 멸균해서 배지에 첨가한다. Glutamine은 예를 들면 50배 고농도 용액을 조제해서 여과 멸균한다. $NaHCO_3$는 분말을 시험관에 계량해서 autoclave 멸균해서 배지에 더한다. Screw cap 식의 병을 autoclave 멸균할 때는 반드시 cap을 느슨하게 해서 멸균하고 충분히 식히고 나서 cap을 잠근다. 뜨거운 상태에서 cap을 닫으면 용기 안이 음압이 되어 열 때 공기가 급격히 유입되어 미생물의 혼입을 일으키기 쉽게 된다.

② 솜으로 입구를 막는 것으로 미생물 감염을 완전히 막을 수는 없지만 솜으로 막으면 감염빈도가 확실히 감소한다.

③ 여과 멸균용의 filter에는 다양한 pore size의 것이 있다. 0.2㎛의 filter로 여과하면 세균, 곰팡이, 효모균 등의 미생물을 완전히 제거할 수 있지만 virus나 mycoplasma의 일부는 제거할 수 없다.

④ autoclave 멸균 혹은 여과 멸균한 염류 용액, 배지, trypsin/EDTA 액은 실제 배양에 사용하기 전에 멸균이 완전한가를 확인하기 위해 무균 테스트를 실시한다. 위에 기술한 용액의 소량(약 2㎖)을 35㎜ dish에 넣고, CO_2 incubator 안에 2~3일간 정치한다. 세균, 효모 등이 잔존해 있으면 액이 하얗게 탁해진다. 곰팡이의 경우는 하얀 균사체가 떠 있는 것이 보인다. 오염이 확인되면 폐기하고 새로 조제한다.

멸균이 완전한 것을 확인하고 필요에 맞게 별도로 준비한 glutamine 액(여과 멸균), $NaHCO_3$(분말을 정량해서 autoclave 멸균), inactivation(56℃, 30분 처리에 의한 보체 성분의 불활성화)한 혈청, 항생물질을 첨가해서 배양에 이용한다.

5. 배지

1) 배지란?

배지라는 것은 세포나 조직이 생리적 조건을 양호하게 가지고 정상적인 기능을 영위하기 위해 사용되는 배약액을 말한다. 가장 기본적인 구성성분을 포함하고 있는 배지를 기본배지(Basal medium) 또는 합성배지(Synthetic medium)라 부른다. 기본배지에는 각종 amino acid, vitamin, 지질, 당질, 핵산염기, 무기염, 미네랄 등 저분자량의 이미 알려진 성분이 포함된다. 기본 배지 만으로 증식하는 세포도 있지만 그 수는 많지 않다. 통상은 최적의 증식이나 분화기능을 발휘할 수 있도록 혈청을 기본 배지에 첨가하는 경우가 많다. 기본 배지에 혈청 대신에 세포접착인자나 세포성장인자, hormone 등 이미 알려진 성분을 첨가한 배지를 성분기지(이미 알려짐) 배지(Chemically defined medium)라 부른다. 기본 배지나 성분기지 배지는 고순도 성분만을 포함하는 배지로 혈청을 포함하지 않기 때문에 무혈청 배지(Serum-free media)라고도 불린다. 또 반드시 고순도 성분은 아니지만 bovine serum albumin(BSA)이나 뇌하수체 추출물 무혈청 배지로 배양하나 세포의 배양 상청(상등액) 등을 혈청대신에 첨가한 배지도 넓은 의미로 무혈청 배지라고 한다.

2) 기본 배지의 종류와 특징

세포배양의 기본이 되는 배지는 저 분자량의 기지 성분만의 기본 배지이다. 지금까지 여러 종류의 세포증식이나 생리기능 발현에 적합한 기본 배지가 개발되어 있고 일반적으로는 시판되고 있는 액체 배지나 분말 배지를 녹여 이용하는 경우가 많다. Eagle 배지(Eagle's medium)로서, BME(Basal medium Eagle's), MEM(Minimum essential medium), DMEM(Dulbecco's modified Eagle's medium)등이 잘 알려져 있다. BME 배지는 mouse L세포나 HeLa 세포(human 자궁경부암 세포)의 생존 · 증식을 지표로 하여 개발된 배지로, 세포노화 연구에는 human diploid 섬유아세포의 배양에도 사용된다. MEM 배지는 human 접착성 세포주 등의 배양에 널리 이용되고 있다. DMEM은 Dulbecco 등에 의해 개량된 배지로, BME 배지의 amino acid나 vitamin의 양을 늘리고 pyruvic acid, glycine, serine, 철 등을 새로 첨가해 장기간의 배양에 접합한 배지로 되어 있고 다수의 세포배양에 사용되고 있다. 이들 기본 배지는 5~10% 정도의 Fetal calf serum 등을 첨가해서 배양 하는 것에 의해 최적의 세포증식을 얻을 수 있다. 199배지는 chick 배아 심근 세포의 초대배양을 위하여 개발된 배지로 지용성 vitamin(vitamin A, vitamin E)이나 cholesterol 등 많은 성분을 포함하는 배지로 상피성 세포주의 배양 등에 적합하다. RPMI 배지(RPMI1630, 1640배지)는 미국 Rosewell Park Memorial Institute(RPMI)에서 개발된 배지로 glutathione이나 ascorbic acid 등의 환원제를 포함하여, hybridoma 세포나 human lymphocyte계 세포 등의 부유세포 배양에 적당하다. 미량으로 혈청을 첨가해서 Chinese hamster 난소세포(CHO 세포)의 소수 세포배양(colony 증식)을 지표로 개발된 것이 Ham 배지(Ham's medium)로서 알려진 F10 배지, F12 배지이다. 이들 배지는 arginine 이외의 amino acid 농도가 낮고 많은 세포의 colony 증식이나 초대배양에 이용되고 있다. 비교적 amino acid 농도가 높은 고밀도 배양에 적당한 DMEM 배지와 많은 영양성분이 포함되어 있는 Ham 배지를 혼합한 기본 배지를 조제해서 세포배양에 사용하는 경우도 있다. MCDB 배지는 Ham 배지를 개량해서 미량금속이나 완충제인 HEPES 등을 포함하여 조직이나 기관으로부터 분리한 정상세포를 저혈청 배지나 무혈청 배양할 때에 적합한 기본 배지이다. 각각의 세포의 영양 요구성에 맞게 MCDB104, 107, 131, 151, 202 배지 등이 이용된다. MEM 배지를 기본으로 미량금속이나 vitamin류를 첨가한 RITC80-7 배지는 human diploid 섬유아세포의 무혈청 또는 저혈청 배양의 기본 배지로 우수하다.

기본 배지의 수가 많기 때문에 최초에 세포주를 수립한 연구자의 논문을 참고하거나 세포제공자(세포은행 등)에 문의해서 목적의 세포에 적합한 기본 배지를 선택하는 것이 중요하다.

3) 혈청의 역할과 문제점

최적의 세포증식이나 생리기능을 발휘하기 위하여 종종 혈청을 배지에 첨가한다. 혈청의 역할로서 영양성분 vitamin 미량금속의 공급 hormone 세포성장인자 등의 공급, 배지 성분의 해동작용, 세포가 생산하는 증식 저해 물질의 중화, pH, 삼투압, 배지 중의 CO_2나 O_2 농도 등 물리 화학적 환경의 최적화, 세포분산에 사용하는 단백질 분해효소의 저해 작용 등 다양하다. 그러나 혈청을 배양에 이용하는 것은 많은 잠재적 문제도 있다. 혈청은 생물재료이기 때문에 lot 마다 생물활성이 달라 품질이 좋은 lot를 선택할 필요가 있다. 혈청에 혼재하는 mycoplasma, virus, BSE의 원인이 되는 이상 프리온에 의한 감염의 위험도있다. 또 BSE 발생국의 bovine 혈청 사용 금지 등에 의해 공급체계의 불안정화 혈청가격 급등의 문제도 있다. 최근 혈청을 사용하는 배양법 대신 무혈청 배지에 의한 세포배양법이 계속해서 개발되고 있다. 세포증식을 촉진하는 인자로서 기본 배지에 포함된 성분 이외에 세포성장인자, 세포접착인자, hormone, 결합 단백질, 지질 등이 밝혀져 있다. 무혈청 배지에 쓰이는 주된 세포증식촉진 물질의 일람표를 나타냈다.

〈표 3-1〉 세포배양에 있어서의 혈청의 역할

• 영양성분, 비타민, 미량금속의 공급	• 물리화학적 배양환경의 최적화
• 호르몬, 세포성장인자, 세포접착인자의 공급	• 세포가 생산하는 증식 저해물질의 중화
• 배지성분의 해독	• 단백질 분해효소 활성의 억제

〈표 3-2〉 무혈청배지에 이용되는 세포증식 촉진물질

세포성장인자	EGF, FGF, PDGF, NGF, IGF, TGF, VEGF, interleukin 등
호르몬	인슐린, 글루카곤, 프로락틴, 성장호르몬, FSH, LH, 갑상선호르몬, estradiol 등
결합단백질	알부민, transferrin, lipoprotein 등
세포접착인자	콜라겐, Fibronectin, laminin 등
지질	프로스타글란딘, 인지질, 불포화지방산 등

EGF(Epidermal Growth Factor:상피성장인자) / FGF(Fibroblast G rowth Factor:섬유아세포성장인자) / PDGF(Platelet-Derived Growth Factor:혈소판유래 성장인자) / NGF(Nerve Growth Factor: 신경성장인자) / IGF(Insulin0like Growth Factor:인슐인성 성장인자) / TGF(Transforming Growth Factor: transforming 성장인자) / VEGF(Vascular Endothelial Growth Factor:혈관내피성장인자) / FSH(Follicle Stimulatin Gormone:난포자극호르몬) / LH(Leutenizing Hormone: 황체형성호르몬)

4) 정상 human 세포의 증식 배지

신약의 유효성이나 독성 · 안정성시험, 다양한 질병의 병인해석이나 치료법의 연구, 그리고 최근에는 재생의학에의 응용을 목적으로 해서, 정상 human 세포의 수요는 해마다 증가 일로에 있다. 정상 human 세포는 세포주세포나 암화세포와 달리 최적증식에 필요로 하는 배지 성분의 영양요구가 엄밀하고 각각의 세포에 적합한 배지 성분을 지정하는 것이 필요하다. 표3에 보고된 몇 가지 human 세포용 증식 배지의 특징에 대해서 간단히 설명한다. 배지의 구성성분으로서 기본 배지 세포성장인자, 호르몬, 지질 등의 이미 알려진 물질에 혈청 protein이나 조직 추출물 등의 미지 물질 등을 포함하는 무혈청 배지, 혈청을 포함하는 배지 등이 개발되어 있다. 기본 배지로서 사용되고 있는 MCDB시리즈 배지는 Ham 배지를 기본으로 개량된 것으로 특히 정상세포에 필수 불가결한 여러 종류의 미량금속등을 포함하고 있다. 표피 각질 세포 등의 상피성세포는 통상의 기본 배지에 포함된 1~2 mM calcium 농도에서는 분화가 유도되어 증식이 정지해 버린다는 것이 알려져 있다. MCDB 153배지는 calcium 농도가 0.1 mM 이하로 조절되어 이 농도에서는 분화 유도가 일어나지 않아 상피세포 증식에 적합한 처방으로 되어 있다. 표피조직에는 melanin 세포의 수는 약간이고 그 외에 많은 각질화 세포나 섬유아세포가 혼재하고 있다.

표피각질화 세포나 섬유아세포의 증식을 억제하고, melanin 세포만을 선택적으로 증식시키기 위해 phorbol ester로 알려진 TPA를 배지에 첨가한 것이 특징이다. 혈관내피세포나 혈관 평활근 세포에는 섬유아세포 성장인자(FGF)가 강력한 증식 촉진 인자이고, 동시에 최적증식을 얻기 위하여 혈청첨가가 필수이다. 많은 접착성 정상 human 세포의 양호한 증식에는 collagen이나 fibronectin과 같은 세포접착인자를 처리한 배양 용기나 flask가 적합하다. 배지 성분의 전부가 표시되어 있지는 않지만, 해마다 human 세포용 증식 배지가 제품화되어 시판되고 수가 늘고 있다. 표4는 시판되고 있는 human 세포용 배지로, 배양 가능한 세포 종류를 나타냈다. 이들 배지의 다수는 혈청첨가 배지이거나 동물 유래의 뇌하수체추출물 bovine 혈청 albumin, transferrin 등을 포함하고 있고 연구용 시약으로서의 category에 들어가 있는 것이어서 진단이나 치료목적의 세포배양에의 적용은 어렵다. 이후 재생의료 등 임상응용에 사용하는 human 세포배양에는 성분 기지 배지나 완전 합성배지가 필수라고 생각되어 이들 배지의 개발이 기대된다.

〈표 3-3〉 정상 human 세포용 증식배지의 성분표

세포의 종류		기본배지	기지물질	미지물질	배양표면의 처리
무혈청 배지	표피각질화세포	MCDB153	EGF, aFGF,INS, DEX, EA, PEA	BPE, TRF	콜라겐
	유선상피세포	MCDB179	INS, EGF, PRO, HC, EA, PEA	BPE, TRF	-
	섬유아세포	RITC80-7	EGF, INS, T3	BSA, TRF	
	Melamin세포	MCDB153	INS, bFGF, HC, EA, BEA, TPA	BPE	-
혈청첨가 배지	혈관내피세포	MCDB107	aFGF, EGF, Heparin	FBS	콜라겐 혹은 Fibronectin
	혈관평활근세포	MCDB107	EGF, PDGF, INS, aFGF, Heparin, DEX	FBS	콜라겐

EGF(Epidermal Growth Factor) / aFGF(Acidic Fibroblast Growth Factor) / INS(인슐린) / DEX(Dexamethasone) / EA(Ethanolamine) / DEA(phosphoethanolamine) / PRO(prolactin) / TRF(Tranferrin:불포화물 함유) / GC(Hydrocorbin) / TPA(phorbol ester) / BPE(Bovine 뇌하수체추출물) / T3(Triiodothyramine) / FBX(Retal Bovine Serum)

6. 세포증식의 판정법(증식곡선, MTSassay)

세포증식이라는 것은 분열해서 세포의 수가 늘어나는 것이다. 증식은 세포의 가장 기본적인 기능 상태를 나타내는 지표의 하나이고, 따라서 다양한 장면에서 그 판정을 필요로 하게 된다.

세포증식을 판정하는 방법에는 다양한 것이 있다.

① 세포의 계측에 의한 증식곡선의 작성

② 증식의 전제가 되는 현상의 해석

- DNA합성의 정량
- DNA 복제세포의 label
- 세포주기 관련 단백질의 검출

③ 증식 결과로서의 세포량 증대를 해석

- 세포 sheet의 면적 혹은 세포용량의 측정
- 총 DNa량, 총 단백질량의 측정
- MTSassay

증식의 정의가 세포수의 증가이므로, 세포를 계측한다는 것이 기본이다. 세포가 증식하는데는 세포주기가 돌아서, DNA를 복제해야만 한다. 그것을 해석하면, 증식의 양상을 알 수가 있다. 또 세포가 증식하면 통상은 단층으로써 점하는 면적이 증가하고, 총체적도 증가한다. 그것을 조사하면 증식의 정도를 알 수가 있다. 총 DNA양이나 단백질량으로부터 대략의 세포 양을 추정하는 것도 가능하다. 또 살아있는 세포의 대사능력을 측정하는 방법이 MTSassay로 간편하기 때문에 널리 쓰여지고 있다.

"①" 의 세포수 계측은 가장 신뢰성을 둘 수 있는 것이지만, 노력이 많이 들어서 다수의 검체 해석에는 적당하지 않다. 신뢰성 있는 결과를 얻기 위해서 필요한 세포수도 비교적 많다. 그 외의 방법은 세포증식과의 상관이 완전하지 않아서 많든 적든 간에 해석에 문제가 있는 것에 유의 해야만 한다. ②의 DNA 합성 정량은 단시간에 가능하고 정량성, 감도 둘다 높지만, 세포수의 증대와 직접 상관시킬 수는 없다. 세포주기 관련 단백질의 검출은 정량성에 어려움이 있어 human 조직의 해석에 적당하다. ③의 세포 sheet의 면적이나 세포 용량의 측정은 값이 싸고 간편하지만 정확성에 어려움이 있고 특히 세포의 주화성의 영향에 유의할 필요가 있다. DNA양의 측정은 random한 세포주기 상에 있는 세포에 관해서는 신뢰성 있는 방법이지만, 추출 등의 순서가 약간 번잡하다. 총 단백질은 반드시 세포수를 반영하고 있는 것은 아니다. MTSassay는 간편하고 세포수와의 상관성도 높고 감도도 좋기 때문에 광범위하게 사용되고 있다.

1) 혈구 계산판에 의한 세포수의 계측과 증식 곡선의 작성

세포를 단일 세포 부유액으로 해서 혈구계산판으로 계산한다. 접착세포는 trypsin 등의 효소에 의해 미리 떼어낸다. 세포는 반드시 모두 단일하지 않아도 되지만, 덩어리가 커지면 계측이 곤란하게 됨과 동시에 분포가 균일하지 않아서 정확성을 잃는다. 혈구계산판에 균일하게 세포부유액을 넣는 것도 의외로 어렵다. 동일 시료를 사용해서 연습함과 동시에 재현성의 정도를 확인해 두는 것이 바람직하다.

■ 준비할 것

- 배양기구, 배양세포
  - 35mm dish(multi−well plate도 가능), 세포, 배지, 0.25% trypsin액, PBS, 1.5mltube, pipette 등
  - 혈구 계산판
  - 계수기(counter)
  - 현미경

■ Protocol

① 세포부유액을 조제해서, 1×10^4cell/cm^2로 12장의 dish에 파종한다.

- 배양기는 35mm dish 나 multi-well plate가 편리하다. 파종농도는 confluent상태의 10~50분의 1정도로 한다.

② 곧바로 3장의 dish로부터 세포를 각가의 tube에 회수하고, 원심해서 부유액을 500ul로 만들어, 혈구 계산판에 넣어 계산한다.

③ 배양 2일째에 3장의 dish 배지를 흡인하고, PBS로 1회 세정해서 trypsin용액을 500ul 첨가한다. 세포가 떨어지면, 각각의 tube에 회수하고, 배지 500ul로 dish를 씻어 혼합한다. 잘 pipeting해서 세포수를 계측한다.

④ 배양 4,7일째에도 같은 방법으로 세포수를 계측한다.

⑤ 배양 4일째에 한번 배지 교환을 한다.

⑥ 3장의 dish의 세포수의 평균치와 표준편차를 계산한ㄷ. 가로축은 통상 눈금인 배양일수, 세포축은 반드시 편대수 눈금인 세포수로서 graph를 작성한다.

■ 알아두어야 할 사항

- 배양기간, 계측빈도는 실험의 목적에 따라 조정한다. 가장 전형적인 예는 배양기간은 7일로 0,2,4,7일 때 세포수를 계산한다.
- 적어도 3장의 dish의 세포수를 계측해서 평균한다. 따라서 파종dish의 수는 3 × (계측회수)가 된다
- 세포수의 계측은 trypsin 등의 효소처리에 의해 단일세포 부유액을 제조해서, 일정 액량에 부유된 세포수를 계산한다. 세포 농도가 높거나 낮거나 하면 혈구계산판으로 정확히 계산하는 것이 곤란하게 된다. 세포의 크기에도 영향을 받지만, 50~400만/ml 정도로 하는 것이 좋다
- 혈구계산판에 세포부유액을 넣을 때는 너무 많아 넘치거나 너무 적어 cover glass전체에 골고루 미치는 않는 일이 없도록 한다.
- 세포수를 정확하게 계측하기 위해서는 가능한 단일세포 부유액을 제조해야 한다. 0.1M citrate, 0.1%crystal violet액으로 처리하면 세포막이 녹아서 염색된 핵의 부유액을 만들 수 있다.
- MTSassay에 의한 세포증식 속도의 계측

- 황색의 MTS(3, [4,5-dimethylthiazol-2-yl] -2, 5-diphenyltetrazolium bromide)가 mitochndria효소에 의해 불용성인 보라색의 formazan으로 변화하는 반응을 이용해서 전세포수의 변화를 추정하는 방법이다. 반응 후 formazan을 가용화해서 흡광도를 측정한다. 반응은 NADH, NADPH에 의존하고, 대사활성을 가진 살이있는 세포수가 결과로 반영된다. 세포의 종류에 따라서 반응효율이 다르게 때문에, 실제로 세포수를 추정하기에는 각 세포마다 새로운 표준곡선을 그려둘 필요가 있다. 따라서 다른 세포간의 MTSassay 결과를 직접 비교하는 것은 불가능하다.

■ 준비할 것

- 배양용 96well plate(부분적으로 assay 하는 것은 불가능하기 때문에, 날을 바꿔서 세포증식을 측정하는 경우는 멈추는 회수만큼 plate를 준비한다)
- 세포, 배지
- MTSassay kit(CellTiter96 AQ One Solution Cell Proliferation Assay)
- 96 well plate용 흡광도계

■ Protocol

① 미리 세포증식에의 영향을 보고 싶은 인자를 2배 농도로 배지에 용해해서, 50ul/well로 필요한 well수 만큼 분주한다.

② 세포를 10^5cells/ml로 배지에 부유시키고, 50ul씩 위에서 말한 well에 첨가한다. 따라서 최종적으로 well당 세포수 5,000, 배양액 100ul가 된다.

- 파종할 세포수는 세포의 종류나 목적에 따라 조정한다. Lymphocyte는 formanzan 생성활성이 약하기 때문에 105cells/well 정도의 세포를 파종할 필요가 있다.

③ 일정기간 배양 후, MTS assay용액을 20ul/well로 첨가하여 CO2 incubator 안에 둔다.

④ 1~4시간 후 바로 490nm에서 흡광도를 측정한다. 반응은 서서히 진행하기 때문에 흡광도 측정은 항상 일정시간 후 행한다.

- incubation 후, 바로 흡광도 측정을 할 수 없는 경우는 10% SDS용액을 25ul/well 첨가하여, 실온에서 차광한 습식 chamber를 사용하면, 19시간까지 보존 가능하다.
- 630~700nm의 흡광도를 참조파장으로 해서 490nm의 흡광도를 측정하면 세포찌꺼기 등에 의한 배지의 혼탁도, plate의 더러움 등에 의한 well간 차이를 보정할 수 있다.

■ 알아두어야 할 사항

- MTSassay는 간편하고 신뢰성이 있기 때문에 범용되지만 배양세포의 상태를 자기자신의 눈으로 확인하는 것은 기본이다. Assay용액을 넣기 전에, 세포의 상태를 반드시 현미경으로 봐 두어야 한다.

2) DNA합성의 정량

^{3}H−Thymidine을 사용한 DNA 합성의 정량에 의해 세포증식을 조사하는 방법은 isotope을 취급해야한다는 문제점이 있찌만, 감도와 특이성이 높고 조작도 비교적 쉽기 때문에 폭 넓게 사용되고 있다.

■ 준비할 것

- 배양용 24−well plate
- 세포, 배지
- ^{3}H−Thymidine(cold thymidine을 사용하여 100u Ci/ml, 1 Ci/mmol로 제조한 것을 준비한다)
- test 시약(증식에 영향을 조사하고 싶은 것)
- 10% trichloroacetate acid(TCA), 0.33M NaOH, 1N HCL, 100% ethanol, 액체 scintillator, Scintillation vial, Scintillation counter

■ Protocol

이 방법은 방사성 물질을 취급하기 때문에 훈련을 받아 사용허가증을 취득하고 실험을 수행한다. 또한 특정 실험시설에서 수행해야만 한다.

① 세포를 10^4cells/well로 파종하여, 24시간 전에 배양한다. 배지량은 1ml/well
② Test 시약을 단계희석해서 배지를 교환한다.
③ 11시간 후, ^{3}H−Thymidine액을 10ul/well 첨가한다.
④ 1시간 후, 배지를 제거하고 cold PBS로 2회 세정한다.
⑤ Cold 10% TCA로 2회 세정한다.
⑥ Cold 100%ethanol로 2회 세정한다.
⑦ Cold 0.33M NaOH를 200ul 더한다.
⑧ 세포가 완전히 융해된 것을 확인하고, pipetting으로 균인한 용액으로 해서 100ul를 scintillation vial에 취한다.
⑨ 1N HCI을 33ul 더한다.
⑩ 액체 scintillator를 2ml 더해서 잘 섞는다.
⑪ 잠깐 실온에 정치한 후, Scinitillation counter로 계측한다.

7. 유전자 발현 분석

1) 세포에서의 RNA추출과 분석(Northern분석, RT-PCR)

세포 내의 어떤 분자의 거동을 RNA량의 변화로서 측정하는 것은 현재까지 가장 좋은 방법 중의 하나이다.Northern분석법은 RNA발현을 검토하는 방법으로서 오래전부터 폭 넓게 사용되고 있는 일반적인 방법이다. 정량성을 요구하는 실험에 있어서는 비교적 간단하게 신뢰성이 있는 결과를 얻을 수 있다. 이 방법의 특징은 발현량과 함께 mRNA의 길이를 측정할 수 있다는 것이다. 또한 미성숙형의 mRNA나 splicing variant의 존재가 확인 가능하며 적정한 probe를 이용하면 그들의 상대량의 비교도 가능하다. RNA를 검출하는 또 하나의 방법은 RNase Protection Assay(RPA)를 들수 있다. 이 방법은 먼저 검출 대상이 되는 mRNA에 상보적인 RNA probe를 in vitro에서 합성하여 이거을 시료에 첨가하여 대상 RNA와 이중가닥을 형성시킨다. 이중가닥이 된 RNA분자는 RNase에 의한 분해를 피할 수 있어 최종적으로 band로서 확인할 수 있다. 반면 hybrid를 형성하지 않은 RNA는 RNAse에 의해 분해된다. 특정적으로는 다음과 같은 것이 있다.

길이가 다른 복수의 probe를 시료에 첨가하여 한번에 다수의 mRNA의 발현을 검출할 수 있다.

Nprthern 분석과 비교하면 감도는 약간 높다.

Northern분석에서는 hybrid시킨 probe를 membrane으로부터 제거한 후 새로운 probe로 hybrid시키는 것이 가능하지만 RPA에서는 hybrid하지 않은 RNA를 분해해 버림으로 그 시료는 두 번다시 쓸수 없다.

3번째 방법으로는 RT-PCR을 들 수 있다. RT-PCR은 mRNA로부터 cDNA를 합성한 후 이것을 주형으로 PCR을 수행하는 것이다. mRNA를 검출하기 위한 방법으로서는 가장 감도가 좋은 방법으로 시료량이 한정되어 있을 때 아주 유용한 방법이다. 단 감도가 높기 때문에 시료 조제시 염색체 DNA의 혼입이 있으면 문제가 된다.

먼저 세포내에 존재하는 RNA를 추출한다. 이때는 세포내의 RNA가 분해되지 않도록 강력한 단백질 변성제인 guanidine을 함유한 용약을 이용한다. Phenol/chloroform을 첨가하여 유기 용매층과 물층으로 분리한다. 적절한 염농도 및 pH 조건하에서는 RNA는 DNA보다 친수성이 높기 때문에 물층으로 흡수된다. 이 물층에 함유된 RNA를 2-propanol로 침전시켜 회수한다.

Norhern 분석은 RNA를 포르말린이 함유된 aharose gel에 전기영동하고 이것을 나이론 membrane에 전사한다. RT-PCR법에서는 조제한 RNA를 주형으로 하여 oligo(dT)primer또는 random primer를 이용하여 역전사 효소에 의해 cDNA를 합성한다. 이것을 주형으로 하여 목적 유전자의 특이적인 primer를 이용하여 PCR을 수행한다.

2) Wentern법에 의한 세포내의 단백질 분석

Western분석은 단백질의 발현분석에 이용되는 가장 일반적인 방법이다. 항체만 있으면 특수한 장치가 필요없이 세포내의 어떤 단백질이든지 확인 가능하다. 또한 mRNA의 분석에서는 알 수 없는 인산화, 당부가 등의 당백질 수식의 변화를 조사하는 것도 가능하다. 일반적인 방법은 SDS-PAGE로 단백질 시료를 전개하여 그것을 전기적으로 membrane에 전사한다. 이 membrane 상에 있는 단백질에 항체를 반응시키면 항원-항체 복합체가 형성된 장소가 band로서 검출된다. 이 방법을 기초로하여 여러 가지 실험이 가능하다. 예를 들면 SDS-PAGE대신에 이차원 전기영동을 하여 단백질을 membrane에 옮기는 방법은 최근 proteom분석에 필요한 기술로 정착해 가고 있다.

ELISA도 시료 안의 목적 단백질량을 검토하기 위해 자주 사용된다. ELISA는 간단히 정량적인 검토를 할 수 있는 반면 western분석과 비교하면 특이성의 신뢰도가 낮다. 한번에 많은 시료를 처리할 필요가 있는 스크리닝과 같은 경우는 아주 매력적인 방법이다.

이외에도 특정 단백질의 동정에는 HPLC나 질량분석장치를 이용하여 분석할 수도 있다. 항체를 사용하는 연구에서 자주 문제가 되는 것이 항체의 특이성이다. 세계적으로 다양한 항체가 시판되고 있지만 실제로 항체를 구입하여 사용해 보면 기대의 결과가 얻어지지 않는 경우가 많다. 가능한 관련 논문을 다수 조사하여 거기서 사용하고 있는 항체를 입수할 필요가 있다. 또한 동이 ㄹ단백질에 대해서도 다른 영역이 항원이 된 항체가 있으면 더욱 좋다.

자체 제작의 항체에 대해서는 신중하게 그 특이성을 검토할 필요가 있다. 적어도, 항원으로 이용한 단백질 또는 지자체를 결합한 peetide에 강하게 반응하고 이들 항원에서 항체를 흡수하면 signal이 없어지는 것을 확인한다. 또는 면적 전의 혈청에서는 특이적인 반응이 없어야 한다. 복수의 항체가 있을 경우 그들로부터 동일하게 얻어진 결과가 맞을 가능성이 크다. Polyclonal항체인 경우, 항체 제작 시에 복수의 항원 및 복수의 동물을 사용하는 것이 실패를 미연에 방지할 수 있는 최고의 방법이라고 생각한다. 또한 이용하는 항체로 면역침강이 가능하면 침강된 단백질을 peptide sequencer나 질량분석장치 등을 이용하여 동정할 수 있다.

IgG 분획으로 정제한 polyclonal항체 또는 monoclonal항체에 있어서도 비특이적인 반응이 강해 깨끗한 결과가 얻어지지 않는 경우가 있다. 이런 경우에는 항원을 결합시킨 column으로 항체를 정제한 후 이요하는 것이 좋은 결과를 얻을 수 있다. 이러한 처리를 해도 비특이적인 반응이 강하면 대상 발현 단백질을 발현하고 있지 않는 세포의 추출액 또는 acetone powder를 조제하여 이것을 미리 항체를 흡수시킨으로서 비특이적인 반응을 억제할 수 있다. 이 방법의 문제점은 대상 단백질을 전혀 발현하지 않는 세포를 입수하지 않으면 안된다는 것이다. 대상 단백질의 발현유에 대해서는 정확한 판단을 어렵지만 mRNAdmlq kfgusdl RT-PCR에서 검출되지 않는 것을 하나의 지표로 삼으면 된다.

SES-PAGE로 단백질을 전개한다. Gel내의 단백질을 단백질 결합능이 높은 membrane에 전기적으로 전사한다. 항체의 비특이적인 결합을 막기 위해 skin milk나 BSA 등과 membrance을 반응시킨다. ㅂ차 항체를 membrane에 반응시켜 membrane 위에 항원-항체 복합체를 형성시킨다. 미반응의 항체를 제거한 후 효소표식한 2차 항체와 1차항체를 결합한다. 반응에 의해 반색되는 발색 또는 발광을 검출한다.

3) Tag 결합 단백질

(1) 재조합 단백질의 제조

일반적으로 대장균에서 Tag 결합단백질을 대량발현시켜 Tag에 대한 affinity column을 시용하면 정제가 가능하다. 정제된 단백질은 in vitro에서의 결합실험이나 항체 재작용 항원으로 또는 세포 내에 도입 등 다양한 연구에 사용된다. 단백질의 생화학적 성질이 잘 알려지지 않은 단계에서도 Tag를 부가하면 간단하게 정제할 수 있다. 대장균 이외의 생물에서도 발현 및 정제가 가능하다. 곤충세포와 baculovirus를 조합에 사용하면 어느 정도의 발현량과 불완하기는 하지만 당쇄가 부가된 단백질을 만들 수 있다. 포유동물 세포에 발현 plasmid를 동비하면 간단히 native단백질에 가까운 것을 얻을 수 잇지만 그 발현량은 기대할 수 없다.

(2) Tag를 특이 항원으로 검출한다.

Tag를 부가한 단백질을 동물세포에 발현시킴으로 본래 조사하고 싶은 단백질에 대한 특이적 항체가 없어도 세포내 localization을 조사할 수 있으며 western분석으로 분자량을 검토할 수 있다. 아울러 면역침강에 의해 결합단백질의 검토도 가능하다. 이것은 단백질의 결합영역을 밝히는 실험에 유용한다.

(3) 살아 있는 세포내에서의 단밸질의 동태를 관찰한다.

Green Flurescent Protein(GFP)등의 형관 단백질을 이용하여 결합단백질을 발현시킴으로서 살아있는 세포내의 단백질의 동태를 분석할 수 있다. 새로운 형광 단백질의 분리나 개량이 발전되어 오늘날에 있어서 다양한 특징을 갖는 형관 단백질을 만들 수 있게 되었다.

Tag결합단백질은 이처럼 다양한 장점이 있지만 반면 몇 개의 유의해야 할 점이 있다. 새포내에서의 lacaliztion동태를 분석하는 실험에 있어서는 분석하고자 하는 단밸질에 여분의 것이 붙어 있기 때문에 단백질 본래의 동태와는 다른 결과를 나타낼 가느엇이 있다. Myc, FLAG, HA, His 등은 대상 단백질 분자에 비해 크기가 작기 때문에 커다란 영향을 주지 않을것으로 생각되지만, 단백질에 따라서는 영향을 받을 가능성도 있다. Tag의 종류를 그대로 혹은 Tag를 도입하는 장소를 바꿔도 동일 결과가 나오는 것을 확인할 필요가 있다. 형광 단백질 중에는 다량체를 만들기 쉬운 것도 있다. 세포 내에 GFP 결합 단백질이 고농도로 존재하면 결합단백질이 응집하여 본래의 기능을 상실할 가능성이 있다.

대장균에서 결합단백질을 발현시킬 시에는 Tag으로 His와 GST가 자주 사용된다. His 결합 단백질은 정제에 이용되는 지자체가 저렴하고 변성조건에서도 정제가 가능하다.

통상은 시판의 발현 vector에 목적의 배열을 도입함으로서 결합단백질을 발현시킨다. 당연히 도입한 유전자가 in frame이 되도록한다. 도입 DNA단편을 조제할 때는 plasmid에서 잘라내거다 PCR로 증폭한다. PCR에 의해 조제할 때는 sense와 antisense prime에 각각 다른 제한효소 인식 서열을 부가하면 일정 방향으로 도입할 수 있다. 또한 짧은 아미노산 서열이라면 primer에 조합해 넣는 것도 가능하다. 최종적으로 얻어진 clone에 대해서는 도입단편의 전체 및 cloning site주변의 염기서열을 sequencer에 의해 확인한다. 특히 PCR로 도입단편을 만든 경우는 반드시 수행한다. 발현 vector가 설계대로 구축되면 대장균 또는 배양세포에 도입하여 실험을 수행한다. 단백질을 다른 생물종에서 발현시키기 위해서 또는 Tag 변환하기 위해 최상의 상태로 primer의 설계붙 제대로 된 clone의 분리까지 수행하는 것은 상당히 어려운 작업니다. 특히 다양한 변이체를 제작하여 대장균에 단백질을 발현시켜 정체하거나 그들의 변이체를 동물세포에 발현시켜 세포 내 localization을 관찰할 때, 또는 함께 침던되는 단백질을 검토할 때, 이 시스템은 유용하게 사용될 수 있다.

8. Human 배아줄기세포

ES세포는 배반포의 내피세포괴라고 불리는 배아로서 분화하는 세포를 추출하여 실험관내에 배양하여 세포주로서 확립한 세포이다. 미분화성을 유지한 채 배양가능하며 계대배양 후에 배반포에 주입하면 키메라 배아가 형성되며, 키메라 배아는 교배를 통하여 완전히 ES세포의 유전형질만을 지닌 clone개체를 얻을 수 있다는 사실, 유전자 조작법에 의한 배아유전자 변형이 가능하며 시험관내 세포에세도 다양한 세포 또는 조직으로 분화 가능하며 다른 기관세포와는 다른 특별한 능력을 지니고 있다. 이러한 특성을 이용해 마우스에서는 면역질환 마우스 세포로뷔 핵을 추출해 수정란과 핵교환을 실시하여 그 수정란에서 ES세포를 수립하며 상동염색체교환기술을 이용해 원인유전자를 정상유전자와 치환하여 수립된 ES세포로부터 혈액세포의 분화를 유도하여 질환마우스에 이식함으로써 면역질환을 완전 치유하는 방법이라는 매우 이상적인 재생 및 유전자치료기술이 확립되어지고 있다. ES세포는 다양한 표유류에서 수립하며 어류에서도 동일한 성질을 지닌 세포가 수립되고 있으며, 특히 마우스 ES세포에서 유도된 세포를 이용해 다양한 질환모델을 타겟으로 치료실험이 이루어지고 있다. 재생의료에 필요한 세포공그원으로서 계대배양이 용이하며 대량의 세포공급이 가능한 ES세포가 가장 적합하며 대량의 세포공급이 간으한 ES세포가 가장 적합하며 대량의 세포공급이 가능한 ES세포가 가장 적합하며 또한 발생과 분화과정을 시험관내에서 재현할 수 있는 실험으로 발생생물학분야에서는 수많은 발견을 가져왔다고 할 수 있다. 재생의학에의 응용이라는 관점에서의 위험성은 ES세포가 미분화성을 지닌 채 생체이식을 하면 기형종을 형성한다는 사실이다. 기형종의 형성은 실용화를 생각하는 관점에서는 장해가 될 수 있으나 완전히 분화를 유도한다든지 분화된 세포만을 선별함으로서 문제를 해결할 수 있다.

사람의 ES세포가 만들어진 것은 1998년으로 연구의 역사는 짧지만 최근 다양한 세포가 유도됨으로서 사람 ES세포를 여러 조직세포로 분화시킨으로서 재생의학의 실용화에 한발 다가서고 있다. 현 시점에서 재생의료의 동물모델로서 ES세포유래의 세포를 이용한 논문을 마우스ES세포를 이용해 투고하면 사람ES세포를 이용하지 않아 그 인정도가 낮아지거나 투고가 거부되는 경우도 있다.

일본에서는 2003년도에 처음으로 사람 ES세포를 사용한 실험계획이 허가되어 같은해에 경동대학 재생의과학연구소에서 일본국내에서 제공된 수정란을 이용해 수립된 인간 ES세포를 연구용으로 공급하는 시스템이 수립되었으나 2004년 7월에 인간 ES세포를 이요한 연구계획에서 문부과학성의 윤이위원회의 최종승인을 획득한 신청 건수는 10건에 불과하다. 재생의료 관련 연구를 진행하고 있는 연구실의 숫자에 비해서 터무니없이 낮은 숫자로 장기이식의 발전에 지장을 초래하고 있으며 이는 일본 고유의 문화적 사회적인 배경에 기인한다고 할 수 있다.

II 바이오 향장품 소재 생리활성

1. 미용관련 기능성의 객관적, 과학적 정의

1) 피부노화와 주름살

피부노화의 종류 및 임상적 특징 피부노화는 크게 두 종류로 나눌 수 있다. 그 한가지는 내인성노화(intrinsic aging)로서 세월이 흘러감에 따라 피할 수 없는 노화 현상을 말한다. 두 번째는 광노화(photoaging)로서 오랫동안 햇빛에 노출된 얼굴, 손등, 목뒤 등의 피부에서 관찰되는 노화현상을 말하는 것으로 내인성노화 현상과 자외선에 의한 영향이 합쳐진 결과로 발생한다. 광노화 현상은 자외선의 노출을 피하면 예방할 수 있는 피부노화 현상이다.

내인성 노화는 햇빛에 노출되지 않은 피부에서 주로 관찰된다. 임상적 특징은 비교적 경미하며, 잔주름, 피부건조증, 탄력감소 등을 들 수 있다. 그러나 광노화의 임상적 특징은 내인성 노화에 비하여 심하고, 일찍부터 관찰된다. 내인성 노화에 비하여 굵고 깊은 주름이 발생하며, 잔주름도 많이 발생한다. 햇빛에 노출된 피부에 불규칙한 색소침착이 발생하며 일광흑자(solar lentigo)등의 색소질 환이 증가한다. 피부가 매우 거칠고, 건조해지며, 탄력성이 감소하여 심한 경우 피부가 처지게 된다.

〈표 3-4〉 내인성 노화와 광노화된 피부의 임상증상의 비교

	내인성 노화	광노화
주름살	잔주름	굵은주름, 잔주름
피부색소	창백	불규칙한 색소침착
피부건조증	경미함	심함, 거칠은 피부
탄력성 감소	경미함	매우 심함, 피부가 처짐

	내인성 노화	광노화
색소성 질환	간혹 발생	증간(흑자, 주근깨)
양성종양	간혹 발생	증가(검버섯 등)
피부암	간혹 발생	증가

2) 주름살의 원인

첫째, 얼굴에 존재하는 근육의 분포와 근육의 움직임에 따라 주름이 발생하게 된다. 항상 얼굴에 짜증이 섞여 있는 표정을 짓는 경우에는 이마에 내천(川)자의 굵은 주름이 생기며, 항상 웃고 있는 얼굴에는 눈 주위에 잔주름이 많은 경향이 있다.

둘째, 유전적 소인이 얼굴의 주름살에 영향을 주고 있다. 인종에 따라 주름살 양상에 많은 차이를 보인다. 서양인에서의 주름살과 한국인에서의 주름살은 많은 차이를 보이는 경향이다. 한국인에는 서양인에 비하여 굵은 주름살이 생기는 경향이 있으며, 주로 이마, 눈주위, 입주위에 굵은 주름살이 두드러진다. 반면에 백인에서는 굵은 주름살보다는 이마와 뺨에 잔주름이 많이 발생한다. 한국인에서도 같은 나이또래에 비하여 주름살이 많아 더 늙게 보이는 사람이 있다. 또한 노인이 되어도 주름살이 별로 없는 사람이 있다. 아직까지 피부주름살과 연관된 유전자가 있는지 알 수 없으나 유전적 영향을 받는 것은 분명하다.

셋째, 태양광선에 포함된 자외선이 피부의 주름살을 유발시킨다. 얼굴과 같이 자외선에 오랫동안 노출된 피부에는 주름살이 더 굵게, 더 많이 발생한다. 그러면 자외선이 어떻게 주름살을 유발할까? 이 의문에 대한 정답은 아직 확실하지 않으나, 자외선에 의해 교원질 및 탄력섬유 등의 기질단백질이 손상되어 피부 내교원질의 양이 부족해지고, 탄력섬유가 변성되어 주름살이 유발된다고 생각하고 있다. 그 증거로 최근 FDA에서 피부노화 치료제로 허가받은 retinoic acid를 노인 피부에 10개월 이상 바른 후 주름살의 호전과 함께 진피내에 새로운 교원질의 합성이 증가함을 보고 한 바 있다. 이처럼 노인 피부에서 교원질 양이 감소되어 있고,

retinoic acid 치료 후 주름살 호전과 함께 교원질 양이 증가한 점으로 미루어볼 때, 진피내 교원질의 결핍이 주름살의 주원인으로 생각되고 있다.

자외선에 오랫동안 노출된 피부(광노화된 피부)에서의 심한 교원질 감소가 주름 살의 주원인이라면, 자외선이 교원질 합성을 감소시키는데 중요한 역할을 하여야 한다. 최근 연구결과에 따르면 자외선을 사람 피부에 조사하면, 신호전달 경로를 거쳐 교원질의 합성이 감소되고, 교원질을 비롯한 세포외 기질 단백질의 분해효소인 matrix metalloproteinases(MMPs)의 발현이 증가된다고 알려졌다. 이런 효과를 내기 위해 필요한 자외선의 양은 매우 소량으로, 일상 생활시 잠깐동안 밖에 걸어 다닐 때 받는 소량의 자외선도 MMPs의 발현을 증가시킬수 있다. 자외선에 노출된 후 증가된 MMPs들이 교원질을 비롯한 기질단백질을 분해하게 된다. 이것은 태양광선에 의해 피부가 받는 일종의 상처로서 우리몸은 새로운 교원질을 합성하는 등의 상처치유 노력을 하게된다. 그러나 상처치유 과정은 항상 완벽할 수 없기 때문에 오랜 세월동안 손상을 계속 받게되면, 임상적으로 주름살을 비롯한 피부노화가 점차 심하게 된다. 자외선에 노출되지 않는 내인성 노화의 경우에서도 광노화에서와 같이 교원질합성이 감소되며 MMPs의 발현이 증가되어 있으나, 그 원인은 아직 확실히 밝혀져 있지 않다.

넷째, 여성의 경우 폐경 이후에는 주름살이 더욱 많이 발생하며 폐경 이후 estrogen을 복용하는 여성에서는 복용하지 않는 경우에 비하여 주름살의 발생이 감소한다. 이와 같은 결과로 폐경 이후의 estrogen 감소가 피부의 주름살을 악화 시킴을 알 수 있으며, estrogen 이외의 다른 호르몬도 중요한 역할을 하고 있을 것으로 추측할 수 있다.

3) 피부 주름살의 정의와 정도에 따른 피부의 겹침 현상

처음에는 가느다란 잔주름이 지지만, 차츰 크고 깊은 주름이 된다. 진피의 세포외 기질단백질의 특성과 양의 변화에 의하여 피부의 탄력성을 비롯한 물리적 성질이 변하거나 수분 및 피하지방의 감소에 의해 주름살이 형성되 며, 20세 경부터 나타나기 시작하여 나이와 함께 점차 심해진다. 일생 동안 운동 때문에 심하게 사용한 곳일수록 빨리 주름살이 생기므로, 얼굴에서는 표정의 움직임에서 많은 주름이 생기기 쉽다. 주름의 객관적인 판단의 근거를 마련하기 위해 한국인의 피부 주름살을 그 정도에 따라 7등급으로 나누었다. 등급1인 20대의 잔주름이 거의 없는 피부에서부터 등급7의 70-80대의 깊은 주름으로 나눈다.

2. 색소침착(dyspigmentation)

1) Melanin 색소의 종류 및 그 합성 경로

Melanin 의 melanocyte에 있어서의 합성 경로에 대해서 정리하면 그림 1와 같이 된다. 인간의 피부의 색조는, 그 조직내에 포함되어 있는 2개의 melanin색소의 비율로 결정되어 있으며 melanin색소에는 흑색의 eumelanin과 적갈색의 pheomelanin이 있다. Melanin 합성 반응은 Raper and Mason에 의해 그 기본적인 경로가 밝혀져 있다.

Melanin의 mealnocyte에서의 합성경로에 관해서 보면 melanin은 tyrosine이 tyrosinase 효소에 의해 3,4-digydroxyphenylalanine(DOPA)로 hydroxylation 되는 과정을 시작으로 dopaquinone, dopachrome의 과정을 거쳐 melanin으로 합성된 다. Dopachrome은 자연히 decarboxylation되어 DHI가 되며 빠르게 산화되어 indole-5,6-quinone이 된다. 그러나 특정한 금속이온과 효소가 있는 경우 carboxylated intermedate인 DHICA가 만들어지며 DHICA-oxidase의 작용을 받아 indole-5,6-quinone-2-carboxylic acid가 되며 이후 eumelanin이 형성된다. 그러나 dopaquinone이 cysteine이나 glutathione과 같은 SH compound를 만나게 되면 cysteinyldopa가 만들어지고 결국에는 pheomelanin이 만들어 진다. 인간의 피부의 색조는 melanocyte에서 합성되는 흑색의 eumelanin과 엷은 갈색의 pheomelanin 색소의 비율로 결정된다.

2) Melanin 합성 반응

Melanin 합성 반응은 melanosome관련 단백질에 의해 제어되어 있다.

(1) Tyrosinase

tyrosinase은 tyrosine을 수산화해 DOPA로 변환하는 tyrosine hydroxylase활성, DOPA를 DOPAquinone으로 산화하는 DOPA oxidase활성을 가지고 있는 melanin 합성 반응에 있어 가장 중요한 역할을 하고 있고 또한, 최근에서는 DHI (5, 6-dihydroxyindole)을 indole-5, &quinone에 산화하는 DHIoxidase활성을 소유하는 것이 보고되어 있다. Tyrosinase에는 Tl, T2, T3의 3개의 isozyme이 존재하고, Tyrosinase는 그 일차구조 내에 sialic acid, man-nose 및 galactose의 당을 가지며, melanosome안에서의 melanin합성에 있어서는 가장 성숙한 T3 isozyme이 크게 관여한다.

(2) TRP-2(tyrosinase-retated protein 2:DOPA chrome tautomerase)

Tyrosinase관여 합성반응에서 생성된 DOPA chrome을 TPR-2가 5,6-dihydroxyindole-2-Car-boxylic acid로 변환, indole 골격을 형성시킨다. 1992년에 Tsukamoto는 마우스 유래의 TRP-2 단백이 DOPAchrome tautomerase 활성을 소유하고 있는 것을 보고했다. 흑색의 eumelanin은 DHICA 및 DHICA가 TRP-2 비존재 하에서 자동산화에 의해 생성되는 DHI(5, &dihydroxyindole)에 의해 구성된다. Pheomelanin은 tyrosinase에 의해 melanin합성이 개시된 후, glutathione이나 cysteine과 같은 SH 화합물이 관여하는 것으로 알려져 있으나 정확한 mechanism에 대해서는 불분명하고 많은 연구가 기대된다.

(3) TRP-1(tyrosinase-related protein l :DHICA oxidase)

TRP-1은 1986년에 Shibahara에 의해 tyrosinase로서 보고된 효소이다. 그러나

이 단백질이 멜라닌 합성에 관여되 DHICA를 indole−5, &quinone−2−Carboxylic acid에 산화하고, 최종 적으로 중합 반응을 진행시키는 eumelanin 합성 DHICA oxidase로써 밝혀진 것은 1994년 이다. TRP−1은 DHICA oxidase로서의 활동의 이외에 melanosome안 효소군의 안정화에 기여하고 있는 것도 보고되어 있다.

(4) Melanosome matrix protein Gp100(Pmel17/silverlocus protein)

1987년, 마우스에 있어서 Pmel17/silverlocus protein이 melanocyte에만 존재하는 것이 보고 되었지만, 그 기능에 대해서는 불분명했다. 그 후, 1994년에 마우스 Pmel17이 인간의 GP 100(glyco−protein 100)과 유사한 것으로 밝혀졌고 이 단백은 5,6−indolequinone−2−Carboxylic acid의 중합에 관여하는 것이 보고되어 있다.

3) 색소침착의 메커니즘(mechanism)

색소침착은 외부에서의 자외선, 염증 등의 여러 자극에 의해 야기되는 것으로 알려져 있다.

색소침착은 표피 기저층에 존재하는 melanocyte에서 일어나며 자외선에 의한 색소침착의 메커니즘(mechanism)은 tyrosinase 발현 제어 인자가 주 역할을 한다.

제어 인자로서 주목받은 것은 melanocyte 성장 인자, 염증계의 chemical mediator인 아라키돈산 cascade 관련 물질이다. 또한, 자외선조사의 직접적인 장해인 DNA손상의 복구 과정 및 활성산소가 색소생산촉진에 작용한다.

Melanocyte성장 인자 피부에 자외선조사는 여러 melanocyte 성장 인자의 분비를 촉진시킨다. 특히 keratinocyte, melanocyte에서 분비되어진 melanocyte 성장 인자가 색소침착을 유발한다. 이들에서 특히 주목받아 온 것은 α−MSH(melanocyte−Stimulating homone)과 ET−1(Endothelin−1)이다.

α−MSH는 pro−opiomelanocortin(POMC)유래의 호르몬(hormone)이며 POMC는 adrenocorticotrophin(ACTH), 1ipotrophins(LPH), endorphin 등의 전구 물질

이며 현재 keratinocyte로부터 α-MSH, ACTH가 만들어지는 것이 밝혀져 있다. 이들 α-MSH, ACTH는 melanocortin receptor를 통해 melanocyte의 활성화에 기여한다. 현재 melanocortin receptor는 5종류가 있지만, melanocyte의 활성화에 관해서는 MC1R(melanocortin-1 receptor)이 기여한다. 또한 α-MSH는 adenylate cyclase계를 활성화하여 melanocyte의 증식 및 tyrosinase 활성의 상승 작용을 유도한다.

ET-1은 혈관내피세포에 의해 생산되며 혈관수축 작용을 가지는 것이 알려져 있다. 이 ET-1은 PKC(protein kinase C)과 adenylate cyclase계를 활성화하여 melanocyte의 증식 및 tyrosinase활성을 촉진시켜 색소침착을 보이게 하는 것으로 보고되어 있다. 최근, ET-1은 melanocyte로부터 UVB조사에 의해 생산되는 것이 보고되고 있고, 그 작용 메커니즘(mechanism)은 UVB조사에 의해 분비되어진 IL-1α 가 ET-1의 분비를 촉진하는 것이 밝혀졌다.

염증계의 chemical mediator 염증계의 관여로서는 아라키돈산 캐스케이드(Cascade)의 initiator인 PLA2(phospholipase A2)가 주목 받고 있으며, PLA2에 의해 세포막에서 잘라진 아라키 돈산이 PKC을 활성화시키는 것에 의해 색소 침착을 나타내는 것이 보고되었다.

또한, 아라키돈산 Cascade 산물인 LeukotrieneC4(LCT4)가 melanocyte 증식 촉진 작용이 있는 것이 보고되었다. 기타 염증계의 mediator로서 histamine의 색소침착 작용이 보고되어 있다.

DNA의 장해 자외선의 직접적인 작용으로서 DNA손상과 회복 과정에서 생긴 단편 DNA가 melanocyte의 색소생산 촉진하는 것이 보고되어 있다. 자외선에 의한 DNA손상의 회복 과정에서 생긴 단편 DNA인 thymine dinucleotides(pTpT)는 tyrosinase mRNA level을 높여 melanocyte의 색소 생산 촉진작용이 밝혀졌고 그 작용은 α-MSH의 리셉터(receptor)인 MC1R를 제어하는 것에 의해 나타나는 것으로 밝혀져 있다.

활성산소 일반적으로 활성산소는 0_2^{-}(superoxide anion radical), H_20_2(hydrogen peroxide), OH(hydroxyl radical), $^{1}0_2$(singlet oxygen)이 있고 광의의 것에서는 이

것들의 산화 산물인 지방질과산화물과, NO(nitric oxide)을 포함시킨다. 피부에의 자외선조사는 이런 여러 활성산소의 조직 내 발생을 촉진시키며 이는 색소 침착의 주요 원인으로 밝혀지고 있다. Miyachi은 배양피부를 이용 자외선조사 시에 보이는 sunburn cell의 생성을 활성산소소거제가 억제하는 것을 보고하 였다.

또한, Hanada는 γ−glutamylcysteine synthase(γ−GCS)의 저해제인 buthionine sulfoximine(BSO) 처리한 마우스의 sunburn cell 생성이 control 마우스와 비교시 유의하게 증가하는 것을 보고하였다. 이들의 보고는 자외선에 의한 sunburn cell의 생성에 활성산소가 관계되고 있는 것을 간접적으로 증명하고 있다.

Karg은 활성산소에서도 가장 안정된 H_20_2가 melanoma cells의 tyrosinase의 lev-el 을 상승시키는 것을 보고하고 있다. 이 작용은 H_20_2에 특이적인 것이며, H202의 전구체인 0_2^{-}이나 , 0H는 tyrosinase의 활성 상승 작용이 인정되고 있지 않다.

Marmel는 tyrosinase 활성의 제어에 있어서 glutathione 이 관여하고 있다고 보고 하였다. Glutathione은 세포내에서 γ−GCS에 의해 합성되며, 특히 자외선조사에 의해 생긴 과산화수소와 지질과산화물을 소거하기 위해서 glutathione peroxi-dase 의 기질로 소비되고 있다. 세포 내 glutathione은 산화 스트레스(stress) 방어계 로서 관여 할 뿐만 아니라, melanin생산의 key효소인 tyrosinase를 직접 표적 혹은 간접적으로 억제하는 것이 보고되어 있고, 세포내 glutathione 존재량에 의해, melanin 생산량도 크게 다른 것도 알려져 있다.

또 다른 피부의 색소생산의 제어 인자로서 주목을 받고 있는 활성산소 인 NO은 혈관내피세포에서 free radical로서 발견되어, 최근에서는 피부미소순환계 촉진에 의한 자외선 붉은 반점에 관여하는 것이 보고되어 있으며, 또한 NO 의 색소생산 촉진 작용은 cGMP 의존성의 kinase에 의한 작용이 Romero−Graillet에 의해 보고되어 있다. 즉 자외선 등의 자극에 의해 일반적으로 세포 내 항산화 시스템의 기능저하가 색소침착을 유발하는 것으로 보고되고 있는 것이다.

이상의 보고를 고려하면 색소침착의 메커니즘은 크게 melanocyte growth fac-tor, 염증계의 chemical mediator, 자외선에 의한 DNA 손상, 활성산소의 4가지가 지금 까지 알려져 있다. 이들의 주된 색소침착 경로는 결과적으로 melanocyte와 관련 효소 인 tyrosinase의 활성증가가 그 주로 관여되는 것을 알 수 있다.

이들 외에 최근 보고되고 있는 메커니즘으로는 melanocyte의 활성에 관여하는 protease tyrosine kinase(PTK)로서 SCF(stem cell factor)의 활성화에 관여하는 c-kit 의 antagonist, melanosome transfer 에 관여하는 keratinocyte 내의 수용체인 PAR-2(Protease activated receptor-2)의 활성 억제 등이 연구되고 있다.

경구투여를 통한 Vitamin E의 피부 색소침착개선 작용은 보고되어 있고, 그 작용 메커니즘(mechanism)은 생체 내에서 생긴 활성 산소 및 지방질과산화물을 vitamin E 가 라디컬(Radical) 스캐빈저(scavenger)로서의 활동과 glutathione을 증가시켜 melanin 생성 억제하는 것으로 여겨지고 있다. Vitamin C의 경우도 피부기능과 깊게 관계를 가지고 있으며 melanin 색소 생성억제 작용과 Collagen 생성 작용이 있다. 특히 Vitamin C의 경우는 melanin이 합성되는 중간체인 DOPA quinone을 DOPA로 환원시켜 melanin 생성을 억제하며, 또한 강력한 라디컬 스캐빈저로서 활동으로 환원된 glutathione을 산화시켜 tyrosinase의 활성을 억제시키는 것으로 보고되었다.

화장품과 달리 식품의 경우 기능물질의 장관을 거쳐 피부 기저층까지 도달하여 미백 기능을 나타내야 함으로 기존 알려진 메커니즘과 더불어 더욱 복합적인 것으로 예상되며 특히 기능성 물질이 장내를 거쳐 최종적으로 미백효과를 나타내기 까지 복합적인 생리학, 약리학, 물질 전달 과정 등에 대한 본격적인 연구가 필요한 것으로 사료된다.

3. 피부 보습

건강한 피부는 표면이 매끄럽고 윤기가 있으며 탄력과 부드럽고 촉촉한 느낌이 있는 것을 의미한다. 피부 자체가 함유하는 수분량은 피부결을 좌우하는 가장 중요한 요소인데 즉 피부 자체의 수분이 충분하면 피부결이 매끄럽지만 부족하면 피부의 감촉은 거칠어진다. 건강한 표피의 각질층은 15-20%의 수분을 함유하고 있으며 수분이 10% 이하로 떨어지면 피부가 건조해지고 윤기와 탄력이 없어져 주름이 증가하게 된다.

피부의 탄력성이나 부드럽고 촉촉한 느낌은 피부의 가장 외층인 표피의 각질층에 존재하는 수분에 의해 유지된다. 각질층의 수분 함량은 표피에서 생성 분비되는 지질 혼합체인 피지막과 각질층내에 존재하는 수용성 성분인 자연 보습인자(NMF: Natural Moisturing Factor)에 의해 결정된다. 표피의 수분 증발은 세라마이드 및 자연보습인자의 함량 변화와 역의 상관 관계가 있음이 여러 연구 결과에서 보고되었다. 또한 피지막이 손상되어있는 표피에서 세라마이드 및 자연보습인자의 수치가 감소되어 있음이 보고 되었으며 건강한 피부의 경우에도 표피의 세라마이드 및 자연보습인자의 수치는 습도와 기온이 하강하는 겨울이나 노화에 의해 감소함이 알려져 있다.

1) 피지막

피부는 표피와 진피로 나뉘어 있고 외층인 표피는 다시 여러층으로 나뉘어져있다. 표피의 기저층인 stratum basale layer에서 생성된 세포들은 상부로 이동하여 최종적으로 stratum corneum층에 이른다. 인체방어 기전의 제일선인 표피의 피지막은 표피의 가장 외층인 stratum corneum에서 형성되며 세포들에서 분비되는 세라마이드, 콜레스테롤, 지방산 등이 intercellular lamellae 구조를 이루고 있는 지질혼합체이다. 특히 이들 피지막의 구성 지질 중세라마이드는 콜레스테롤과 지방산에 비해 sphingosine, amide-linked non hydroxy acid, α-hydroxy acid 또는 ω-hydroxy acid, ester-linked fatty acid 등을 포함하는 복잡한 구조를 이루고 있고 이들 구조적 인자에 의해 형성되는 극성은 피지막의 lamellae 구조를 유지하는데 중요하다. 이 피지막은 기후, 계절, 자외선, 등의 환경적 요인 및 유전, 노화, 호르몬, 면역, 스트레스, 영양 상태 등의 내인성 인자에 의해 영향을 받는데 이와 같은 여러 인자의 변화에 의해 인체방어 기전의 제일선인 피지막이 상실되거나 생성이 감소하면 표피의 수분 손실(TEWL: trans epidermal water loss)이 증가하여 피부가 건조해지고 표면이 메마르고 꺼칠꺼칠하여 각질이 하얗게 일어나게 된다.

Sphingosine을 비롯하여 여러 복잡한 구조에 의해 피지막을 유지하는데 주요한 역할을 하는 세라마이드의 표피 내 대사 과정은 여러 연구 결과에 의해 어느 정도는 밝혀져 있는데 Fig. 8에서 요약한 바와 같이 단백질 및 인지질 degradation 과정에서 제공되는 serine과 pamitoyl-CoA의 결합에 의해 최초로 생성되며 관련 효소명은 Serine Palmitoyltransferase이다. 이와 같은 De novo 경로에 의해 형성된 ceramide는 glucosylceramide 또는 sphingomyelin으로 전환이 가능한데, 즉 Glucosylceramide synthase 및 sphingomyelin synthase에 의해 glucosylceramide 또는 sphingomyelin으로 전환되며 또한 이들은 cerebrosidase및 sphingomyelinase 에 의해 다시 ceramide로 전환된다. De novo 및 대사 과정에 의해 형성된 ceramide는 sphingosine과 지방산으로 최종 분해되는데 관련 효소명은 ceramidase 이고 또한 이들 분해 산물은 ceramide synthase에 의해 다시 ceramide로 전환될 수도 있다. 즉 세라마이드 생성은 Serine Palmitoyltransferase, Cerebrosidase, Sphingomyelinase, Ceramide synthase 효소와 연관이 있으며 세라마이드 분해는 Glucosylceramide synthase, Sphingomyelin synthase, Ceramidase 효소와 연관이 있는데 이들 효소의 발현이나 활성 등은 세라마이드를 피부 보습 관련 biomarker로 측정시 보조 marker의 역할을 할수 있을 것으로 여겨진다.

2) 자연보습인자

지질 혼합체인 피지막이 피부 표면을 덮어 수분이 방출되는 것을 막는데 비해 자연보습인자는 그 자체가 흡습성이 있고 피부 표면의 장력을 낮추어 케라틴으로부터 수분의 반발력을 막아줌으로써 피부 보습력에 직접적인 영향을 준다. 단백질의 degradation 과정에서 생성되는 아미노산과 유산(lactic acid), pyrrolidone carboxylic acid(PCA), urocanic acid(UCA), urea, mineral 등으로 구성되어 있는 NMF에 의한 보습력은 일반적으로 수분을 보유한 상태로 유지시키는 수분 보지 능력(water holding capacity)과 대기 중에 있는 수분을 흡습하는 흡습력(hygroscopicity)을 포괄하여 말하는데 피부의 보습력은 pH에 의해 차이가 난다고 보고되어 있다.

자연 보습인자는 아미노산, PCA, UCA, mineral 등의 혼합체로 피부 보습 증진을 위한 건강기능 식품의 섭취 후 개별적인 다양한 변화가 예상되어 효능 판정에 대한 해석이 다양할 수 있다. 그러나 Figure 3에서의 연구 결과에서는 PCA, UCA, Citruline, Alanine는 피부 건조화에 따라 민감하게 저하되어 피부 보습 증진 식이 소재의 효능 판정을 위한 유효한 marker로 여겨진다. Fig. 10에서 요약한 바와 같이 PCA는 glutamate에서 형성되는 대사체로 PCA 생성 관련 효소는 γ-glutamyl-AA-synthase와 γ-glutamyl cyclotransferase이다. UCA는 histidine에서 형성되는 대사체로 UCA 생성 관련 효소명은 histidase이다. Citruline는 Ornitine에서 Ornitine carbamoyltransferase 효소에 의해 형성되며 Alanine은 Aspartate에서 Aspartate 4-decarboxylase 효소에 의해 형성된다. 즉 이들 효소의 발현이나 효소 활성 등은 PCA, UCA, Citruline, Alanine을 피부 보습 관련 biomarker로 측정시 보조 marker의 역할을 할수 있을 것으로 여겨진다.

4. Biomarker

- 피부 주름관련 biomarker
  - 교원질
  - 탄력질
  - Matrix metalloproteinases
  - 피부의 탄력성
- 미백관련 biomarker
  - Tyrosinase 활성도
  - Melanin 생성량
  - 피부색

1) 피부 보습관련 Biomarker 개발 및 평가방법의 비교 분석

(1) 피부 표피장벽 파괴

피부 표피장벽 파괴(피지막의 지질 성분 중 세라마이드 생성 감소) → 수용성 성분인 자연 보습인자(NMF) 감소 → 표피 수분 손실 증가(TEWL) → 표피 과증식 유도

✲ 피부 보습관련 Biomarker

① 피부 표면의 보습 상태(수분 손실량)
② 세라마이드 보조 biomarker 1: serine Palmitoyltransferase, Cerebrosidase, Sphingomyelinas, Ceramide synthase효 발현 및 활성 증가
③ 자연보습인자 보조 biomarker: γ-glutamyl cyclotransferase, Histidase, Ornitine carbamoyl-transferase, Aspartate 4-decarboxylase 효소의 발현 및 활성 증가

(2) 피부 보습관련 Biomarker의 측정 방법

가. 피부 표면의 보습 상태 측정법

- 중량법(microbalance): microbalance를 이용하여 수집한 표피의 무게를 측정한다.
- 전기전도도(conductance)/정전용량(capacitance)/수분손실량(TEWL)(Evaporimeter)/피부 표면 형태(Image analyzer) 측정법(Hydrometer): 기기를 이용하여 보습 상태를 직접 측정하는 이들 방법은 동물 및 인체 대상 실험에서 모두 가능하다. 면도기와 제모제를 이용하여 털을 제거한 후 측정 부위에 탐침을 올려 놓고 기기를 이용하여 측정한다.

나. 세라마이드 합성량 측정

- 동물 또는 인체에서 채취된 생검 조직을 0.5% trypsin-EDTA in PBS 용액

에서 1 시간 동안(37℃) 배양한 후 folcep을 이용하여 epidermis을 취한다.

- epidermis를 1ml Krebs bicarbonate buffer에 위치하고 [14 C]Serine(0.1μ Ci/ml)와 37℃에서 16시간 동안 항온 배양하여 ceremides를 포함한 sphingolipids에 metabolic labeling을 한다.
- polytron으로 표피를 분쇄하고 Folch 용액(Chloroform/Methanol, 2:1, v/v)을 이용하여 지질을 추출한다.
- 이를 질소 가스로 건조시키고 100μl의 folch 용액에 녹인다.
- HPTLC(high performance thin layer chromatography: silica gel 60 A, 200μm thickness, Whatman, USA)에 점적하여 다음의 전개 용매를 사용하여 ceramides를 분획한다(1차 전개액, Chloroform:Methanol:acetone, 76:20: 4, v/v/v up to 1cm 와 up to 3.5cm: 2차 전개액, Chloroform: acetone: methanol,80:10:10, v/v/v up to 7.5cm: 3차 전개액 chloroform: ethylacetate:ether:methanol, 76:20:6.2 to 10cm).
- 분리된 ceramides는 박층으로 긁어낸 다음 scintillation counter로 방사활성을 측정하여 Lowry 법에 의한 단백질 정량과 함께 cpm/μ g protein으로 표시한다.

다. 세라마이드 함량변화 측정

- 동물 또는 인체에서 채취된 생검 조직에서 분리된 표피나, tape stripping 또는 표피에서 직접적으로 유기 용매를 이용하여 지질을 추출하고 TLC와 적절한 전개 액을 사용하여 세라마이드 및 타 지질을 분획한다.
- TLC scanner로 ceramide 및 타지질 성분을 정량 분석하고 사용한 조직의 단백질 정량과 함께 Area No 또는 %/μg protein으로 표시한다.

라. 자연보습인자 측정법

- 표피에서 직접적으로 적절한 용매를 이용하여 수용성 물질을 추출하고 자연보습인자 중 아미노산은 amino acid analyzer를 이용하고, PCA와 UCA등은 HPLC를 이용하여 분석한다.

(3) 보습관련 Biomarker 측정법의 장단점 비교

가. 피부 표면의 보습 상태 측정법의 장단점

- 장점: non-invasive한 방법으로 생검 조직의 채취 과정 없이 간편히 측정할 수 있다.
- 단점: 효과에 대한 오차 범위가 커서 유효성을 보기 위해서는 많은 n수가 요구된다.

직접적인 피부 표면의 보습 상태 측정은 기후, 습도 등에 영향을 받으므로 측정 전 최소한 30분전에 측정 장소의 온도와 습도를 일정하게 유지하여야 한다.

나. 세라마이드 합성량 측정법의 장단점

- 장점: 효과에 대한 오차 범위가 작아 유효성을 신뢰할 수 있고 많은 n수가 필요하지 않다.
- 단점: 세라마이드 합성량 측정은 생검 조직을 필요로 한다.

방사선 동위 원소를 사용하여야 한다.

다. 세라마이드 함량변화 측정법의 장단점

- 장점: ① 효과에 대한 오차 범위가 작아 유효성을 신뢰할 수 있고 많은 n수가 필요하지 않다.
  ② 생검 조직이 아닌 tape stripping 또는 직접적인 지질 추출을 이용하여 결과를 얻을 수 있다.(Human Study에 적합하다.) – 방사선 동위 원소를 사용하지 않는다.
- 단점: 적은 수의 피부 세포를 이용하는 In vitro 실험에는 용이하지 않다.

라. 자연보습인자 측정법의 장단점

- 장점: PCA, UCA, Citrulline, alalnine는 피부 각화에 따라 민감하게 저하되어 피부 보습 증진 기능성 소재의 효능 판정을 위한 유효한 biomarker로 여겨 진다.

- 단점: ① 자연 보습인자는 아미노산, PCA, UCA, mineral 등의 혼합체로 기능성 소재의 섭취 후 개별적인 다양한 변화가 예상되어 효능 판정에 대한 해석이 다양할수 있다.
  ② HPLC 등을 이용하여 이들 인자들의 분석에는 장시간이 소요된다.

5. 생리활성 효능평가를 위한 시험법

1) 피부 주름살 감소 효과 측정법

(1) In vitro 시험법

현재까지 국내외에서 알려진 주름살 감소 효과의 측정법은, in vitro 실험법으로는 인체 피부세포의 증식 효과를 MTS assay방법으로 측정하는 방법과, 인체 피부세포내의 collagen, elastin 단백질량 증가를 측정하는 방법이다. collagen 양은 새로 합성되는 양을 측정하는 것이 아니라 총단백질을 분리하여 그 중의 교원질 양을 측정하는 단점이 있다. 또한, elastin의 발현양의 증가가 주름살을 개선할수 있는지에 대한 연구 결과는 아직 전무하므로 biomarker로 사용하기는 곤란하다. 기질단백질을 분해하는 matrix metalloproteinases(MMPs)의 증가가 주름살을 유발하는 것은 잘 알려져 있는 사실이므로 biomarker로 사용 가능하다.

in vitro 시험법은 인체피부세포내의 교원질 합성량 측정 인체피부세포를 증식한 후 시험물질을 처리하고 일정 시간이 경과한 후 새로 합성된 교원질의 양을 RT-PCR, Northern blot analysis, Western blot analysis, ELISA방법 등으로 control군과 비교한다.

인체피부세포내의 matrix metalloproteinases 합성량 측정 인체피부세포를 증식한 후 시험물질을 처리하고 일정 시간이 경과한 후 새로 합성된 탄력섬유의 양을 RT-PCR, Northern blot analysis, Western blot analysis, ELISA방법 등으로 control군과 비교한다.

(2) 인체 임상 시험법

주름살이 심한 자원자에게 시험물질을 경구 투여하여 주름살의 정도를 아래와 같이 비교 분석한다.

- 육안 또는 replica를 이용하여 판정
- 조직을 생검하여 H&E staining을 통해 조직학적 특징을 분석
- 조직을 생검하여 새로 합성된 교원질, 탄력섬유, matrix metalloproteinases의 양을 비교 분석

(3) 주름관련 시험법의 장단점 비교

가. Human Dermal Fibroblast를 이용한 주름개선 물질 검색법:

- 장점: In vitro 실험 중 가장 인체와 가까운 방법이라고 할 수 있음.
- 단점: 세포 수준의 검정법이고, 세포의 확보가 비교적 어려운 단점이 있음.

나. 동물 in vivo 시험법을 이용한 주름개선 물질 검색법

- 장점: 3차원적인 피부 주름을 이용하여 효능 판정이 가능함.
- 단점: 기간이 오래 걸림. 실제 인체 피부의 결과와 다를 수 있음.

다. 임상 시험법을 이용한 주름개선 물질 검색법

- 장점:인체 피부를 이용한다는 장점.
- 단점: 시료에 대한 안전성 자료의 확보를 전제로 해야함. 기간이 오래 걸림. 개인적인 차이가 클 수 있으므로 실험군의 수를 많이 확보해야함.

2) 피부 미백 효과 측정법

(1) In vitro 시험법 Tyrosinase 효소 함유 분획을 이용한 시험법

Melanin 합성의 keyenzyme인 tyrosinase로 생긴 DOPA(dihydroxyphenylalanine) 또는 dopachrome 생성량을 비교하여 시험물질의 효소활성 억제능을 측정한다.

시험방법은 tyrosine을 기질로 사용하여 효소 반응액에 넣어 일정시간 반응시킨 후반응생성물인 dopachrome의 흡수파장인 475 nm에서 흡광도를 측정한다. 효소 반응의 초속도를 구하여 효소활성으로 한다. Spectrophotometry 및 방사선 동위 원소를 이용한 tyrosinase 활성 억제 시험이 있다.

(2) Melanoma를 이용한 melanin 측정법

① tyrosinase를 쓰는 방법에 비해 색소세포 전체의 여러가지 멜라닌 생성계에의 영향을 해석할 수 있다

② 멜라닌 생성에 대한 효과를 세포 pellet의 색으로 판단할 수도 있고 알칼리로 가용화 하여 흡광도로 측정할 수도 있으며, HPLC를 이용하여 pheomelanin, eumelanin 분별 정량도 가능하다.

③ 멜라닌 생성 억제 효과의 mechanism 연구에도 편리하다.

④ Principles: melanocytes를 일정시간 시험물질과 배양한 후에 tyrosinase activity, 또는 melanin 생성량을 측정한다.

⑤ Melanocytes Sources: Melanin producting animal cells Ex. B16, Melan-a murine melanomacell, HM3KO human melanoma cell, Normal human melanocytes, etc.

✲ Normal human melanocyte의 이용(세포수준, 인체 유래)

① 원리: Normal human melanocyte를 이용한다는 것 외의 원리는 B16 melanoma의 이용 법과 거의 동일하다.

② 방법: B16 mealnoma 의 이용법과 거의 동일하다.

③ 장단점: in vitro 시험법 중에서 가장 인체의 pigmentation 기전에 가까운 방법이라 고할 수 있지만 세포 수준이며, 세포의 확보가 비교적 곤란하고 대량검색의 어려움 및 실험적 오차 등의 문제점이 있다.

상기의 시험 법 중 'normal human melanocyte를 이용한 방법'과 '피부조직배양을 이용한 시험법'의 경우 효소 활성 검증 및 세포배양을 이용한 시험법 중에서 가장 사람의 pigmentation 기전에 가까운 방법이라고 할 수 있지만 세포의 확보가 비교적 곤란하며 적용 시 추가적인 많은 비용이 소요된다. melanoma 같이 간단히 serum으로 세포수를 늘릴 수 있지 않고 특수한 배양액이 필요한데 이 배양액이 고가이며 장해도 많은 시험법이므로 본 시험 방법에서는 추가적인 현실적 방안이 나온 후 적용하는 것이 바람직한 것으로 판단된다.

(3) 효능 인체 평가법

가. 인위 색소반

① 원리 및 방법: 인체의 상박부에 UV 조사로 인위적인 색소반을 형성시킨 후, 시료를 경구 투여 하여 색소반의 퇴색 정도를 육안, 또는 기기를 이용하여 판정 또는 피부를 생검, 염색하여 tyrosinase 활성 및 melanin 생성 정도를 비교 판정함.

② 장단점: 인체 피부를 사용한다는 점엔 큰 장점이 있으나, 인위적인 색소반으로 얼굴의 기미나 주근깨와 약간 다른 양상을 띠며, 시료에 대한 안전성 자료의 확보를 전제로 한다. 현재 자외선 조사에 따른 시험자들의 안전에 관한 문제점 등으로 자연색소반 모델을 선호하는 추세이다.

나. 자연 색소반

① 원리 및 방법: 인체의 얼굴의 자연 색소반에 대하여, 시료를 경구 투여하여 색소반의 퇴색정 도를 육안, 또는 기기를 이용하여 판정한다.

② 장단점: 자연색소반을 대상으로 함으로 시료의 실제 효능을 확인할 수 있으나, 대상자의 선별 및 임상비 등 고비용의 발생이 야기된다.

(4) 미백관련 시험법의 장단점 비교

가. Mushroom tyrosinase inhibition assay method

- 장점: 시험방법이 간단하여 대량검색이 가능함.
- 단점: mushroom 유래로써 발현양상에 있어 차이가 있음.

나. B16 melanoma세포나 Melan-a세포를 이용한 멜라닌 정량법

- 장점: 보편적으로 사용하는 방법. 효율적임. 배양이 쉬움. pigmentation이 많이 형성되어 측정이 효과적.
- 단점: 실제 인체 피부의 결과와 다를 수 있음.

다. Normal human melanocyte을 이용한 멜라닌 정량법

- 장점: 가장 사람의 pigmentation 기전에 가까운 방법.
- 단점: 세포 확보가 어려움. 고비용. 대량 검색의 어려움. 개인차에 따른 실험 오차 발생.

라. Black guinea pig을 이용한 미백효과 검정법

- 장점: UV에 의한 멜라닌 형성 억제 정도 관찰 가능.
- 단점: 백반증을 나타낼 우려가 있음. 평가 시 제외하는 것이 바람직.

마. Brown guinea pig을 이용한 미백효과 검정법

- 장점: 인체 피부와 유사한 모델임. 가장 많이 사용됨. UV에 의한 멜라닌 형성 억제 정도 관찰 가능. 형성된 색소의 제거 효과 평가 가능.
- 단점: 실제 인체 피부의 결과와 다를 수 있음.

바. 인체를 이용한 효능 평가

- 장점: 인체 피부를 이용한다는 장점.
- 단점: 인위적인 색소반으로 얼굴의 기미나 주근깨와 약간 다른 양상을 띠며, 시료에 대한 안전성 자료의 확보를 전제로 해야함.

※ 스크리닝 단계에서는 in vitro 실험법으로 가능하나, 실제로 효능을 검정하기

위해서는 임상시험법이 동반되어야할 것으로 사려됨

3) 피부보습효과 시험법

(1) In vitro 시험법 제시

① 사용세포 표피의 세포는 keratinocyte, melanocyte와 fibroblast가 있으나 keratinocyte 가 주요 피부 세포이므로 보습관련 biomarker 측정을 위한 세포로는 암세포가 아닌 정상 keratinocyte 세포를 사용하는 것이 타당하다.

② 측정항목 In vitro 시험에서 보습과 관련하여 측정 가능한 biomarker로는 [14 C]Serine을 이용한 세라마이드 합성량 측정이 가능하다. 세라마이드 함량 측정은 적은 수의 세포를 이용한 invitro 세포 시험에는 용이하지 않다.

③ 건의 사항 소화/흡수/대사 과정을 배제하고 세포에 대한 직접적인 식품 추출물 처리에 의한 효과를 건강기능 식품 섭취에 의한 효과로 보기는 어려우나 비타민 C 등 단일 영양소 처리에 의한 효과는 긍정적이며 건강 기능 식품 소재 개발의 활성화를 위하여 세포를 이용한 In vitro 시험법에 의한 효능 평가 인정이 가능할 수도 있다고 여겨진다.

가. Human Dermal Fibroblast를 이용한 주름개선 물질 검색법

In vitro 실험 중 가장 인체와 가까운 방법이라고 할 수 있지만 세포 수준의 검정법이고, 세포의 확보가 비교적 어려운 단점이 있다.

① 섬유아세포의 단층 배양 – 정상 표피의 지방층을 제거하고 잘게 잘라 collagenase로 진피와 표피를 분리 – 진피 조직을 0.25% trypsin 용액에 넣고 37 ℃에서 10분간 유지 – Vortex를 시행하여 섬유아세포를 유리시킴 – 유리된 세포를 모아 세척한 후 1x 10 4 개/cm 2 농도로 10% fetal bovine serum(FBS)이 첨가된 DMEM 배지를 넣고 배양 – 70~80% 정도 자라면 1:3 비율로 분주하여 계대 배양하였고, 5~6차 계대 배양한 세포를 실험에 이용 – 섬유아세포를 90% 정도까지 배양

② 시험 물질 처리 – 섬유아세포가 90%정도까지 자랐을 때 FBS를 첨가하지 않은 배지에서 20시간 정도 배양 – 시험 물질을 적정 농도로 처리 – 시간별로 배양하여 각각 섬유아세포를 수확

③ 교원질, Matrix metalloproteinases 합성량 측정 – RT–PCR – Northern blot analysis – Western blot analysis – ELISA

나. In vitro 방법을 이용한 미백 효과 측정법

■ Mushroom tyrosinase inhibition assay method

Buffer : pH 6.8, 0.1 M potasium phosphate buffer Substrate : Tyrosine 0.03% (0.3 mg/ml in D.W) Enzyme solution : 2 units/㎕(in 0.1 M phosphate buffer)

① 반응액을 만든다. 이때 inhibitor가 포함되지 않은 반응액을 대조군으로 한다.

	대조군(control)	반응액
Buffer	500ul	500ul
Substrate	500ul	500ul
Enzyme solution	50ul	50ul
D.W	450ul	450ul
Inhibitor		50ul

② 위 ①의 반응액을 37 ℃에서 10분간 반응시킨 후 신속하게 ice에서 5분간 방치하여 반응을 중단시킨다.

③ 475 nm에서 흡광도를 측정한다.

④ 다음과 같은 식으로 tyrosinase inhibition rate를 산출한다.

$$\% \text{ inhibition} = [(A-B)/A] \times 100$$

- A: 시험시료(inhibitor)가 들어있지 않은 반응액(control)의 반응 후 흡광도
- B: 시험시료가 들어있는 반응액(reaction)의 반응 후 흡광도

⑤ 시험시료(inhibitor)의 활성을 정량화하기 위하여 IC50을 구한다.
시험시료를 적당한 농도로 용매에 녹인 후 연속 희석하여 tyrosinase inhibition rate를 구한 뒤 이 결과를 도표화하여 tyrosinase의 활성을 50 % 저해하는 시료의 농도를 산출한다.

⑥ 장단점 시험방법이 간단하여 대량검색이 가능하나 mushroom 유래로써 발현양상에 있어 차이가 있다.

■ B16 melanoma세포를 이용한 멜라닌 정량법

B16 melanoma 세포는 C57/BL6유래의 melanoma cell line으로 일본 등에서 미백물질 스크리닝에 가장 일반적으로 사용하는 세포이다. Total melanin 및 신규 melanin 생성 저해능 및 melanin 생성에 관여하는 각 종 효소의 활성 저해능, 관련 유전자 및 cytokine 변화량 등의 측정이 가능하다.

현상학적 관찰: 일정시간 경과 후 pellet의 양과 흑화 정도를 비교함 효소활성 저해능

① Tyrosinase(Tyrosine hydroxylase, DOPA oxydase):
- Tyrosine hydroxylase : [3H]-Try를 기질로 사용, tyrosinase의 작용에 의해 DOPA로의 전환에 있어 유리되는 물의 racioactivity를 측정, 전환율을 분석 한다.
- DOPA oxidase : DOPA를 기질로 사용, tyrosinase의 작용에 의해 DOPA chrome 의 생성을 흡광도(475nm)로 측정한다.

② TRP-1: DHICA를 기질로 이용, DHICA의 제거 정도를 HPLC로 정량

③ TRP-2: DOPAchrome과 TRP-2효소액을 반응시킨 후, HPLC로 DHICA 정량

✲ Total melanin 정량

① B16 melanoma cell은 Earles Minimum Essential Medium(EMEM)에 10% fetal bovine serum을 첨가한 배지로 37℃, 5% CO2 조건에서 배양한다.
② 세포배양기에 confluent하게 세포가 배양되면 PBS로 세척하고 0.05% trypsin-EDT용액을 일정량 첨가하여 세포를 떼어낸 뒤 일정량의 배지를 가한후 1000 rpm 에서 5 분간 원심분리를 통해 상층액을 제거한다.
③ 얻어진 cell pellet에 배지를 첨가하여 충분히 현탁시킨 후 세포수를 측정한다.
④ 10 5 cells/ml의 농도로 세포를 배지에 희석하여 세포배양기에 배양한다.
⑤ 세포가 완전히 부착된 것을 확인한 뒤 시험물질을 첨가한 배지로 교환하여 3~4일간 배양한다.
⑥ 위 ②의 방법으로 세포 침전물을 얻은 후 세포수를 측정하여 시험물질을 첨가하지 않은 대조군과 세포수의 증감을 비교하여 시험물질의 세포에의 독성 정도를 측정하고, 같은수의 세포가 되도록(106 cells) cell pellet을 얻어 색깔을 육안으로 관찰한다.
⑦ 위 ②의 Cell pellet에 1 N NaOH 1 ml을 가한 후 가열하여 세포를 완전히 녹인 뒤 475 nm에서 흡광도를 측정한다.
⑧ 합성 멜라닌을 이용하여 얻은 검정선(standard curve)으로부터 멜라닌 양을 계산하고, 이를 단위세포당 멜라닌으로 나타낸다. 시험물질을 처리한지 않은 대조군과 비교하여 멜라닌 양의 증감을 나타낸다.

Neosynthesis of melanin: [14C]-DOPA를 기질로 이용, 일정시간 경과 후, label 된 melanin양을 측정 Eumelanin : KMnO4, Na2SO4로 분해 산물인 PTCA를 HPLC로 정량 Pheomelanin: H3PO2, HI로 분해 산물인 AHP를 HPLC로 정량

■ Melan-a세포를 이용한 미백효과 측정법

melan-a세포는 non-tumorigenic mouse melanocyte cell line으로써 C57BL 의 embryo로부터 유래한 세포이다. 정상 mouse melanocyte의 성질을 대부분 가지고 있으면서도 immortalization되어 있어 실험에 이용하기 적당하다.

① melan-a 세포의 배지조건은 다음과 같다.

- RPMI-1640, pH 7.0-7.1 Penicillin, 100,000 U/L Streptomycin sulphate, 100mg/L Glutamine 2mM Fetal bovine serum 10% TPA(12−O−tetradecanoylphorbol−13−acetate), 200nM

② 37℃ 5% CO2 조건 하에서 세포를 배양한다.

③ 24 well plate에 105 cell/well로 접종하고, 세포부착을 위해 24시간 배양한다.

- media 제거 − PBS로 씻어줌 − 0.05% trypsin−EDTA 처리(약 3 ml/75T flask) − 현미경으로 관찰하여 때가 되면 bottle을 쳐서 cell을 떼어냄 − media 적당량 가함 − 원심분리 1000 rpm, 7 min.
- 상등액 제거하고 적당량의 media를 가함 − cell counting − 각 well에 105cells이 되도록 세포를 넣는다.

④ 세포의 부착을 확인하고 시험물질을 처리한다.: 3일 동안 매일 처리, 시험물질은 적당한 용매에 최종처리농도의 100배로 만든다.

- media를 제거한다.
- 990㎕의 media를 각 well에 넣어준다.
- 농도별 시험물질 10㎕씩 넣는다.

⑤ 1일 배양

⑥ melanin 함량 측정 − media 제거 − PBS로 씻어줌 − 현미경으로 cell 관찰 − 1N NaOH 1ml씩 가한다.

- incubator에 넣거나 pipetting으로 melanin을 완전히 녹인다.
- 400 nm에서 흡광도 측정한다. 시험물질을 처리하지 않은 대조군과 비교하여 멜라닌 생성 저해율을 나타낸다.

% inhibition = [(A−B)/A] X 100

- A: 시험물질(inhibitor)을 첨가한 배지에서 배양한 세포의 흡광도
- B: 시험물질을 첨가하지 않은 조건에서 배양한 세포의 흡광도

4) 항산화

(1) 항산화의 정의

반응성 산소종(Reactive oxygen species, ROS)은 인체의 정상적인 생리적 조건 하에서, 세포 내 신호전달 및 세포 방어 기전에 중요한 역할을 하나 물리적, 화학적 영향으로 인해 이상이 발생할 경우 잠재적으로인체에 해로운 반응성 활성산소가 생성되어 방어기작으로 산화적 스트레스 가 나타나게 된다.

• OH, O2−, H2O2와 같은 활성산소(free radical)는 생물학적 세포호흡 대사의 장애, 산화−환원반응에 의해 발생하며, 패혈증, 쇼크(Shock), 급성 호흡곤란과 같은 중대한 질병이 ROS의 생성을 증가시킬 수 있고 산화 스트레스를 유도한다. 활성산소(Free radical)에 의한 산화적 손상은세포사멸, DNA 변형, 단백 성분의 손상, 생체막 지질의 과산화, 효소 불활성화를 발생시키며, 노화의 중요한 원인 인자라 알려져 있다.

정상적인 생체 내의 산화를 억제하는 효소와 물질로 이루어진 항산화 시스템을 가지고 있어 ROS를 방어하는데 도움이 된다. 활성산소가 인체에 미치는 악영향을 방지하기 위해 항산화제의 관심도가 높아지고 있다.

피부 측면에서의 활성산소에 의한 산화적 스트레스는 노화의 주요 원인

중 하나로 화장품의 항산화 성분에 의한 노화 방지 효과와 화장품원료 측면에서 산화방지제로 사용되어 안전성과 품질 유지를 위한 효과를 고려해 볼 수 있다.

화장품은 고도로 탈색, 탈취, 정제 공정을 거쳐 생산된 유지 및 왁스등을 포함한 지방 성분과 계면활성제, 색소, 향료 등이 원료로 사용이 되는데, 이들 중 불포화 지방산이 많이 포함되어 있는 오일류는 산패가 빠르게 진행된다.

산패에 의해 생성된 Carbonyl 화합물은 피부 자극하거나 접촉피부염의 원인이 되기도 하며 변색 · 변취와 같은 품질 저하의 원인이 될 수 있으므로 산화작용을 억제하는 산화방지제로서의 역할이 중요하다.

(2) 항산화능 측정

가. DPPH라디칼소거능

DPPH는 안정한 자유라디칼로 진한 보라색을 띠며, 수소 원자를 기부할 수 있 시료가 혼합되는 경우 보라색을 잃게 되는데, 이때시료의 항산화능이 강할수록 옅은 노란색이 나타난다. 520nm 흡광도에서 측정하여 항산화능을 평가할 수 있다.

① 에탄올(메탄올)로 용해시킨 0.2 mM DPPH용액 제조
② 항산화능을 보고자 하는 물질의 농도별로 1:1 비율로 DPPH용액 혼합
③ 실온에서 30분을 반응
④ UV/VIS spectrophotometer를 이용하여 517nm에서 흡광도 측정

Radical scavenging activity(%)
=[1-{(시료첨가군의흡광도-대조군의흡광도)/대조군의흡광도}] ×100

나. ABTS라디칼소거능

ABTS(2,2'-azino-bis-3-ethylbenzothiazoline-6-sulphonic acid) 방법은 potassium persulfate와 ABTS의 산화에 의해 라디칼을 형성시킨 후시료와 ABTS 라디칼이 반응하여 양이온 라디칼의 흡광도가 항산화제에 의해 감소되는 원리에 기초하여 라디칼의 소거능을 측정한다.

① ABTS를 7mM 농도로 증류수에 용해한 다음 2.45 mMpotassium persulfate를 가하여 1:1의 비율로 혼합하여 24시간 ABTS radical 형성
② 증류수를 이용하여 ABTS용액을 734nm에서 흡광도 값이 0.70이 되도록 희석
③ 항산화능을 보고자 하는 물질의 농도별 추출물과 ABTS용액 1:9비율로 첨가
④ 실온에서 20분을 반응
⑤ UV/VIS spectrophotometer를 이용하여 734nm에서 흡광도 측정

Radical scavenging activity(%)
= 1−(추출물 첨가구의 흡광도/추출물 무첨가구의 흡광도) ×100

다. 폴리페놀

폴리페놀(polyphenol)은 인체에 건강 측면에서 이익을 줄 수 있는 중요한 요소로, 과일, 야채, 견과류, 곡물 등 다양한 식물에 존재한다. 폴리페놀은 질병, 알러지, 암과 심장병을 막는 기능을 하며, 항산화와 연관이 있다고 알려져 있다

페놀성 물질의 정량 방법으로 Folin−Ciocalteu(F−C) 시약을 이용하는Folin−Denis 방법이 가장 널리 이용되고 있으며, F−C 시약의phosphomolybdic/phosphotungstic acid complex에 전자를 공여하여 청자색 환원물을 생성하게 된다.

이 방법은 간단하면서도 비교적 감도가 높다는 점에서 유용성이 있다.

① 추출물 50μl와 증류수 950μl, folin(folin−ciocalteu 시약) 500μl를 혼합
② 20% sodium carbonate 2.5ml를 넣어 40분간 실온에서 반응
③ UV/Visible spectrophotometer를 이용하여 725nm에서 흡광도를 측정

라. 비타민C 함량

① 건조시료 0.5 g에 증류수 10 ml 첨가 후, 4500 rpm에서 20분간 원심 분리하여 추출
② 추출물을 여과한 후, 여과액 200μl와 trichloroacetic acid 800μl를 혼합하여 3,000rpm에서 5분간 원심 분리
③ 상등액 50 μl, 증류수 1.5ml와 Folin 200 μl을 혼합하여 10분간상온에서 반응
④ UV/Visible spectrophotometer를 이용하여 760 nm에서 흡광도를 측정

chapter 04

바이오 향장품 소재 개발 특징

I 피부의 미백에 도움을 주는 기능성화장품 소재

1. 나이아신아마이드(Niacinamide, $C_6H_6N_2O$: 122.13)

이 원료를 건조한 것은 정량할 때 나이아신아마이드($C_6H_6N_2O$) 98.0% 이상을 함유한다.

성 상 이 원료는 백색의 결정 또는 결정성 가루로 냄새는 없다.

확인시험

1) 이 원료 5㎎에 2,4-디니트로클로로벤젠 10㎎을 섞어 5~6초간 가만히 가열하여 융해시키고 식힌 다음 수산화칼륨 · 에탄올시액 4mL를 넣을 때 액은 적색을 나타낸다.
2) 이 원료 1㎎에 pH 7.0의 인산염완충액 100mL를 넣어 녹이고 이 액 2mL에 브롬화시안시액 1mL를 넣어 80℃ 에서 7분간 가열하고 빨리 식힌 다음 수산화나트륨시액 5mL를 넣어 30분간 방치하고 자외선 하에서 관찰할 때 청색의 형광을 나타낸다.
3) 이 원료 20㎎에 수산화나트륨시액 5mL를 넣어 조심하여 끓일 때 나는 가스는 적색리트머스시험지를 청색으로 변화시킨다.
4) 이 원료 20㎎에 물을 넣어 녹이고 1L로 한다. 이 액은 파장 262± 2㎚에서 흡수극대를 나타내며 파장 245± 2㎚에서 흡수극소를 나타낸다. 여기서 얻은 극대파장에서의 흡광도를 A_1, 극소파장에서의 흡광도를 A_2 로 할 때 A_2/A_1은 0.63~0.67이다.

융 점 128℃~131℃ (제 1법)

순도시험

1) 액성: 이 원료의 수용액(1 → 10)은 중성이다.
2) 염화물: 이 원료 0.50g을 달아 시험한다. 비교액에는 0.01N 염산 0.30mL를 넣는다. (0.021% 이하)
3) 황산염: 이 원료 1.0g을 달아 시험한다. 비교액에는 0.01N 황산 0.40mL를 넣는다. (0.019% 이하)
4) 중금속: 이 원료 1.0g에 물 20mL를 넣어 녹인 다음 여기에 묽은 초산 2mL 및 물을 넣어 50mL로 하고 이것을 검액으로 하여 제 4법에 따라 시험한다. 비교액에는 납표준액 3.0mL를 넣는다. (30ppm 이하)
5) 황산에 대한 정색물: 이 원료 0.20g을 달아 시험한다. 액의 색은 색의 비교액 A보다 진하지 않다.

건조감량 0.5% 이하(1g, 105℃, 4시간)

강열잔분 0.1% 이하(3g, 제1법)

정 량 법

이 원료를 건조하고 약 0.3g을 정밀하게 달아 비수적정용빙초산 20mL를 넣어 필요하면 가온하여 녹이고 식힌 다음 벤젠 100mL를 넣고 0.1N 과염소산으로 적정한다.(지시약: 크리스탈바이올렛시액 2방울) 다만 적정의 종말점은 액의 자색이 청색을 거쳐 청록색으로 변할 때로 한다. 같은 방법으로 공시험을 하여 보정한다.

0.1N 과염소산 1mL = 12.213㎎ $C_6H_6N_2O$

2. 닥나무추출물(Broussonetia Extract)

이 원료는 닥나무 Broussonetia kazinoki 및 동속식물(뽕나무과 Moraceae)의 줄기 또는 뿌리를 에탄올 및 에칠 아세테이트로 추출하여 얻은 가루 또는 그 가루의 2w/v% 부틸렌글리콜 용액이다. 이 원료에 대하여 기능성 시험을 할 때 타이로시네이즈 억제율은 48.5~84.1% 이다.

제 법 이 원료는 닥나무 및 동속식물의 줄기 또는 뿌리에 약 2배 용량의 에탄올을 넣어 1~3주간 침적시키고 여과하여 얻은 여액에 이 액의 약 1%에 해당하는 활성탄을 넣어 잘 섞은 다음 여과한다. 이 여액을 취하여 농축하고 여기에 에칠아세테이트을 넣어 잘 흔들어 섞은 다음 에칠아세테이트 층을 취하여 감압 건고하여 얻은 가루 또는 이 가루를 부틸렌글리콜에 녹여 2w/v% 용액으로 한 것이다.

성 상 이 원료는 엷은 황색~황갈색의 점성이 있는 액 또는 황갈색~암갈색의 결정성 가루로 약간의 특이한 냄새가 있다.

확인시험 액의 경우에는 이 원료 2g에 부틸렌글리콜을 넣어 500mL로 한 액을 검액으로 한다. 가루의 경우에는 이 원료 1g에 부틸렌글리콜을 넣어 녹여 100mL로 한 액 1mL를 취하여 부틸렌글리콜을 넣어 100mL로 한 액을 검액으로 한다. 검액을 가지고 흡광도측정법에 따라 흡수스펙트럼을 측정할 때 파장 283±2nm에서 흡수극대를 나타낸다.

pH 2.7~4.7 (1 → 100)

순도시험

1) 중금속 이 원료 1.0g을 달아 제2법에 따라 조작하여 시험한다. 비교액에는 납표준액 2.0mL를 넣는다(20ppm 이하).
2) 비소 이 원료 1.0g을 달아 제3법에 따라 검액을 만들고 장치 C를 쓰는 방법에 따라 시험한다(2ppm 이하).

기능성시험

기능성시험 이 원료의 가루로서 50mg에 해당하는 양을 달아 에탄올을 넣어 녹여 100mL로 한 액 10mL을 취하여 에탄올을 넣어 100mL로 한 액을 검액으로 한다. 완충액[1] 500㎕에 기질액[2] 500㎕, 물 450㎕ 및 검액 50㎕를 넣어 섞고, 효소액[3] 50㎕를 넣어 흔들어 섞어 37℃에서 10분간 반응시키고 곧 얼음 중에 5분간 방치한 다음, 완충액 500㎕, 물 950㎕ 및 에탄올 50㎕를 넣어 검액과 같은 방법으로 조작하여 얻은 액을 대조액으로 하여 파장 475nm에서 흡광도 B를 측정한다. 따로 검액 대신 에탄올 50㎕을 가지고 검액과 같은 방법으로 조작하여 얻은 액을 공시험액으로 하여 그 흡광도 A를 측정하며, 효소액 대신 물 50㎕를 넣어 검액과 같은 방법으로 조작하여 얻은 액을 색보정액으로 하여 그 흡광도 C를 측정하고 다음 식에 따라 타이로시네이즈 억제율(%)을 구한다.

$$\text{카이로시네이즈억제율}(\%) = \frac{A-(B-C)}{A} \times 100$$

A: 공시험액에서 얻은 흡광도

B: 검액에서 얻은 흡광도

C: 색보정액에서 얻은 흡광도

※ 1) 완충액: 0.1M 인산이수소칼륨액을 pH 6.8이 되도록 2M 수산화나트륨액으로 조정한다.

2) 기질액: 타이로신 표준품 3mg에 물을 넣어 녹여 10mL로 한다.

3) 효소액: 머쉬룸타이로시네이즈(Mushroom Tyrosinase, 표준품)를 완충액에 녹여 2 units/㎕ 가 되도록 만든다.

3. 아스코빌글루코사이드(Ascobyl Glucoside)

이 원료는 정량할 때 아스코빌글루코사이드($C_{12}H_{18}O_{11}$: 338.27) 98.0% 이상을 함유한다.

성 상 이 원료는 백색~미황색의 가루 또는 결정성 가루이다.

확인시험

1) 이 원료의 수용액(1 → 50) 5 mL에 과망간산칼륨시액 1 방울을 떨어뜨릴 때 또는 2,6−디클로로페놀인도페놀나트륨시액 1~2 방울을 떨어뜨릴 때 각 시액의 색은 곧 없어진다.
2) 이 원료의 수용액(5 → 40) 2~3 방울을 끓는 페링시액 5 mL에 넣어 약 5분간 가열했을 때, 적색의 침전이 생긴다.
3) 이 원료를 건조하여 적외부흡수스펙트럼측정법의 1)브롬화칼륨정제법에 따라 측정할 때 3,300 cm^{-1}, 1,700 cm^{-1}, 1,110 cm^{-1}, 1,060 cm^{-1} 부근에서 특성흡수를 나타낸다.

융 점 158~163 ℃(제 1 법)

비선광도 $[\alpha]_D^{25}$: + 186.0~+188.0 °(건조 후 5 g, 물 100 mL, 100 mm)

순도시험

1) 용해상태: 이 원료 1.0 g을 물 50 mL에 녹일 때 액은 맑다.
2) 중금속: 이 원료 1.0 g을 달아 제2법에 따라 조작하여 시험한다. 비교액에는 납표준액 2.0 mL를 넣는다.(20 ppm 이하)
3) 비소: 이 원료 1.0 g을 달아 제 3 법에 따라 검액을 만들어 장치B를 이용하는 방법으로 시험한다(2 ppm이하).
4) 유리 아스코빅애씨드 및 유리 포도당: 이 원료 0.5 g을 정밀하게 달아 이동상에 넣어 녹여 정확하게 25 mL로 한 액을 가지고 검액으로 한다. 아스코빅애씨드 표준품 20 mg을 정밀하게 취하여 이동상을 넣어 녹여 정확하게 100 mL로 한 액을 아스코빅애씨드 표준원액으로 한다. 포도당 표준품 20 mg을

정밀하게 취하여 이동상을 넣어 녹여 정확하게 100 mL로 한 액을 포도당 표준원액으로 한다. 아스코빅애시드 및 포도당 표준원액 각각 10 mL씩을 취하여 이동상을 넣어 정확하게 100 mL로 하여 표준액으로 한다. 검액 및 표준액 각 10 μL씩을 가지고 아래 조작조건으로 액체크로마토그래피법에 따라 시험한다. 검액의 아스코빅애씨드 및 포도당 각각의 피크면적은 표준액의 아스코빅애씨드 및 포도당 각각의 피크면적보다 크지 않다. (유리 아스코빅애씨드 0.1 %이하, 유리 포도당 0.1 %이하)

건조감량 1.0 % 이하 (1 g, 105 ℃, 2시간)

강열잔분 0.2 % 이하 (1 g, 제 1 법)

정 량 법

이 원료 1.0 g을 정밀하게 달아 물 30 mL에 넣어 녹이고 0.2 N 수산화나트륨액으로 적정한다(지시약 : 페놀프탈레인시액 2 방울).

$$0.2\ \text{N 수산화나트륨액 } 1\ \text{mL} = 67.654\ \text{mg } C_{12}H_{18}O_{11}$$

4. 알부틴(Arbutin)

이 원료를 정량할 때 알부틴($C_{12}H_{16}O_7$: 272.25) 98.0% 이상을 함유한다.

성 상 이 원료는 백색~미황색의 가루로 약간의 특이한 냄새가 있다.

확인시험

1) 이 원료의 수용액(1 → 1000) 1 mL에 안트론시액 2 mL를 물로 식히면서 넣을 때 청록색을 띤다.
2) 이 원료를 가지고 적외부흡수스펙트럼측정법의 1) 브롬화칼륨정제법에 따라 측정할 때 파수 3,384 cm^{-1}, 3,290 cm^{-1}, 1,514 cm^{-1}, 1,222 cm^{-1} 및 1,080 cm −1 부근에서 흡수를 나타낸다.

3) 이 원료의 수용액(1 → 10,000)을 가지고 흡광도측정법에 따라 흡수스펙트럼을 측정할 때 파장 283±2 ㎚에서 흡수극대를 나타낸다.

융 점 198~201 ℃ (제1법)

비선광도 $[\alpha]^{25}_{D}$: −63.5~−65.5 °(3.0 g, 물, 100 mL, 100 ㎜)

순도시험

1) 중금속: 이 원료 1.0g을 달아 제1법에 따라 조작하여 시험한다. 비교액에는 납표준액 2.0 mL를 넣는다(20 ppm 이하).

2) 비소: 이 원료 1.0g을 달아 제1법에 따라 검액을 만들고 장치 B를 쓰는 방법에 따라 조작하여 시험한다(2 ppm 이하).

수 분 0.5 % 이하 (0.3 g)

강열잔분 0.5 % 이하 (1.0 g, 제1법)

정 량 법

이 원료 약 40 ㎎을 정밀하게 달아 이동상을 넣어 녹여 10 mL로 한 액을 가지고 검액으로 한다. 따로 알부틴 표준품을 데시케이터(감압, 실리카 겔)에서 12시간 건조한 다음 약 40 ㎎을 정밀하게 달아 검액과 같은 방법으로 조작하여 표준액으로 한다. 검액 및 표준액 20 ㎕를 가지고 다음 조건으로 액체크로마토그래프법에 따라 시험하여 검액 및 표준액의 알부틴 피크면적 A_T 및 A_S를 구한다.

$$\text{알부틴}(C_{12}H_{16}O_7)\text{의 양(mg)} = \text{알부틴 표준품의 양(mg)} \times \frac{A_T}{A_S}$$

5. 알파-비사보롤((-)-alpha-bisabolol)

이 원료는 칸데이아 나무 *Vanillosmopsis erythropoppa* Schult. Bip의 가지와 잎을 분별 증류하여 얻은 에센셜 오일이다. 이 원료는 정량할 때 알파-비사보롤($C_{15}H_{26}O$: 222.37) 97.0 % 이상을 함유한다.

제 법 칸데이아 나무 가지와 잎 100 kg을 감압하에서(0.4 mmHg, 100 ℃) 18시간 동안 증류하여 얻은 칸데이아 오일(Candeia oil) 1.1kg을 다시 감압하에서(0.1 mmHg) 온도별로 분별 증류하여 이 원료 825g을 얻는다.

성 상 이 원료는 무색의 오일 상으로 냄새는 없거나 특이한 냄새가 있다.

굴 절 률 n_D^{20} : 1.480~1.500

비 중 d_{25}^{25} : 0.900~0.950

비선광도 $[\alpha]_D^{20}$: −53°~−63°(메탄올)

확인시험

1) 이 원료 10㎎을 달아 메탄올 1mL에 녹인 액을 검액으로 한다. 따로 알파-비사보롤 표준품 10㎎을 달아 메탄올 1mL에 녹인 액을 표준액으로 한다. 검액 및 표준액 10μL씩을 박층크로마토그래프용실리카겔을 써서 만든 박층판(실리카겔 GF254)에 점적한다. 다음에 헥산 · 에칠아세테이트 혼합액(85 : 15)을 전개용매로 하여 전개시키고 실온에서 박층판을 말린 다음 황산 · 에탄올 · 아니스알데하이드 혼합액(10:90:10)에 넣은 다음 가열할 때 검액은 표준액과 같은 Rf값에서 같은 색상의 반점을 나타낸다.
2) 정량법의 검액에서 얻은 주피크의 유지시간은 표준액에서 얻은 주피크의 유지시간과 같다.

강열잔분 0.1 % 이하 (1.0 g, 제 1법)

건조감량 0.1 % 이하 (1.0 g, 감압, 오산화인, 24시간)

순도시험

1) 중금속: 이 원료 1.0g을 달아 제1법에 따라 조작하여 시험한다. 다만, 비교액에는 납 표준액 1.0mL를 넣는다. (10ppm 이하)
2) 비소: 이 원료 0.5g을 달아 제3법에 따라 검액을 만들고 장치 A를 쓰는 방법에 따라 시험한다.(4ppm 이하).
3) 기타: 유연물질 이 원료 약 200㎎을 정밀하게 달아 메탄올을 넣어 녹여 100mL로 한 액을 검액으로 한다. 따로, 검액 2.8mL을 정확하게 취해 메탄올을 넣어 녹여 100mL로 한 액을 표준액으로 한다. 검액 및 표준액 10μL씩을 가지고 정량법 조작조건으로 액체크로마토그래프법에 따라 시험할 때 검액 중 용매 피크와 주 피크를 제외한 개별 유연물질의 피크 면적합은 표준액의 피크면적보다 크지 않다. (2.8 % 이하) 다만, 측정범위는 20분으로 한다.

정 량 법

이 원료 약 50㎎을 정밀하게 달아 메탄올을 넣어 녹여 100 mL로 한 액을 검액으로 한다. 따로, 알파-비사보롤 표준품 약 50㎎을 정밀하게 달아 메탄올을 넣어 녹여 100mL로 하여 표준액으로 한다. 검액 및 표준액 10μL씩을 가지고 다음 조작조건으로 액체크로마토그래피법에 따라 시험하여 알파-비사보롤의 피크면적 A_T 및 A_S를 구한다.

$$\text{알파-비사보롤}(C_{15}H_{26}O : 222.37)\text{의 양(mg)} = \text{알파-비사보롤 표준품의 양(mg)} \times \frac{A_T}{A_S}$$

6. 유용성감초추출물(Oil Soluble Licorice(Glycyrrhiza) Extract)

이 원료는 감초 *Glycyrrhiza glabra* L. var. *glandulifera* Regel et Herder, *Glycyrrhiza uralensis* Fisher 또는 그 밖의 근연식물(*Leguminosae*)의 뿌리를 무수 에탄올로 추출

하여 얻은 추출물을 다시 에칠 아세테이트로 추출한 다음 추출액을 감압농축하여 건조한 유용성 추출물을 가루로 한 것이다. 이 원료는 정량할 때 글라브리딘($C_{20}H_{20}O_4$: 324.38) 35.0% 이상을 함유한다.

성 상 이 원료는 황갈색~적갈색의 가루로 감초 특유의 냄새가 있다.

확인시험

1) 이 원료 0.2g에 에탄올 20mL를 넣어 녹이고 리본상마그네슘 0.1g 및 염산 0.5mL를 넣어 방치할 때 액은 자색을 띤 등적색을 나타낸다.
2) 이 원료 10mg에 에탄올 1mL 및 1N 수산화나트륨시액 2mL를 넣어 녹인 액을 가지고 흡광도측정법에 따라 흡수스펙트럼을 측정할 때 파장 344nm 부근에서 흡수극대를 나타낸다.

순도시험

1) 용해상태: 이 원료 1.0g을 피마자유 100mL에 넣어 녹일 때 액은 맑다.
2) 중금속: 이 원료 1.0g을 달아 제 2 법에 따라 조작하여 시험한다. 비교액에는 납표준액 2.0mL를 넣는다(20ppm 이하).
3) 비소: 이 원료 1.0g을 달아 제 3 법에 따라 검액을 만들어 장치 B를 쓰는 방법에 따라 시험한다(2ppm 이하)

건조감량 5.0% 이하(1.0g, 105℃, 1시간)

강열잔분 0.5% 이하(1.0g, 제 2 법)

에탄올가용분

에탄올가용분 95.0% 이상 이 원료 약 1.0g을 정밀하게 달아 50mL 삼각플라스크에 넣고 에탄올 35mL를 넣어 가끔 흔들어 섞으면서 실온에서 5시간 침출한 다음 여과지로 여과한다. 플라스크 및 잔류물을 에탄올 15mL로 씻어주고 여액 및 씻은 액을 합하여 수욕상에서 증발 건고하고 105℃에서 4시간 건조한 다음 무게를 정밀하게 단다. 다음 시산식으로 에탄올 가용분을 구한다.

$$\text{에탄올가용분(\%)} = \frac{\text{에탄올가용분의 중량(mg)}}{\text{이 원료의 채취량(mg)} \times \left(1 - \dfrac{\text{건조감량(\%)}}{100}\right)} \times 100$$

정 량 법

이 원료 약 25㎎을 정밀하게 달아 에탄올을 넣어 녹여 50mL로 하고 이 액 10mL를 정확하게 취하여 에탄올을 넣어 정확하게 50mL로 한 액을 검액으로 한다. 따로 글라브리딘 표준품 약 10㎎을 정밀하게 달아 에탄올을 넣어 녹여 50mL로 하고 이 액 10mL를 정확하게 취하여 에탄올을 넣어 50mL로 한 액을 표준액으로 한다. 검액 및 표준액 20㎕를 가지고 다음의 조건으로 액체크로마토그래프법에 따라 시험하여 글라브리딘의 피크면적 A_T 및 A_S를 측정한다.

$$\text{글라브리딘}(C_{20}H_{20}O_4)\text{의 양(mg)} = \text{글라브리딘 표준품의 양(mg)} \times \frac{A_T}{A_S}$$

II 피부의 주름개선에 도움을 주는 기능성화장품 소재

1. 레티놀(Retinol)

이 원료는 레티놀 또는 레티놀을 각종 유지에 녹이거나 다당류, 단백질 등을 포함하는 각종 고분자물질로 안정화시킨 것 또는 이들의 혼합물에 안정도, 제조용이성 등을 향상시키기 위해 희석제, 안정제, 점증제 등 기타 원료를 첨가하여 얻은 것이다. 이 원료는 정량할 때 표시된 레티놀($C_{20}H_{30}O$: 286.46) 함량(IU 또는 %)의 90.0 % 이상을 함유한다.

성 상 이 원료는 엷은 황색~엷은 주황색의 가루 또는 점성이 있는 액 또는 겔상의 물질로 냄새는 없거나 특이한 냄새가 있다.

확인시험 이 원료를 클로로포름에 녹여 표시단위에 따라 1 mL 중 30 비타민A 단위를 함유하는 액을 만들고 이 액 1 mL를 취하여 삼염화안티몬시액 3 mL를 넣을 때 액은 곧 청색이 되나 이 색은 빨리 탈색된다.

순도시험

1) 유연물질: 이 원료는 비타민A 정량법의 제1법으로 측정할 수 있는 조건에 적합하거나 또는 제2법으로 정량할 때 F 의 값이 0.85이상이다.
2) 산: 이 원료 1.2 g에 중화 에탄올 · 에텔 혼합액(1:1) 30 mL를 넣고 환류 냉각기를 달아 10 분간 가만히 끓여 녹이고 식힌 다음 페놀프탈레인시액 5 방울 및 0.1 N 수산화나트륨액 0.60mL를 넣을 때 액은 적색이다.
3) 변패성물질: 이 원료를 가온할 때 패유성의 냄새가 나지 않는다.

정 량 법

이 원료의 표시량에 따라 레티놀 25,000 IU에 해당하는 양을 달아 메탄올 80 mL를 넣어 잘 섞은 다음 메탄올을 넣어 100 mL로 한 액 10 mL를 정확하게 취하여 메탄올을 넣어 100 mL로 하고 필요하면 여과하여 검액으로 한다. 다만, 수용성물질에 포집된 레티놀의 경우에는 이 원료의 표시량에 따라 레티놀 약 2,500 IU에 해당하는 양을 정밀하게 달아 물 20 mL를 넣어 흔들어 섞고 35 ℃에서 30 분간 초음파로 분산시킨 다음 흔들어 섞으면서 메탄올을 넣어 100 mL로 한다. 이 액을 다시 20 분간 교반하고 10 분간 초음파로 분산시킨 다음 필요하면 여과하여 검액으로 한다. 따로 레티놀 표준품 약 25,000 IU에 해당하는 양을 정밀하게 달아 메탄올에 넣어 녹여 100 mL로 한 액 10 mL를 정확하게 취하여 메탄올을 넣어 100 mL로 한 액을 표준액으로 한다. 검액 및 표준액 10 ㎕씩을 가지고 아래 조작조건으로 액체크로마토그래프법에 따라 시험하여 검액 및 표준액의 레티놀 피크면적 A_T 및 A_S를 구한다.

$$\text{레티놀}(C_{20}H_{30}O)\text{의 양(IU)} = \text{레티놀 표준품의 양(IU)} \times \frac{A_T}{A_S}$$

2. 아데노신(Adenosine)

이 원료를 정량할 때 아데노신($C_{10}H_{13}N_5O_4$: 267.24) 99.0% 이상을 함유한다.

성 상 이 원료는 무색 결정 또는 결정성 가루로 냄새는 없다.

확인시험

1) 이 원료를 인산염완충액(pH 7.0)으로 용해하여 최종 농도를 10㎍/mL로 하고 파장 250㎚, 260㎚ 및 280㎚에서 흡광도를 측정하여 각각 A1, A2 및 A3로 할 때 A1/A2는 0.79±0.02, A3/A2는 0.15±0.01이다.

2) 여지크로마토그래프법에 따라 이소부틸산 · 암모니아수 · 물(66:1:33)을 전개용매로 하여 20℃에서 24시간 하강시킬 때 R_f 값은 약 0.76이다.

3) 박층크로마토그래프법에 따라 실리카겔 GF254를 사용하여 박층판을 만들고 이소프로판올 · 클로로포름 · 10% 피페라진액 혼합액(60: 20: 20)을 전개용매로 하여 전개시키고 실온에서 건조시킨 다음 자외선을 쪼여 아데노신 표준액의 반점과 비교 확인한다.

4) 이 원료의 수용액(1 → 1000) 5mL에 염화제이철용액과 0.1% 오르시놀을 함유하는 염산용액 5mL를 넣어 수욕 상에서 가온하면 곧 녹색이 나타나고 서서히 청색으로 변한다.

융 점 234~235℃ (제1법)

비선광도 $[\alpha]_D^{20}$: −58~−62°(0.706g, 물, 100mL, 100㎜)

순도시험

1) 중금속: 이 원료 1.0g에 묽은초산 2mL 및 물을 넣어 50mL로 한 액을 가지고 시험한다. 비교액에는 납표준액 1.0mL를 넣는다(10ppm 이하).

2) 아데닌: 이 원료 0.1g을 물 5mL로 녹인 액을 검액으로 한다. 따로 아데닌 표준품 0.1g을 물 5mL에 녹인 액을 표준액으로 한다. 검액 및 표준액 20㎕를 박층크로마토그래프용 셀룰로오스 GF254 또는 실리카 겔 GF254을 써서 만든 박층판에 점적하고 1M 탄산수소나트륨액을 전개용매로 하여 전개한 다음

박층판에 자외선을 쪼일 때 검액에서 아데닌의 반점이 나타나지 않는다.

건조감량 1.0% 이하 (1g, 105℃, 항량)

강열잔분 0.1% 이하 (0.1g)

정 량 법

이 원료를 건조하여 그 약 0.1g을 정밀하게 달아 인산염완충액(pH 7.0)으로 녹여 정확하게 100mL로 한다. 이 액 1mL에 인산염완충액(pH 7.0)을 넣어 정확하게 100mL로 한 액을 검액으로 한다. 따로 아데노신 표준품 약 0.1g을 정밀하게 달아 인산염완충액(pH 7.0)을 넣어 정확하게 100mL로 한다. 이 액 1mL에 인산염완충액(pH 7.0)을 넣어 정확하게 100mL로 한 액을 표준액으로 한다. 검액 및 표준액을 가지고 인산염완충액(pH 7.0)을 대조로 하여 파장 260nm 부근에서 흡광도 A_T 및 A_S를 측정한다.

$$\text{아데노신}(C_{10}H_{13}N_5O_4)\text{의 양(mg)} = \text{아데노신 표준품의 양(mg)} \times \frac{A_T}{A_S}$$

III 자외선으로부터 피부 보호에 도움을 주는 기능성화장품 소재

1. 디에칠아미노하이드록시벤조일헥실 벤조에이트 (Diethylamino Hydroxybenzoyl Hexyl Benzoate)

이 원료는 정량할 때 디에칠아미노하이드록시벤조일헥실 벤조에이트 ($C_{24}H_{31}NO_4$:397.52) 99.0% 이상을 함유한다.

성 상 이 원료는 백색~옅은 황색의 과립상 가루로 가온하면 황색의 액이 되며, 약간의 특이한 냄새가 있다. 이 원료는 에탄올에 녹고 물에 거의 녹지 않는다.

확인시험 이 원료 약 30㎎을 정밀하게 달아 에탄올을 넣어 녹여 100mL로 한 다음 이 액 2mL를 정확하게 취하여 에탄올을 넣어 정확하게 100mL로 한 액을 검액으로 한다. 검액을 가지고 에탄올을 대조로 하여 흡광도측정법에 따라 흡수스펙트럼을 측정할 때 파장 354 ± 2㎚에서 흡수 극대를 나타낸다.

비흡광도 확인시험에서 얻은 검액을 가지고 에탄올을 대조로 하여 파장 354㎚에서 흡광도측정법에 따라 시험할 때 비흡광도($E^{1\%}_{1cm}$)는 910~940이다.

순도시험

1) 톨루엔 및 n-헥산올: 이 원료 2.0g을 정확하게 달아 아세톤을 넣어 녹여 정확하게 20mL로 한 액을 검액으로 한다. 따로 톨루엔(C_7H_8 : 92.14) 표준품 약 1.000g 및 n-헥산올($C_6H_{14}O$: 102.18) 표준품 2.000g을 정확하게 달아 각각에 아세톤을 넣어 정확하게 100mL로 한 액 0.1mL를 정확하게 취하여 아세톤을 넣어 정확하게 100mL로 한 액을 각각의 표준액으로 한다. 검액 및 표준액 1μL씩을 가지고 다음의 조건으로 기체크로마토그래프법에 따라 시험할 때 검액에서의 톨루엔 및 n-헥산올의 피크면적은 표준액에서의 각각의 피크면적보다 크지 않다(톨루엔 100ppm 이하, n-헥산올 200ppm 이하)
2) 무수프탈산, 3-디에칠아미노페놀 및 디헥실프탈레이트: 이 원료 2.0g을 정확하게 달아 아세톤을 넣어 녹여 정확하게 20mL로 한 액을 검액으로 한다. 따로 무수프탈산($C_8H_4O_3$: 148.12) 표준품, 3-디에칠아미노페놀($C_{10}H_{15}NO$: 165.24) 표준품 및 디헥실프탈레이트($C_{20}H_{30}O_4$: 334.46) 표준품 각각 0.50g씩을 정확하게 달아 아세톤을 넣어 녹여 정확하게 100mL로 한 액 1.0mL씩을 정확하게 취하여 아세톤을 넣어 정확하게 100mL로 한 액을 각각의 표준액으로 한다. 검액 및 표준액 1μL씩을 가지고 정량법의 조작조건으로 기체크로마토그래프법에 따라 시험할 때 검액에서의 무수프탈산, 3-디에칠아미

노페놀 및 디헥실프탈레이트의 피크면적은 표준액에서의 각각의 피크면적보다 크지 않다. (무수프탈산, 3-디에칠아미노페놀 및 디헥실프탈레이트 각각 0.05 % 이하)

3) 기타유연물질: 정량법에 따라 시험하여 얻은 크로마토그램에서 용매피크를 제외한 피크면적을 100으로 하여, 검체 중의 무수프탈산, 3-디에칠아미노페놀, 디헥실프탈레이트 및 디에칠아미노하이드록시벤조일헥실 벤조에이트 피크 이외의 피크 합계면적(%)을 구한다. (0.3 % 이하).

4) 중금속: 이 원료 2.0g을 달아 제2법에 따라 조작하여 시험한다. 비교액에는 납표준액 2.0mL를 넣는다(10ppm 이하).

건조감량 1.0 % 이하 (1 g, 105 ℃, 3 시간)

강열잔분 0.1 % 이하 (5 g, 500 ℃, 3 시간)

정 량 법

이 원료 약 2g을 정밀하게 달아 아세톤을 넣어 녹여 20 mL로 한 액을 검액으로 한다. 검액 1μL를 가지고 다음의 조건으로 기체크로마토그래프법의 면적백분율법에 따라 시험하여 용매 피크를 제외한 피크 면적을 100으로 하고 이에 대한 디에칠아미노하이드록시벤조일헥실 벤조에이트($C_{24}H_{31}NO_4$: 397.52)의 피크면적비로부터 함량(%)을 구한다.

2. 메칠렌비스-벤조트리아졸릴테트라메칠부틸페놀 (Methylene Bis-Benzotriazolyl Tetramethylbutylphenol)

이 원료를 건조한 것은 정량할 때 메칠렌비스벤조트리아졸릴테트라메칠부틸페놀($C_{41}H_{50}N_6O_2$: 658.86) 98.5% 이상 함유한다.

성 상 이 원료는 엷은 황색의 가루로 약간의 특이한 냄새가 있다.

확인시험

1) 이 원료를 가지고 적외부흡수스펙트럼측정법의 1)브롬화칼륨정제법에 따라

측정할 때 표준품과 같은 스펙트럼을 나타낸다.

2) 정량법의 검액에서 얻은 주피크의 유지시간은 표준액에서 얻은 주피크의 유지시간과 같다.

순도시험

1) 납: 이 원료 1.0g을 정밀하게 달아 300mL 플라스크에 넣고 황산 5mL 및 질산 10mL를 넣고 흰 연기가 발생할 때 가열한다. 식힌 다음 질산 5mL씩을 추가하고 흰 연기가 발생할 때까지 가열하여 내용물이 무색~엷은 황색이 될 때까지 이 조작을 반복한다. 분해가 끝나면 포화수산화암모늄용액 5mL를 넣고 다시 가열하여 질산을 제거한다. 분해물을 50mL 용량플라스크에 옮기고 물 적당량으로 분해플라스크를 씻어 넣고 물을 넣어 전체량을 50mL로 한다. 이것을 검액으로 한다. 비교액에는 납표준액 1.0mL를 넣는다.(10 ppm 이하)

2) 비소: 이 원료 1.0g을 취하여 제3법에 따라 검액을 만들고 장치 B를 쓰는 방법에 따라 조작하여 시험한다. (2ppm 이하)

건조감량 0.1% 이하 (3.0 g, 105 ℃, 2시간)

산불용성회분

이 원료 약 2.5g을 정밀하게 달아 항량이 되도록 미리 처리한 사기나 석영제 도가니에 취한 다음 황산을 넣어 완전히 녹인다. 검체가 탄화될 때까지 가열하여 대부분의 황산을 휘발시킨 다음, 800℃에서 회화시킨다. 도가니를 식힌 후 잔류물에 황산 1~2방울을 넣어 다시 녹인다. 이 황산을 다시 휘발시킨 후 800℃에서 1시간 동안 회화시킨다. 도가니를 데시케이터 안에서 식힌 다음 그 무게를 잰다(0.1% 이하).

$$강열잔분(\%) = \frac{W_2 - W_1}{W} \times 100$$

W : 검체 취한 양 (g)

W_1 : 항량이 되도록 한 도가니 무게 (g)

W_2 : 검체를 회화시킨 후 최종 무게 (g)

정 량 법

이 원료 약 20㎎을 정밀하게 달아 테트라히드로푸란을 넣어 녹여 정확하게 100mL로 하고 필요하면 여과하여 검액으로 한다. 따로 메칠렌비스벤조트리아졸릴테트라메칠부틸페놀 표준품 약 20㎎을 정밀하게 달아 테트라히드로푸란을 넣어 녹여 정확히 100 mL로 한 액을 표준액으로 한다. 검액 및 표준액 10μL씩을 가지고 다음 조건으로 액체크로마토그래프법에 따라 시험하여 메칠렌비스벤조트리아졸릴테트라메칠부틸페놀의 피크면적 A_T 및 A_S를 측정한다.

$$\text{메칠렌비스벤조트리아졸릴테트라메칠부틸페놀}(C_{41}H_{50}N_6O_2)\text{의 양(mg)} = \times \frac{A_T}{A_S}$$

3. 벤조페논-3(Benzophenone-3)

이 원료를 건조한 것은 정량할 때 벤존페논-3(C14H12O3:228.25) 90.0% 이상을 함유한다.

성 상 이 원료는 엷은 황색의 결정성 가루로 냄새는 없다.

확인시험 이 원료 0.1 g에 에탄올 100mL를 넣어 녹이고 이 액 1mL를 취하여 에탄올을 넣어 100mL로 한 액을 검액으로 한다. 검액을 가지고 흡광도측정법에 따라 측정할 때 파장 242±4㎚, 288±4㎚ 및 325±4㎚에서 흡수극대를 나타내고 파장 265±4㎚ 및 310±4㎚에서 흡수극소를 나타낸다.

융 점 60~66℃(제 1 법)

순도시험 용해상태: 이 원료 1.0g에 무수에탄올 20mL를 넣어 녹일 때 액은 맑다.

건조감량 0.50% 이하(1 g, 실리카 겔, 24시간)

강열잔분 0.1% 이하(3 g, 제 1 법)

정 량 법

이 원료 약 10㎎을 정밀하게 달아 에탄올에 녹여 100mL로 하고 이 액 5mL를 취하여 에탄올을 넣어 100mL로 한 액을 검액으로 한다. 검액을 가지고 흡광도측정법에 따라 층장 10㎜, 파장 288㎚ 부근의 흡수극대파장에서 흡광도 A를 측정한다.

$$벤존페논-3(C_{14}H_{12}O_3)의\ 양(mg) = \frac{A}{649} \times 20000$$

4. 징크옥사이드(Zinc Oxide)

이 원료를 강열한 것은 정량할 때 징크옥사이드(ZnO:81.38) 99.5 % 이상을 함유한다.

성 상 이 원료는 백색의 결정 또는 무정형의 매우 미세한 가루로 냄새 및 맛은 없다.

확인시험

1) 이 원료를 강열할 때 황색으로 되고 이것을 식힐 때 이 색이 없어진다.
2) 이 원료의 묽은염산용액(1 → 10)은 아연염의 정성반응을 나타낸다.

순도시험

1) 물가용물: 0.1 % 이하
2) 탄산염 및 용해상태: 이 원료 2.0g에 물 10mL를 넣어 흔들어 섞고 묽은황산 30mL를 넣어 수욕상에서 저어 섞으면서 가열할 때 거의 거품이 일어나지 않는다. 또 액은 무색이며 맑다.
3) 알칼리: 이 원료 1.0 g에 온탕 10 mL를 넣어 흔들어 섞고 식힌 다음 여과하고 여액에 페놀프탈레인시액 2 방울을 넣을 때 액은 홍색을 나타내지 않는다. 또는 홍색을 나타내더라도 0.1N 염산 0.3 mL를 넣을 때 그 색은 없어진

다.

4) 황산염: 이 원료 0.5 g에 물 40 mL를 넣어 흔들어 섞은 다음 여과한다. 여액 20 mL를 취하여 묽은염산 1 mL 및 물을 넣어 50 mL로 하여 검액으로 한다. 비교액에는 0.01 N 황산 0.5 mL를 넣는다(0.096 % 이하).

5) 철 또는 기타금속: 2)의 액 2.0 mL를 취하여 이것을 검액으로 하여 시험한다. 비교액에는 철표준액 2.0 mL를 넣는다(0.02 % 이하). 또 2)의 액 5 mL에 황산나트륨시액 1방울을 넣을 때 액과 침전은 착색하지 않는다.

6) 납: 이 원료 1.0 g에 물 30 mL를 넣어 저어 섞으면서 질산 10 mL를 넣고 수욕상에서 가열하여 녹이고 식힌 다음 물을 넣어 50 mL로 한다. 이 액 20 mL를 취하여 검액으로 한다(40 ppm 이하). 다만 구연산암모늄용액 5 mL 및 시안화칼륨용액 20 mL를 넣는다.

7) 비소: 이 원료 1.0 g에 묽은황산 10 mL를 넣어 녹여 검액으로 하여 장치 C를 쓰는 방법에 따라 조작하여 시험한다(2 ppm 이하).

건조감량 1.0 % 이하(2 g, 500 ℃, 항량)

정 량 법

이 원료를 500 ℃에서 항량이 될 때까지 강열하고 데시케이터(실리카 겔)에서 식힌 다음 약 1.5 g을 정밀하게 달아 물 50 mL 및 희석시킨 염산(1 → 2) 20 mL를 넣어 가열하여 녹인다. 불용물이 남아 있으면 질산 3 방울을 넣어 완전히 녹이고 식힌 다음 물을 넣어 250 mL로 한다. 이 액 25 mL를 취하여 pH 5.0 초산 · 초산암모늄완충액 10 mL를 넣고, 희석시킨 강암모니아수(1 → 2)로 pH를 5.0~5.5로 조정한 다음 물을 넣어 250 mL로 하고 0.05 M 에칠렌디아민테트라초산디나트륨액으로 액이 황색으로 될 때까지 적정한다(지시약:크실레놀오렌지시액 0.5 mL).

0.05 M 에칠렌디아민테트라초산디나트륨액 1 mL = 4.069 ㎎ ZnO

5. 테레프탈릴리덴디캠퍼설포닉애씨드액(33%) (Terephthalylidene Dicamphor Sulfonic Acid Solution(33%))

이 원료는 테레프탈알데하이드에 DL-캠퍼설포닉애씨드 2몰을 첨가하여 얻어진 벤질리덴캄퍼 유도체의 수용액이다. 이 원료는 정량할 때 테레프탈릴리덴디캠퍼설포닉애씨드(C28H34O8S2:562.71)32.6~35.1%를 함유한다.

성 상 이 원료는 엷은 황색의 액으로 약간의 특이한 냄새가 있다.

확인시험

1) 이 원료 0.1 g에 물 100 mL를 넣어 녹인다. 이 액 0.5 mL를 취하여 물을 넣어 100 mL로 한 액을 가지고 흡광도를 측정할 때 파장 342~346 ㎚에서 흡수극대를 나타낸다.
2) 건조한 이 원료를 가지고 적외부흡수스펙트럼측정법의 1)브롬화칼륨정제법에 따라 측정할 때 3400 cm^{-1}, 2950cm^{-1}, 2920cm^{-1}, 1720cm^{-1}, 1635cm^{-1}, 1140cm^{-1}, 1040cm^{-1} 부근에서 흡수를 나타낸다.

pH 0.9~1.0 (1 → 3)

산 가 65~70 (이 원료 0.7 g을 정밀하게 달아 물에 녹여 70 mL로 하여 검액으로 한다, 제1법)

순 도

1) 용해상태: 이 원료 1.0 g에 물 또는 에탄올 1 mL를 넣어 섞을 때 액은 맑다.
2) 염화물: 이 원료 1 g을 물에 녹여 100 mL로 한 다음 이 액 25 mL를 취하여 네슬러관에 넣고 묽은 질산 6 mL 및 물을 넣어 50 mL로 하여 흔들어 섞는다. 질산은시액 1 mL를 넣고 잘 흔들어 섞어 5분간 방치할 때 액은 비교액보다 혼탁하지 않다. 비교액은 0.01 mol/L 염산 70 mL를 써서 같은 방법으로 조작한다. (0.1 % 이하)
3) 중금속: 이 원료 3.0 g을 달아 제2법에 따라 조작하여 시험한다. 비교액에는 납표준액 2.0 mL를 넣는다.(20 ppm이하)

4) 비소: 이 원료 3.0 g을 달아 제 3법에 따라 검액을 만들고 장치 B를 쓰는 방법에 따라 조작하여 시험한다.(2 ppm 이하)

5) 유연물질: 이 원료 0.1 g을 정확하게 취하여 물을 넣어 50 mL로 하여 검액으로 한다. 따로 4−(7,7−디메칠−3−옥소−4−설포메칠−비사이클로[2,2,1] 헵토−2−일리덴메칠)−벤조익애씨드 표준품 0.1 g을 정밀하게 달아 물을 넣어 100 mL로 한다(용액A). 소듐 [3−(4 히드록시메칠−벤질리덴)−7,7−디메칠−2−옥소−비사이클로[2,2,1] 헵토−1−일]−메탄설포네이트 표준품 0.15 g을 정밀하게 달아 물에 녹여 100 mL로 한다(용액B). 캄파설포닉애씨드 표준품 0.15 g을 정밀하게 달아 아세토니트릴을 넣어 100 mL로 한다(용액C). 용액 A, B 및 C를 각각 5 mL씩을 정확하게 취하여 잘 섞고 물을 넣어 50 mL로 한다. 이 액 1, 2, 4 mL를 정확하게 취하여 각각에 이동상을 넣어 50 mL로 하여 표준액으로 한다. 검액 및 표준액 20 μL씩을 가지고 다음 조건으로 액체크로마토그래프법에 따라 시험하여 유연물질 각각의 피크면적을 구한다. 표준액의 검량선에서 검액 중 유연물질의 양을 계산할 때 4−(7,7−디메칠−3−옥소−4−설포메칠−비사이클로[2,2,1]헵토−2−일리덴메칠)−벤조익애씨드는 0.4 % 이하, [3−(4 히드록시메칠−벤질리덴)−7,7−디메칠−2−옥소−비사이클로[2,2,1] 헵토−1−일]−메탄설포네이트는 0.5 % 이하, 캄파설포닉애씨드는 0.6 % 이하이어야 한다.

$$\text{각 유연물질의 양 (\%)} = \frac{50 \times C}{m \times 10^4} \times \frac{k}{100} \times \frac{5 \times C \times k}{m \times 10^5}$$

C : 검량선에서 구한 각 유연물질의 농도 (μg/ mL)

m : 검체의 취한 양(g)

k : 유연물질의 순도(%) (단, 표준품1과 표준품3의 k는 100 %로 계산한다.

강열잔분 항량이 될 때까지 강열한 후 데시케이터(실리카 겔)속에서 방냉한 다음 그 무게를 정밀하게 단 도가니에 이 원료 약 2.0 g을 정밀하게 달아 넣고 묽은 황산 2 mL를 넣는다. 천천히 가열하여 가능한 저온에서 거의 회화시킨 다음 완전히 회화할 때까지 천천히 강열한다(800 ℃). 이것을 데시케이터(실리카 겔)속에서 식힌 다음 그 무게를 정밀하게 단다. (0.1 % 이하)

정 량 법

이 원료 1 g을 정밀하게 달아 물 50 mL를 넣어 녹이고 0.1 mol/L 수산화칼륨액으로 적정한다(지시약: 페놀프탈레인시액 1 mL). 같은 방법으로 공시험하여 보정한다.

0.1 mol/L 수산화칼륨용액 1 mL = 28.1355 ㎎ $C_{28}H_{34}O_8S_2$

6. 티타늄디옥사이드(Titanium Dioxide)

이 원료를 건조한 것은 정량할 때 티타늄디옥사이드(TiO_2:79.88) 90.0 % 이상을 함유한다.

성 상 이 원료는 백색의 미세한 가루로 냄새 및 맛은 없다.

확인시험 이 원료 0.5 g에 황산 5 mL를 넣고 흰 연기가 날 때까지 가열하여 식힌 다음 조심하면서 물을 넣어 100 mL로 하고 여과한다. 여액 5 mL에 과산화수소시액 3 방울을 넣을 때 액은 황적색을 나타낸다.

순도시험

1) 액성: 이 원료 1.0 g에 물 10 mL를 넣어 흔들어 섞고 여과한 액은 중성이다.
2) 물가용물: 이 원료 4.0 g에 물 50 mL를 넣고 잘 흔들어 섞어 12 시간 방치한다. 여기에 염화암모늄시액 2 mL를 넣고 잘 흔들어 섞는다. 티타늄디옥사이드가 완전히 가라앉지 않을 때는 다시 염화암모늄시액 2 mL를 넣어 티타늄디옥사이드를 가라앉힌 다음 물을 넣어 정확하게 200 mL로 하여 잘 흔들

어 섞고 이중여과지를 써서 여과한다. 처음 여액 10 mL는 버리고 맑은 여액 100 mL를 취하여 수욕 상에서 증발 건고한 다음 항량이 될 때까지 강열한다(5 ㎎ 이하).

3) 납: 이 원료 1.0 g을 달아 희석시킨 질산(1 → 2) 20 mL를 넣고 30 분간 저어 섞은 다음 이중여과지를 써서 여과한다. 여액에 희석시킨 질산(1 → 2)을 넣어 정확하게 50 mL로 한다. 이 액 20 mL를 취하여 암모니아시액을 넣어 알칼리성으로 한 다음 수욕 상에서 증발 건고한다. 여기에 희석시킨 질산(1 → 2) 10 mL를 넣어 10 분간 가온하고 식힌 다음 이중여과지를 써서 여과한다. 잔류물을 희석시킨 질산(1 → 2) 5 mL 및 열탕 15 mL로 씻고 씻은 액을 여액에 합한다. 이것을 검액으로 하여 시험한다(50 ppm 이하).

4) 비소: 이 원료 0.20 g에 황산 1 mL 및 질산 1 mL를 넣고 흰 연기가 날 때까지 가열한다. 식힌 다음 조심하면서 물을 넣어 5 mL로 하고 이것을 검액으로 하여 장치 C를 쓰는 방법에 따라 조작하여 시험한다(10 ppm 이하).

건조감량 2.5 % 이하(1 g, 105 ℃, 3 시간)

정 량 법

이 원료를 건조하고 약 0.2 g을 정밀하게 달아 도가니에 넣고 피로황산칼륨 3g을 넣고 뚜껑을 하여 처음에는 약하게 다음에는 천천히 온도를 높여 내용물이 융해된 상태로 30분간 가열하고 다시 융해물이 진한 황적색의 거의 맑은 액이 될 정도로 고온으로 30분간 가열한다. 식힌 다음 도가니의 내용물을 250 mL의 비커에 옮기고 다시 물 75 mL 및 황산 2.5 mL의 혼합액으로 씻어 넣고 수욕 상에서 거의 맑게 될 때까지 가열한다. 여기에 주석산 2 g을 넣어 녹인 후 브롬치몰블루시액 2~3방울을 넣고 암모니아시액으로 중화한다. 이 액에 희석시킨 황산(1 → 2) 1~2 mL를 넣어 산성으로 하고 황화수소를 충분히 통한다. 다음에 암모니아시액 30 mL를 넣고 다시 황화수소를 통하여 포화시킨 다음 10분간 방치하여 여과한다. 여과지 위의 침전을 황화암모늄시액 2.5 mL를 함유하는 주석산암모늄용액(1 → 100) 25 mL씩으로 10회 씻는다. 씻을 때에는 여과지를 액으로 가득 채워 황산제일철의 산화를 방지한다. 여액 및 씻은 액을 합하여 희석시킨 황산(1 → 2) 40 mL를 넣어 끓여 황화수소를 없앤다. 식힌 다음 물을 넣어 400 mL로 한다. 여기에 쿠페론시액 40 mL를 저어 섞으면서 천천히 넣고 방치하여 황색의 침전이 침착한 다음 다시 백색의 침전이 생길 때까지 쿠페론시액을 넣는다. 침전을 정량용여과지로 약하게 흡인여과하고 희석시킨 염산(1 → 10)로 20회 씻고 마지막으로 약간 강하게 흡인하여 수분을 제거한다. 침전을 여과지와 함께 70 ℃에서 건조하고, 무게를 미리 단 도가니에 넣는다. 처음에는 아주 약하게 가열하고 연기가 나지 않으면 세게 강열하여 900~950 ℃에서 항량이 될 때까지 강열하고 식힌 다음 무게를 달아 티타늄디옥사이드(TiO2)의 양으로 한다.

Ⅳ 모발의 색상 변화에 도움을 주는 기능성화장품 소재

1. 강암모니아수(Strong Ammonia Solution)

이 원료는 정량할 때 암모니아(NH_3 : 17.03) 28.0~30.0 %를 포함한다.

성 상 이 원료는 무색의 액으로, 특이한 강한 자극성의 냄새가 있다.

확인시험

1) 이 원료는 강알칼리성이다.
2) 이 원료에 염산으로 적신 유리봉을 가까이 댈 때 진한 흰 연기가 발생한다.

순도시험

1) 철: 이 원료 22.2 mL를 증발건고하고, 잔류물에 묽은염산 5 mL를 가해 녹여, 이것을 검액으로 한다. 따로 철표준액 2.0 mL를 취하여, 검체를 제외하고는 검액과 동일하게 처리하여 비교액으로 한다. 검액과 비교액 각각에 묽은 질

산 5 mL 및 물을 넣어 45 mL 로 하고, 각각에 치오시안산암모늄시액 5 mL 씩을 넣어 흔들어 섞고 5 분간 방치한 다음 비색할 때 검액이 나타내는 색은 비교액이 나타내는 색보다 진하지 않다.(1 ppm 이하)

2) 중금속: 이 원료 5.6 mL를 수욕상에서 증발건고하고, 묽은염산 1 mL를 가해 다시 증발건고 한 후, 묽은초산 2 mL를 가해 녹이고 물을 가해 50 mL로 하여, 이것을 검액으로 한다. 따로 납표준액 2.0 mL를 취하여 검체를 제외하고는 검액과 같은 조작을 하여 비교액으로 한다. 검액 및 비교액에 황화나트륨시액 1 방울씩을 넣어 흔들어 섞고 5 분간 방치한 다음 각 관을 백색을 배경으로 하여 위 또는 옆에서 관찰하여 액의 색을 비교할 때 검액의 색은 비교액의 색보다 진하지 않다.(5 ppm 이하)

3) 과망간산칼륨 환원성물질: 이 원료 3.0 mL에 물 5 mL 및 묽은황산 40 mL를 냉각하면서 가하고 다시 과망간산칼륨시액 0.10 mL를 가해 5 분간 끓일 때, 액의 홍색은 10 분 이내에 사라지지 않는다.

증발잔류물

이 원료 10 mL를 미리 무게를 단 증발접시에 달아 수욕상에서 증발건고하고, 잔류물을 105 ℃에서 1 시간 건조한 후 데시케이터(실리카겔)에서 방냉할 때, 그 양은 1 mg 이하이다.(0.01 w/v % 이하)

정 량 법

이 원료 약 2 g을 정밀하게 달아, 물 25 mL를 가해 0.5 mo1/L 황산으로 적정한다(지시약 : 메칠레드시액 2 방울).

$$0.5\ \text{mol/L 황산 } 1\ \text{mL} = 17.031\ \text{mg } NH_3$$

저 장 법 기밀용기

2. 과붕산나트륨일수화물(Sodium Perborate, Monohydrate)

이 원료는 정량할 때 과붕산나트륨($NaBO_3$ · H2O) 90.0 % 이상을 함유한다.

성 상 이 원료는 흰색의 결정성입자 또는 가루로서 냄새는 없다.

확인시험

1) 이 원료의 수용액(1 → 50) 5 mL에 페놀프탈레인시액 1방울을 넣을 때 액은 홍색을 나타낸다.
2) 이 원료의 수용액(1 → 50)은 나트륨염의 정성반응 1) 을 나타낸다.
3) 이 원료의 수용액(1 → 50)은 붕산염의 정성반응 2) 를 나타낸다.
4) 이 원료의 수용액(1 → 50)은 과산화물의 정성반응을 나타낸다.

순도시험

1) 용해상태: 이 원료 1.0 g을 물 20 mL에 넣어 끓일 때 거의 맑다.
2) 황산염: 이 원료 1.0 g을 달아 물 20 mL에 넣어 끓인다. 식히고 희석시킨 염산(2 → 3)으로 중화한 다음, 희석시킨 염산(2 → 3) 0.5 mL를 넣어, 10 분간 얼음으로 식힌 다음, 여과하여 잔류물을 찬물로 씻는다. 여액과 씻은 액을 합하여 100 mL로 하여 이것을 검액으로 한다. 검액 4 mL를 취하여 물을 넣어 20 mL로 하고, 염화바륨시액 2 mL를 넣고, 1 시간 방치한 다음 혼탁을 비교한다. 다만, 비교액은 중화에 필요한 희석시킨 염산(2 → 3)의 3/5 량을 취하여 수욕상에서 증발건고한 다음 0.005 mol/L 황산 1.68 mL 및 희석시킨 염산(2 → 3)0.3 mL를 넣고, 다시 물을 넣어 20 mL로 하고, 이하 검액과 같은 방법으로 조작하여 시험한다.(1.5 % 이하)
3) 염화물: 이 원료 1.0 g을 달아 물 20 mL에 넣어 끓인다. 식히고 희석시킨 질산(1 → 3)으로 중화한 다음, 물을 넣어 100 mL로 하여 이것을 검액으로 한다. 검액 10 mL를 취하여 물을 넣어 20 mL로 하고, 희석시킨 질산(1 → 3) 2 mL, 전분시액(1 → 50) 0.2 mL 및 질산은시액 1 mL를 넣어, 15 분 방치한 다음 혼탁을 비교한다. 다만, 비교액은 중화에 필요한 희석시킨 질산(1 → 3)

의 1/5 량을 취하여, 수욕상에서 증발건고한 다음, 0.01 mol/L 염산 1.4 mL 를 넣고, 다시 물을 넣어 20 mL로 한다. 이하 검액과 같은 방법으로 조작하여 시험한다.(0.5 % 이하)

4) 과산화나트륨 및 붕사 이 원료 2.0 g을 물 100 mL에 넣고 메칠오렌지시액 2 방울을 넣고, 1 mol/L 염산으로 적정한다. 그 소비량은 17.0~22.0 mL 이다. 같은 방법으로 공시험하여 보정한다.

5) 중금속: 이 원료 1.0 g을 물 10 mL 및 묽은염산 5 mL에 넣어 녹이고, 수욕상에서 흔들어 섞으면서 증발건고 한다. 잔류물에 물 25 mL를 넣어 녹이고 페놀프탈레인시액 1 방울을 넣은 다음 액이 엷은 홍색을 나타낼 때 까지 암모니아시액을 넣는다. 다음에 묽은초산 2 mL 및 물을 넣어 50 mL로 하고, 이것을 검액으로 한다. 다만 비교액에는 납표준액 2.0 mL를 넣는다.(20 ppm 이하)

정 량 법

이 원료 약 0.1 g을 정밀하게 달아 물 50 mL에 넣어 녹인 다음 묽은황산 10 mL를 넣어 0.02 mol/L 과망간산칼륨액으로 적정한다. 같은 방법으로 공시험하여 보정한다.

$$0.02\ \text{mol/L 과망간산칼륨액 } 1\ \text{mL} = 4.991\ \text{mg } NaBO_3 \cdot H2O$$

저 장 법 기밀용기

3. 과산화수소수 35%(Hydrogen Peroxide Solution 35 %)

이 원료는 과산화수소수의 수용액으로 적당한 안정제를 함유한다. 이 원료는 정량할 때 과산화수소(H2O2:34.01) 34.5~35.5 %를 함유한다.

성 상 이 원료는 맑은 무색의 액으로 냄새가 없거나 오존과 같은 냄새가 있다.

확인시험 이 원료 1 mL는 과산화물의 정성반응을 나타낸다.

pH 2.0~3.7

비 중 d_{20}^{20}:1.132~1.137(제 1 법)

순도시험

1) 산: 이 원료 30.0 g을 취하여 새로 끓여 식힌 물 150 mL 및 메칠레드시액 2방울을 넣고 0.1 mol/L 수산화나트륨액 0.6 mL를 넣을 때 액은 황색을 나타낸다.

2) 중금속: 이 원료 5.0 g을 물 20 mL 및 암모니아시액 2 mL에 넣고 수욕상에서 증발건고하고 잔류물에 묽은 초산 2 mL를 넣어 가열하여 녹이고 물을 넣어 50 mL로 한다. 이것을 검액으로 하여 시험한다. 비교액에는 납표준액 2.5 mL를 넣는다. 검액 및 비교액에 황화나트륨시액 1 방울씩을 넣어 흔들어 섞고 5 분간 방치한 다음 각 관을 백색을 배경으로 하여 위 또는 옆에서 관찰하여 액의 색을 비교한다. 검액이 나타내는 색은 비교액이 나타내는 색보다 진하지 않다.(5 ppm 이하)

3) 비소: 이 원료 1.0 g을 암모니아시액 1 mL에 넣고 수욕상에서 증발건고하고 잔류물에 물 10 mL를 넣어 녹여 이것을 검액으로 하여 시험한다(2 ppm 이하).

4) 유기안정제: 이 원료 100 g을 취하여 에테르 · 클로로포름혼합액(2:3) 각 50 mL, 25 mL 및 25 mL를 써서 추출하고 모든 추출액을 합하여 미리 질량을 단 용기에 넣고 수욕에서 가열하여 에텔 및 클로로포름을 날려 보내고 잔류물을 데시케이터(실리카겔)에서 항량이 될 때까지 건조한다(50 mg 이하).

5) 증발잔류물: 이 원료 20.0 g을 수욕상에서 증발건고하여 잔류물을 105 ℃에서 1 시간 건조한다(20 mg 이하).

정 량 법

이 원료 약 1 g을 정밀하게 달아 물에 넣어 정확하게 100 mL로 한다. 이 액 10 mL를 취하여 묽은황산 10 mL를 넣고 0.02 mol/L 과망간산칼륨액으로 적정한다.

다만, 적정의 종말점은 액의 홍색이 30 초간 지속할 때로 한다. 같은 방법으로 공시험하여 보정한다.

$$0.02\ mol/L\ 과망간산칼륨액\ 1\ mL = 1.7007\ mg\ H_2O_2$$

저 장 법 차광한 기밀용기에 넣어 30℃ 이하에 보존한다.

4. 과탄산나트륨(Sodium Percarbonate)

이 원료는 탄산나트륨의 과산화수소 부가화합물로 정량할 때 과탄산나트륨($Na_2CO_3 \cdot 1.5H_2O_2$) 80.0~92.0 %를 함유한다.

성 상 이 원료는 흰색의 결정성 알갱이 또는 가루로서 냄새는 없다.

확인시험

1) 이 원료의 수용액(1 → 50) 5 mL에 페놀프탈레인시액 1방울을 넣을 때 액은 홍색을 나타낸다.
2) 이 원료의 수용액(1 → 50)은 탄산염의 정성반응 2)를 나타낸다.
3) 이 원료의 수용액(1 → 50)은 나트륨염의 정성반응 1)을 나타낸다.
4) 이 원료의 수용액(1 → 50)은 과산화물의 정성반응을 나타낸다.

pH 이 원료 3.0 g을 물 100 mL에 넣어 녹인 액의 pH는 10.0~11.0이다.

순도시험

1) 용해상태: 이 원료 1.0 g을 물 20 mL에 넣어 끓일 때 액은 거의 맑다.
2) 염화물: 이 원료 1.0 g을 달아 물 20 mL에 넣어 끓여 식히고 희석시킨 질산(1 → 3)으로 중화한 다음 물을 넣어 100 mL로 하여 검액으로 한다. 이 액 1 mL를 취하여 물에 넣어 20 mL로 하고 희석시킨 질산(1 → 3) 2 mL, 전분시액(1 → 50) 0.2 mL 및 질산은시액 1 mL를 넣어 15 분간 방치한 다음 혼탁을 비교한다. 비교액은 중화에 필요한 희석시킨 질산(1 → 3)의 1/5 량을

취하여 수욕상에서 증발건고한 다음, 0.01 mol/L 염산 1.12 mL를 넣고 다시 물을 넣어 20 mL로 한다. 이하 검액과 같은 방법으로 시험한다(4.0 % 이하).

3) 황산염: 이 원료 1.0 g을 달아 물 20 mL에 넣어 끓여 식히고 희석시킨 염산(2 → 3) 0.5 mL를 넣어 10 분간 얼음으로 식힌 다음, 여과하고 잔류물을 찬 물로 씻고, 여액과 씻은 액을 합하여 100 mL로 하여 검액으로 한다. 이 액 4 mL를 취하여 물에 넣어 20 mL로 하고, 염화바륨시액 2 mL를 넣어 1 시간 방치한 다음 혼탁을 비교한다. 비교액은 중화에 필요한 희석시킨 염산(2 → 3)의 3/5 량을 취하여 수욕상에서 증발건고한 다음 0.005 mol/L 황산 1.26 mL 및 희석시킨 염산(2 → 3) 0.3 mL를 넣고 다시 물을 넣어 20 mL로 한다. 이하 검액과 같은 방법으로 시험한다(1.5 % 이하).

4) 중금속: 이 원료 1.0 g을 물 30 mL에 넣어 녹이고, 수욕상에서 10 분간 가열한다. 식힌 다음 희석시킨 염산(2 → 3) 2 mL를 넣어 수욕상에서 증발건고하고 잔류물에 물 30 mL를 넣어 녹여 여과한다. 용기와 여과지를 약 50 ℃의 물로 씻고, 이 씻은 액을 여액에 넣고 페놀프탈레인시액 1 방울을 넣어 액이 엷은 홍색을 나타낼 때까지 암모니아시액을 넣는다. 다음에 묽은초산 2 mL 및 물을 넣어 50 mL로 하여 검액으로 한다. 비교액에는 납표준액 2.0 mL를 넣는다(20 ppm 이하).

5) 과산화나트륨: 이 원료 2.0 g을 물 100 mL에 넣고, 메칠오렌지시액 2 방울을 넣고 1 mol/L 염산으로 적정한다. 그 소비량은 20.0~26.0 mL이다. 같은 방법으로 공시험하여 보정한다.

6) 비소: 이 원료 1.0 g을 물 30 mL에 넣어 녹이고, 수욕상에서 10 분간 가열하고, 거의 증발건고한 다음 물을 넣어 10 mL로 하여 검액으로 하여 시험한다(2 ppm 이하)

정 량 법

이 원료 약 1 g을 정밀하게 달아 물에 넣어 250.0 mL로 한다. 이 액 25 mL에 물 50 mL 및 묽은황산 20 mL를 넣어 0.02 mol/L 과망간산칼륨액으로 적정한다. 같은 방법으로 공시험하여 보정한다.

0.02 mol/L 과망간산칼륨액 1 mL = 5.234 mg $Na_2CO_3 \cdot 1.5H_2O_2$

저 장 법 기밀용기

5. 과황산나트륨(Sodium Persulfate)

이 원료는 정량할 때 과황산나트륨(Na2S2O8) 98.0 % 이상을 함유한다.

성 상 이 원료는 흰색~엷은 황색의 결정성 가루이다.

확인시험

1) 희석시킨 황산(1 → 20) 5 mL에 황산망간용액(1 → 100) 2~3 방울을 넣고 이에 질산은시액 1 방울 및 이 원료 0.2 g을 넣어 가온할 때 액은 홍색을 나타낸다.
2) 이 원료의 수용액(1 → 30)은 나트륨염의 정성반응 1)을 나타낸다.

순도시험

1) 용해상태: 이 원료는 1.0 g을 물 30 mL에 넣고 가열하여 녹일 때 액은 거의 맑다.
2) 염화물: 이 원료는 1.0 g을 백금도가니에 달아 무수탄산나트륨 1 g을 넣어 섞고 천천히 가열한 다음 강열한다. 식힌 다음 물 30 mL를 넣어 녹이고 페놀프탈레인시액 1 방울을 넣고 액의 홍색이 없어질 때까지 묽은질산을 넣는다. 다시 묽은질산 10 mL 및 물을 넣어 50 mL로 하고 이것을 검액으로 하여 시험한다. 비교액에는 0.01 mol/L 염산 0.25 mL를 넣는다(0.009 % 이하).
3) 중금속: 이 원료는 1.0 g을 온탕 30 mL 및 염산 3 mL에 넣고 수욕상에서 약 5 mL가 될 때까지 증발 농축한다. 식힌 다음 물 10 mL를 넣고 페놀프탈레인시액 1 방울을 넣어 액이 약간의 홍색이 나타날 때까지 암모니아시액을 넣는다. 여기에 묽은초산 2 mL 및 물을 넣어 50 mL로 하고 이것을 검액으로 하

여 시험한다. 비교액에는 납표준액 2.0 mL를 넣는다(20 ppm 이하).

정 량 법

이 원료는 약 2 g을 정밀하게 달아 물에 넣어 녹여 250.0 mL로 한다. 이 액 50.0 mL를 취하여 0.1 mol/L 황산제일철암모늄액 50 mL를 넣고 다시 인산 5 mL를 넣은 다음 과량의 황산제일철암모늄을 0.02 mol/L 과망간산칼륨액으로 적정한다. 같은 방법으로 공시험을 한다.

0.1 mol/L 황산제일철암모늄액 1 mL = 11.905 mg $Na_2S_2O_8$

저 장 법 기밀용기

6. 과황산암모늄(Ammonium Persulfate)

이 원료는 정량할 때 과황산암모늄((NH4)2S2O8) 98.0 % 이상을 함유한다.

성 상 이 원료는 황색을 띤 흰색의 결정성 가루로 약간의 특이한 냄새가 있다.

확인시험

1) 이 원료 1 g을 과량의 수산화나트륨시액에 넣어 가온하면 암모니아냄새가 나며 이 가스는 물에 적신 적색리트머스시험지를 청색으로 변화시킨다.
2) 묽은황산 5 mL에 황산망간용액(1 → 100) 2~3방울을 넣고 이에 질산은시액 1 방울 및 이 원료 0.2 g을 넣어 가온할 때 액은 홍색을 나타낸다.

순도시험

1) 용해상태: 이 원료 1.0 g을 물 10 mL에 넣어 녹일 때 액은 무색이며 거의 맑다.
2) 중금속: 이 원료 1.0 g을 처음에 천천히 가열하고 계속하여 흰 연기가 나지 않을 때까지 약하게 가열하여 잔류물에 염산 1 mL 및 질산 5 방울을 넣고 수욕상에서 증발건고하고 잔류물에 묽은염산 5 mL를 넣어 다시 수욕상에서 증발건고한다. 잔류물에 묽은초산 2 mL 및 물 약 20 mL를 넣어 녹이고 다시

물을 넣어 50 mL로 한다. 이것을 검액으로 하여 시험한다. 비교액에는 납표준액 2.0 mL를 넣는다(20 ppm 이하).

3) 철: 이 원료 2.0 g을 달아 황산 5 방울을 넣어 적시고 천천히 가열하여 저온에서 거의 회화 또는 휘산시킨 다음 다시 황산으로 적시고 완전히 회화한다. 식힌 다음 잔류물에 염산 0.5 mL를 넣고 수욕상에서 증발건고하여 잔류물에 묽은염산 3 방울을 넣어 가온하고 물 25 mL를 넣어 녹인다. 이것을 검액으로 하여 시험한다. 비교액에는 철표준액 1.0 mL를 넣는다(5 ppm 이하).

4) 비소: 이 원료 0.5 g을 물 5 mL에 넣어 황산 1 mL 및 아황산 10 mL를 넣어 약 2 mL가 될 때까지 증발농축한 다음 물을 넣어 10 mL로 한다. 이 액을 검액으로 하여 시험한다. 비소표준액은 1.5 mL를 넣는다(3 ppm 이하).

강열잔분 0.05 % 이하(1 g, 800 ℃, 항량)

정 량 법

이 원료 약 0.5 g을 정밀하게 달아 물 50 mL에 넣어 녹이고 0.2 mol/L 황산제일철암모늄액 25 mL를 넣고 마개를 하여 흔들어 섞은 다음 인산 5 mL를 넣은 다음 과량의 황산제일철암모늄액을 0.04 mol/L 과망간산칼륨액으로 적정한다. 같은 방법으로 공시험을 하여 보정한다.

0.2 mol/L 황산제일철암모늄액 1 mL = 22.82 mg$(NH_4)_2S_2O_8$

저 장 법 기밀용기

7. α-나프톨 (α-Naphthol)

이 원료를 건조한 것은 정량할 때 α-나프톨($C_{10}H_8O$) 95.0 % 이상을 함유한다.

성 상 이 원료는 흰색, 엷은 갈색, 엷은 회적자색 또는 엷은 회자색의 결정성가루 또는 결정성덩어리로서 특이한 냄새가 있다.

확인시험

1) 이 원료의 수용액(0.1 → 1000) 10 mL를 넣을 때 액은 흰색~엷은 갈색의 혼탁을 생성하고 방치하면 자갈색~갈색의 침전이 생긴다.
2) 이 원료 및 α−나프톨 표준품 각각 10 mg을 이소프로판올 · 물 · 강암모니아수(9:3:1) 혼합액 1 mL에 녹인 다음 각각에 아황산수소나트륨 0.1 g을 넣고 흔들어 섞어 검액 및 표준액으로 한다. 이들 액을 가지고 박층크로마토그래프법에 따라 시험한다. 검액 및 표준액 1 μL씩을 박층판위에 점적하고, 헥산 · 아세톤 · 클로로포름혼합액(2:1:1)을 전개용매로 하여 전개한 다음 박층판을 바람에 말린다. 여기에 발색제로 인몰리브덴산시액을 뿌릴 때 검액 및 표준액에서 얻은 반점의 R_f 값은 같고 단일 청색~자색의 반점을 나타낸다.
3) 이 원료의 수용액(0.1 → 1000) 10 mL에 황산제이세륨암모늄용액(1 → 100) 1 mL를 넣을 때 액은 백탁하고, 이어 엷은 자색~자색으로 변한다.
4) 이 원료 25 mg을 물에 넣어 녹여 100 mL로 한다. 이 액 10 mL를 취하여 물을 넣어 100 mL로 하여 이 액을 가지고 자외가시부흡광도측정법에 따라 흡수스펙트럼을 측정할 때 파장 291 ~295 nm에서 흡수극대를 나타낸다.

융 점 92~97 ℃(제 1 법)

순도시험

1) 용해상태: 이 원료 0.5 g을 에탄올 10 mL에 넣어 녹일 때 액은 무색, 엷은 갈색 또는 엷은 자색이고 거의 맑다.
2) 중금속: 이 원료 1.0 g을 황산 5 mL 및 질산 20 mL에 넣어 가만히 가열한다. 때때로 질산 2~3 mL씩을 추가하여 액이 무색~엷은 황색이 될 때까지 가열한다. 식힌 다음 물 10 mL 및 페놀프탈레인시액 1방울을 넣어 액이 거의 홍색을 나타낼 때까지 암모니아시액을 넣는다. 다음에 묽은초산 2 mL를 넣고 필요하면 여과하고, 잔류물을 물 10 mL로 씻어 씻은 액은 여액과 합하고 물을 넣어 50 mL로 한다. 이것을 검액으로 하여 시험한다. 비교액에는 납표준액 2.0 mL를 넣는다(20 ppm 이하).

3) 철: 이 원료 0.5 g을 달아 황산 5 방울을 넣어 적시고 천천히 가열하여 저온에서 거의 회화 또는 휘산시킨 다음 다시 황산을 넣어 적시고 완전히 회화시킨다. 식히고 잔류물에 염산 0.5 mL를 넣어 수욕상에서 증발건고한 다음 묽은염산 3 방울을 넣어 가온하고 물 25 mL를 넣어 녹인다. 이것을 검액으로 하여 시험한다. 비교액에는 철 표준액 2.0 mL를 넣는다(40 ppm 이하).

4) 비소: 이 원료 1.0 g을 황산 5 mL 및 질산 20 mL에 넣어 가만히 가열한다. 때때로 질산 2~3 mL씩을 추가하여 액이 무색~엷은 황색이 될 때까지 가열한다. 식힌 다음 포화수산암모늄용액 15 mL를 넣고 흰 연기가 날 때까지 가열한다. 식힌 다음 물을 넣어 10 mL로 한다. 이것을 검액으로 하여 시험한다(2 ppm 이하).

건조감량 1.0 % 이하(1 g, 실리카겔, 4 시간)

강열잔분 0.3 % 이하(3 g)

정 량 법

이 원료를 건조하여 그 약 0.2 g을 정밀하게 달아 물 100 mL에 넣어 가온하여 녹인 다음 물을 넣어 정확하게 200 mL로 한다. 이 액 20 mL를 정확하게 취하여 요오드병에 넣고 0.1 mol/L 브롬액 25 mL를 정확하게 넣은 다음 염산 5 mL를 넣고 마개를 하고 차광하여 30 분간 때때로 흔들어 섞으면서 방치한다. 요오드화칼륨용액(1 → 10) 20 mL를 넣어 흔들어 섞은 다음 클로로포름 1 mL를 넣고 흔들어 섞어 유리된 요오드를 0.1 mol/L 치오황산나트륨액으로 적정한다(지시약: 전분시액 1 mL). 같은 방법으로 공시험을 하여 보정한다.

0.1 mol/L 치오황산나트륨액 1 mL = 2.4028 mg $C_{10}H_8O$

저 장 법 기밀용기

8. 2, 6-디아미노피리딘(2,6-Diaminopyridine)

이 원료를 건조한 것은 정량할 때 2,6-디아미노피리딘($C_5H_7N_3$) 93.0 % 이상을 함유한다.

성 상 이 원료는 갈색~흑색의 결정성 가루로 약간 특이한 냄새가 있다.

확인시험

1) 이 원료의 에탄올용액(1 → 1000) 10 mL에 염화제이철시액 · 페리시안화칼륨시액혼합액(1:1) 1 방울을 넣을 때 액은 바로 진한 청색~진한 청록색을 나타내며 혼탁하다.
2) 이 원료 50 mg을 에탄올에 넣어 녹여 100 mL로 한다. 이 액 5 mL를 취하여 에탄올을 넣어 500 mL로 한다. 이 액을 가지고 자외가시부흡광도측정법에 따라 흡수스펙트럼을 측정할 때 파장 309 ± 2 nm 및 245 ± 2 nm 에서 흡수극대를 나타낸다.
3) 이 원료 및 염산 *m*-페닐렌디아민 표준품 각 10 mg을 이소프로판올 · 물 · 강암모니아수(9:3:1) 혼합액 1 mL에 넣어 녹인 다음 각각에 아황산수소나트륨 0.1 g을 넣어 흔들어 섞어 검액 및 표준액으로 한다. 검액 및 표준액 1 μL씩을 박층판에 점적하고 초산에칠 · 메탄올 · 물혼합액(50:10:8)을 전개용매로 하여 박층크로마토그래프법에 따라 시험한다. 발색제로 *p*-디메칠아미노벤즈알데히드 · 묽은염산용액(1 → 200)을 뿌릴 때 염산 *m*-페닐렌디아민 표준품에 대하여 Rs값 0.7 부근에서 등색의 반점을 나타낸다.

융 점 109~122 ℃(제 1 법)

순도시험

1) 용해상태: 이 원료 0.1 g을 묽은초산(18 → 100) 100 mL에 넣어 녹일 때 액은 어두운 황녹갈색이고 맑다.
2) 철: 이 원료 1.0 g을 달아 황산 5 방울을 넣어 적시고 천천히 가열하여 저온에서 거의 회화 또는 휘산시킨 다음 다시 황산을 넣어 적시고 완전히 회화

시킨다. 식힌 다음 잔류물에 염산 0.5 mL를 넣어 수욕상에서 증발건고한다. 잔류물에 묽은염산 3 방울을 넣고 가온하고 물 25 mL를 넣어 녹인다. 이것을 검액으로 하여 시험한다. 비교액에는 철표준액 2.0 mL를 넣는다(20 ppm 이하).

3) 중금속: 이 원료 1.0 g을 황산 5 mL 및 질산 20 mL에 넣고 가만히 가열한다. 때때로 질산 2~3 mL씩을 추가하여 액이 무색~엷은 황색이 될 때까지 가열하고 식힌 다음 물 10 mL 및 페놀프탈레인시액 1 방울을 넣고 암모니아시액을 액이 엷은 적색이 될 때까지 천천히 넣고 묽은초산 2 mL를 넣고 필요하면 여과한다. 잔류물을 물 10 mL로 씻고 여액과 씻은 액을 네슬러관에 넣어 물을 넣어 50 mL로 하여 검액으로 하여 시험한다. 단, 비교액에는 납표준액 1.0 mL를 넣는다(10 ppm 이하).

4) 비소: 이 원료 1.0 g을 황산 2 mL 및 질산 5 mL에 넣어 가만히 가열한다. 때때로 질산 2~3 mL씩을 추가하여 액이 무색~엷은 황색이 될 때까지 가열한다. 식힌 다음 포화수산암모늄용액 15 mL를 넣고 흰 연기가 발생할 때까지 가열하고 식힌 다음 물을 넣어 10 mL로 한다. 이것을 검액으로 하여 시험한다(2 ppm 이하).

건조감량 2.0 % 이하(2 g, 실리카겔, 4 시간)

강열잔분 1.5 % 이하(1 g)

정 량 법

이 원료를 건조하고 약 60 mg을 정밀하게 달아 질소정량법 제 2 법에 따라 시험한다.

$$0.05 \text{ mol/L 황산 } 1 \text{ mL} = 3.6377 \text{ mg } C_5H_7N_3$$

저 장 법 기밀용기

9. 1,5-디히드록시나프탈렌(1,5-Dihydoxynaphthalene)

성 상 이 원료는 엷은 갈색 또는 회갈색의 가루로서 약간 특이한 냄새가 있다.

확인시험

1) 이 원료의 에탄올용액(1 → 1000) 10 mL에 염화제이철시액 3 방울을 넣을 때 액은 녹갈색을 나타낸다.
2) 이 원료 20 mg을 에탄올 100 mL에 넣어 녹이고, 이 액 10 mL를 취하여 에탄올에 넣어 100 mL로 한다. 이 액을 가지고 자외가시부흡광도측정법에 따라 흡수스펙트럼을 측정할 때 파장 331 ± 2 nm, 317 ± 2 nm 및 299 ± 2 nm에서 흡수극대를 나타낸다.
3) 이 원료 및 *a*-나프톨 표준품 각 10 mg을 이소프로판올 · 물 · 강암모니아수(9:3:1) 혼합액 1 mL에 넣어 녹인 다음 각각에 아황산수소나트륨 0.1 g을 넣어 흔들어 섞어 검액 및 표준액으로 한다. 검액 및 표준액 1 μL씩을 박층판에 점적하고 헥산 · 아세톤 · 클로로포름혼합액(2:1:1)을 전개 용매로 하여 박층크로마토그래프법에 따라 시험한다. 발색제로 인몰리브덴산시액을 뿌릴 때 *a*-나프톨 표준품에 대하여 Rs 값 0.6 부근에서 회청색~청색의 반점을 나타낸다.

융 점 257~261 ℃(제 1 법)

순도시험

1) 용해상태: 이 원료 0.1 g을 에탄올 10 mL에 넣어 녹일 때 액은 엷은 갈색이 되며 맑다.
2) 철: 이 원료 0.5 g을 달아 황산 5 방울을 넣어 적시고 천천히 가열하여 저온에서 거의 회화 또는 휘산시킨 다음 다시 황산을 넣어 적시고 완전히 회화시킨다. 식힌 다음 잔류물에 염산 0.5 mL를 넣어 수욕상에서 증발건고 시킨다. 잔류물에 묽은염산 3 방울을 넣어 가온하고 물을 넣어 녹이고 50 mL로 한다. 이것을 검액으로 하여 시험한다. 검액 10.0 mL를 취하여 시험한다. 비교액에는 철표준액 2.0 mL를 넣는다(0.02 % 이하).

3) 납: 이 원료 1.0 g을 황산 5 mL 및 질산 20 mL에 넣어 가만히 가열한다. 때때로 질산 2~3 mL씩을 추가하여 액이 무색~엷은 황색이 될 때까지 가열한다. 식힌 다음 물을 넣어 10 mL로 한다. 이것을 검액으로 하여 시험한다(20 ppm 이하).

4) 비소: 이 원료 1.0 g을 황산 2 mL 및 질산 5 mL에 넣고 가만히 가열한다. 때때로 질산 2~3 mL씩을 추가하여 액이 무색~엷은 황색이 될 때까지 가열한 다음 식히고 포화수산암모늄용액 15 mL를 넣어 흰 연기가 발생할 때까지 가열한다. 식힌 다음 물을 넣어 10 mL로 한다. 이것을 검액으로 하여 시험한다(2 ppm 이하).

건조감량 1.0 % 이하(1 g, 105 ℃, 2 시간)

강열잔분 1.0 % 이하(1 g)

저 장 법 기밀용기

10. 레조시놀(Resorcinol)

이 원료를 건조한 것은 정량할 때 레조시놀(C6H6O2) 99.0 % 이상을 함유한다.

성 상 이 원료는 백색의 가루로, 조금 특이한 냄새가 있다.

확인시험

1) 이 원료 0.1 g에 수산화나트륨시액 2 mL를 가해 녹이고, 클로로포름 1 방울을 가해 가열할 때, 액은 진한 홍색을 나타내고, 여기에 다시 염산을 적가할 때 액은 엷은 황갈색을 나타낸다.

2) 이 원료의 수용액(1 → 200) 10 mL에 염화제이철시액 3 방울을 가할 때, 액은 청색을 띤 자색을 나타내며, 여기에 다시 암모니아시액을 적가할 때 액은 갈색을 띤 황색을 나타낸다.

융 점 109~112 ℃(제 1 법)

순도시험

1) 액성: 이 원료의 수용액(1 → 20) 5 mL에 메칠오렌지시액 1 방울을 가할 때, 액은 황색~등색을 나타낸다.
2) 페놀: 이 원료의 수용액(1 → 20) 5 mL를 가만히 가열할 때, 페놀 고유의 냄새가 나지 않는다.
3) 카테콜: 이 원료의 수용액(1 → 20) 10 mL에 묽은초산 2 방울 및 초산납시액 0.5 mL를 가할 때, 액은 혼탁하지 않는다.
4) 중금속: 이 원료 1.0 g을 취해 제 2 법에 따라 조작하여 시험한다. 비교액에는 납표준액 2.0 mL를 넣는다.(20 ppm 이하)
5) 비소: 이 원료 1.0 g을 취해 제 3 법에 따라 검액을 조제하여 시험한다.(2 ppm 이하).

건조감량 1.0 % 이하(1.5 g, 실리카겔, 4 시간)

강열잔분 0.05 % 이하(2 g)

정 량 법

이 원료를 건조하여 그 약 0.3 g을 정밀하게 달아 물을 가해 녹이고 100 mL로 한다. 이 액 25 mL를 요오드병에 취하여 정확하게 0.05 mol/L 브롬액 50 mL, 물 50 mL 및 염산 5 mL를 가해 곧바로 마개를 하고 1 분간 잘 흔들어 섞고 2 분간 방치한다. 다음에 요오드화칼륨시액 5 mL를 가해 잘 흔들어 섞어 냉암소에 5 분간 방치한 후, 마개 및 요오드병 내벽의 부착물을 물 20 mL로 씻어 합하고, 유리된 요오드를 0.1 mol/L 치오황산나트륨액으로 적정한다(지시약 : 전분시액 1 mL). 같은 방법으로 공시험을 실시한다.

0.05 mol/L 브롬액 1 mL = 1.8352 mg $C_6H_6O_2$

11. 수산화나트륨(Sodium Hydroxide)

이 원료는 정량할 때 총알칼리(NaOH로서) 95.0 % 이상을 함유하며 이중 탄산나트륨(Na_2CO_3:105.99)는 3.0 % 이하이다.

성 상 이 원료는 백색의 소구상(小球狀), 박편상(薄片狀), 봉상(棒狀) 또는 덩어리로 단단하고 부스러지기 쉬우며 단면(斷面)은 결정성이다.

확인시험

1) 이 원료의 수용액(1 → 500)은 강한 알칼리성이다.
2) 이 원료의 수용액(1 → 25)은 나트륨염의 정성반응을 나타낸다.

순도시험

1) 용해상태: 이 원료 1.0 g 물 20 mL를 넣어 녹일 때 무색이며 맑다.
2) 염화물: 이 원료 1.0 g에 물을 넣어 녹이고 100 mL로 한다. 이 액 25 mL를 취하여 묽은질산 10 mL 및 물을 넣어 50 mL로 하고 이것을 검액으로 하여 시험한다. 비교액에는 0.01 mol/L 염산 0.7 mL를 넣는다(0.1 % 이하).
3) 중금속: 이 원료 1.0 g에 물 5 mL를 넣어 녹이고 묽은염산 11 mL를 넣어 수욕중에서 증발건고한다. 잔류물에 물 35 mL 및 묽은초산 2 mL를 넣어 녹이고 다시 물을 넣어 50 mL로 하고 이것을 검액으로 한다. 비교액에는 납표준액 3.0 mL를 넣는다. 검액 및 비교액에 황화나트륨시액 1방울씩을 넣어 흔들어 섞고 5 분간 방치한 다음 각 관을 백색을 배경으로 하여 위 또는 옆에서 관찰하여 액의 색을 비교한다. 검액이 나타내는 색은 비교액이 나타내는 색보다 진하지 않다(30 ppm 이하).
4) 칼륨: 이 원료 0.5 g에 물 10 mL를 넣어 녹이고 초산 4 mL를 넣고 아질산코발트나트륨시액 3~5 방울을 넣을 때 침전이 생기지 않는다.

정 량 법

이 원료 약 1.0 g을 정밀하게 달아 새로 끓여 식힌 물 약 100 mL에 녹이고 15 ℃로 식힌 다음 페놀프탈레인시액 2 방울을 넣고 0.5 mol/L 황산으로 적정하여 액의 홍색이 없어질 때 황산의 양을 기록한다. 이 액에 브롬페놀블루시액 3방울을 넣고 다시 1 mol/L 염산으로 액의 청자색이 지속하는 황색으로 될 때까지 적정한다. 0.5 mol/L 황산의 총량에서 총알칼리(NaOH로서)의 양을 구하고 지시약이 다른 것에 따른 0.5 mol/L 황산의 소비량의 차로부터 탄산나트륨(Na_2CO_3)의 양을 구한다.

0.5 mol/L 황산 1 mL = 40.00 mg NaOH

0.5 mol/L 황산 1 mL = 105.99 mg Na_2CO_3

12. 인디고페라엽가루(Powdered Indigofera Tinctoria Leaf)

이 원료는 인디고페라 *Indigofera tinctoria*(콩과 Leguminosae)의 잎을 건조하여 가루로 한 것이다.

이 원료는 정량할 때 인디칸(Indoxyl-β-D-glucoside, $C_{14}H_{17}NO_6$: 295.29) 3.0 % 이상을 함유한다.

성 상 이 원료는 연한녹색~녹색 가루이고 흙냄새같은 특이한 냄새가 난다.

확인시험

1) 이 원료를 가지고 인디칸으로서 약 10 mg에 해당하는 양을 정밀하게 달아 메탄올을 넣어 10 mL로 하여 흔들어 섞고 방치한 다음 위의 맑은 액을 검액으로 한다. 따로 인디칸표준품 10 mg을 검액과 같은 방법으로 조작하여 표준액으로 한다. 이들 액을 가지고 박층크로마토그래프법에 따라 시험한다. 검액 및 표준액 각각 5 μL씩을 박층크로마토그래프용실리카겔을 써서 만든 박층판에 점적한다. 클로로포름 · 메탄올 · 물혼합액(70 : 28 : 2)을 전개용매로 하여 점적한 곳으로부터 약 10 cm 전개한 다음 박층판을 전개용매 냄새가 나지 않을 때까지 건조한다. 여기에 분무용 황산시액을 고르게 뿌리고 105 ℃에서 5~10분간 가열하고 검액과 표준액의 같은 R_f 값 및 색상의 반점을 확인한다.

2) 이 원료를 가지고 정량법에 따라 시험할 때 검액은 표준액과 같은 유지시간에서 주피크를 나타낸다.

순도시험

1) 중금속: 이 원료 1.0 g을 달아 제 3 법에 따라 조작하여 시험한다. 비교액에는 납표준액 2.0 mL를 넣는다(20 ppm 이하).
2) 비소: 이 원료 1.0 g을 달아 제 3 법에 따라 조작하여 시험한다. 표준색 조제에는 비소표준액 3.0 mL를 넣는다(3 ppm 이하).
3) 잔류농약: 이 원료를 가지고 대한민국약전 일반시험법 중 생약시험법에 따라 시험한다.
   가) 총 디디티(p,p'−DDD, p,p'−DDE, o,p'−DDT 및 p,p'−DDT의 합) 0.1 ppm 이하
   나) 디엘드린 0.01 ppm 이하.
   다) 총 비에이치씨(α, β, γ 및 δ−BHC의 합) 0.2 ppm 이하
   라) 알드린 0.01 ppm 이하
   마) 엔드린 0.01 ppm 이하

건조감량 10.0 % 이하

회 분 15.0 % 이하

산불용성회분 5.0 % 이하

정 량 법

이 원료를 인디칸으로서 약 15 mg에 해당하는 양을 정밀하게 달아 메탄올을 넣어 정확하게 100 mL로 하고 10 분간 흔들어 추출한 다음 0.45 μm 시린지필터로 여과하여 검액으로 한다. 따로 인디칸표준품 약 15 mg을 정밀하게 달아 메탄올을 넣어 정확하게 100 mL로 한 액을 표준액으로 한다. 검액 및 표준액 10 μL씩을 정확하게 취하여 다음 조건으로 액체크로마토그래프법에 따라 시험하여 검액 및 표준액의 인디칸 피크면적 A_T와 A_S를 구한다.

$$\text{인디칸}(C_{14}H_{17}NO_6)\text{의 양(mg)} = \text{인디칸 표준품의 양(mg)} \times \frac{A_T}{A_S}$$

13. 톨루엔-2, 5-디아민(Toluene-2,5-diamine)

이 원료를 건조한 것은 정량할 때 톨루엔-2, 5-디아민($C_7H_{10}N_2$) 95.0 % 이상을 함유한다.

성　　상 이 원료는 흰색~엷은 황색 또는 엷은 적자색의 가루 또는 덩어리로서 약간 특이한 냄새가 있다.

확인시험

1) 이 원료의 수용액(1 → 200) 5 mL에 풀푸랄 · 초산시액 5 방울을 넣을 때 액은 적황색을 나타낸다.
2) 이 원료 및 염산 *m*-페닐렌디아민 표준품 각 10 mg을 이소프로판올 · 물 · 강암모니아수(9:3:1) 혼합액 1 mL 씩에 넣어 녹인 다음 각각에 아황산수소나트륨 0.1 g을 넣어 흔들어 섞어 검액 및 표준액 1 μL씩을 박층판에 점적하고 이소프로필에텔 · 아세톤 · 이소프로판올혼합액(10:1:1)을 전개용매로 하며 박층크로마토그래프법에 따라 시험한다. 발색제로 *p*-디메칠아미노벤즈알데히드 · 묽은염산용액(1 → 200)을 뿌릴 때 염산 *m*-페닐렌디아민 표준품에 대하여 Rs 값 0.9 부근에서 적색을 띠는 황색~황색의 반점을 나타낸다.
3) 이 원료 0.15 g을 물에 넣어 녹여 100 mL로 한다. 이 액 1 mL를 취하여 물을 넣어 100 mL로 하여 이 액을 가지고 자외가시부흡광도측정법에 따라 흡수스펙트럼을 측정할 때 파장 237 ± 2 nm 및 303 ± 2 nm 에서 흡수극대를 나타낸다.

융　　점 60~66 ℃(제 1 법)

순도시험

1) 용해상태: 이 원료 0.1 g을 묽은염산 10 mL에 넣어 녹일 때 액은 무색~엷은 적자색이며 거의 맑다.
2) 철: 이 원료 1.0 g을 정밀하게 달아 황산 5 방울을 넣어 적시고 천천히 가열하여 저온에서 거의 회화 또는 휘산시킨 다음 다시 황산을 넣어 적시고 완전

히 회화시킨다. 식힌 다음 잔류물에 염산 0.5 mL를 넣고 수욕상에서 증발건고한 다음 묽은염산 3 방울을 넣어 가온하고 물 25 mL를 넣어 녹인다. 이것을 검액으로 하여 시험한다. 비교액에는 철표준액 2.0 mL를 넣는다(20 ppm 이하).

3) 중금속: 이 원료 1.0 g을 황산 5 mL 및 질산 20 mL에 넣어 가만히 가열한다. 때때로 질산 2~3 mL씩을 추가하여 액이 무색~엷은 황색이 될 때까지 가열한다. 식힌 다음 물 10 mL 및 페놀프탈레인시액 1 방울을 넣고 암모니아시액을 액이 엷은 적색이 될 때까지 천천히 넣고 필요하면 여과하여 물 10 mL로 씻고 여액과 씻은 액을 네슬러관에 넣고 물을 넣어 50 mL로 한다. 이것을 검액으로 하여 시험한다. 비교액에는 납표준액 2.0 mL를 넣는다(20 ppm 이하).

4) 비소: 이 원료 1.0 g을 황산 2 mL 및 질산 5 mL에 넣어 가만히 가열한다. 때때로 질산 2~3 mL씩을 추가하여 액이 무색~엷은 황색이 될 때까지 가열한다. 식힌 다음 포화수산암모늄용액 15 mL를 넣고 흰 연기가 발생할 때까지 가열한다. 식힌 다음 물을 넣어 10 mL로 한다. 이것을 검액으로 하여 시험한다(2 ppm 이하).

건조감량 5.0 % 이하(1 g, 실리카겔, 4 시간)

강열잔분 1.0 % 이하(2 g)

정 량 법

이 원료를 건조하고 약 0.11 g을 정밀하게 달아 질소정량법 제2법에 따라 시험한다.

$$0.05\ \text{mol/L 황산 } 1\ \text{mL} = 6.109\ \text{mg } C_7H_{10}N_2$$

저 장 법 기밀용기

14. *m*–페닐렌디아민(*m*–Phenylenediamine)

이 원료를 건조한 것은 정량할 때 *m*–페닐렌디아민($C_6H_8N_2$) 95.0 % 이상을 함유한다.

성 상 이 원료는 갈색 또는 청색을 띠는 흑갈색~흑갈색의 결정성 덩어리로서 냄새는 없다.

확인시험

1) 이 원료 1 g을 물 100 mL에 넣어 잘 흔들어 섞은 다음 여과한다. 여액 5 mL에 질산은시액 5 방울을 넣을 때 액은 엷은 흑자색을 나타낸다. 이 액을 가열할 때 액은 회록색~회녹갈색으로 변하면서 은이 석출된다.
2) 1)의 여액 3 mL에 풀푸랄 · 초산시액 4 방울을 넣을 때 액은 황색을 띠는 적색~황갈색을 나타내면서 혼탁된다.
3) 이 원료 및 *m*–페닐렌디아민 표준품 각 10 mg을 달아 이소프로판올 · 물 · 강암모니아수(9 : 3 : 1) 혼합액 1 mL를 넣어 녹인 다음 각각에 아황산수소나트륨 0.1g을 넣고 흔들어 섞어 검액 및 표준액으로 한다. 검액 및 표준액 1 μL씩을 박층판에 점적하고 이소프로필에텔 · 아세톤 · 이소프로판올(10 : 1 : 1) 혼합액을 전개용매로 하여 박층크로마토그래프법에 따라 시험한다. 발색제로 *p*–디메칠아미노벤즈알데히드 · 묽은염산용액(1 → 200)을 뿌릴 때 표준액과 같은 R_f 값에서 적색을 때는 황색의 반점을 나타낸다.
4) 이 원료 25 mg을 정밀하게 달아 물에 넣어 녹여 100 mL로 하고 필요하면 여과하여 이 액 1 mL를 취하여 물을 넣어 100 mL로 한다. 이 액을 가지고 자외가시부흡광도측정법에 따라 흡수스펙트럼을 측정할 때 파장 287 ± 2 nm에서 흡수극대를 나타낸다.

융 점 57~65 ℃(제 1 법)

순도시험

1) 용해상태: 이 원료 0.5 g을 정밀하게 달아 묽은염산 10 mL에 넣어 녹일 때

액은 흑갈색이며 맑다.

2) 철: 이 원료 1.0 g을 정밀하게 달아 황산 5 방울을 넣어 적시고 천천히 가열하여 저온에서 염산 0.5 mL를 넣어 수욕상에서 증발건고한다. 잔류물에 묽은염산 3 방울을 넣어 가온하고 물 25 mL를 넣어 녹인다. 이 액을 검액으로 하여 시험한다. 비교액에는 철표준액 2.0 mL를 넣는다(20 ppm 이하).

3) 중금속: 이 원료 1.0 g을 정밀하게 달아 황산 5 mL 및 질산 20 mL에 넣어 가만히 가열한다. 여기에 질산 2~3 mL씩을 추가하여 액이 무색~엷은 황색이 될 때까지 가열한다. 식힌 다음 물 10 mL 및 페놀프탈레인시액 1 방울을 넣고 암모니아시액을 액이 엷은 적색이 될 때까지 천천히 넣은 다음 묽은초산 2 mL를 넣고 필요하면 여과한다. 잔류물을 물 10 mL로 씻고 씻은 액을 여액에 합하여 물을 넣어 50 mL로 한다. 이 액을 검액으로 하여 시험한다. 비교액에는 납표준액 2.0 mL를 넣는다(20 ppm 이하).

4) 비소: 이 원료 1.0 g을 정밀하게 달아 황산 2 mL 및 질산 5 mL에 넣어 가만히 가열한다. 여기에 가끔 질산 2~3 mL씩을 추가하여 액이 무색~엷은 황색이 될 때까지 가열한다. 식힌 다음 포화수산암모늄용액 15 mL를 넣고 흰 연기가 발생할 때까지 가열한다. 식힌 다음 물을 넣어 10 mL로 한다. 이것을 검액으로 하여 시험한다(2 ppm 이하).

건조감량 0.5 % 이하(1.5 g, 실리카겔, 4 시간)

강열잔분 0.3 % 이하(2 g, 제 1 법)

정 량 법

이 원료를 건조하고 약 0.10 g을 정밀하게 달아 질소정량법 제 2 법에 따라 시험한다.

$$0.05 \text{ mol/L 황산 } 1 \text{ mL} = 5.407 \text{ mg } C_6H_8N_2$$

저 장 법 기밀용기

15. N–페닐–*p*–페닐렌디아민(N–Phenyl–*p*–Phenylenediamine)

이 원료를 건조한 것은 정량할 때 N–페닐–*p*–페닐렌디아민(C12H12N2) 95.0% 이상을 함유한다.

성 상 이 원료는 흑갈색~자갈색의 덩어리 또는 작은 알맹이로서 약간 특이한 냄새가 있다.

확인시험

1) 이 원료 10 mg에 묽은 염산 10 mL를 넣어 녹이고 아질산나트륨시액 1방울을 넣을 때 액은 적갈색을 나타내고 곧이어 녹갈색으로 변한다.
2) 이 원료의 묽은에탄올용액(1 → 1000) 3 mL에 풀푸랄 · 초산시액 4 방울을 넣을 때 액은 황색을 띠는 적색을 나타낸다.
3) 이 원료 및 *p*–니트로아닐린 각 10 mg을 달아 이소프로판올 · 물 · 강암모니아수혼합액(9 : 3 : 1) 1 mL를 넣어 녹인 다음 각각에 아황산수소나트륨 0.1 g을 넣고 흔들어 섞어 검액 및 표준액으로 한다. 이들 액을 가지고 박층크로마토그래프법에 따라 시험한다. 검액 및 표준액 10 μL씩을 박층크로마토그래프용실리카겔을 써서 만든 박층판에 점적한다. 다음에 이소프로필에텔 · 아세톤 · 이소프로판올(10 : 1 : 1) 혼합액을 전개용매로 하여 약 15 cm 전개한 다음 박층판을 바람에 말린다. 여기에 *p*–디메칠아미노벤즈알데히드 · 묽은염산용액(1 → 200)을 뿌릴 때 표준액 *p*–니트로아닐린에 대하여 Rs 값 0.8 부근에서 암적색~적갈색의 반점을 나타낸다.
4) 이 원료 30 mg을 달아 에탄올을 넣어 녹여 200mL로 한다. 이 액 2 mL를 취하여 에탄올을 넣어 100 mL로 한다. 이 액에 대하여 흡수스펙트럼을 측정할 때 파장 286~290 nm에서 흡수극대를 나타낸다.

융 점 69~75 ℃(제 1 법)

순도시험

1) 용해상태: 이 원료 0.1 g에 에탄올 10 mL를 넣어 녹일 때 액은 어두운 적갈

색~어두운 적자색을 나타내며 맑다.

2) 철: 이 원료 1.0 g을 정밀하게 달아 황산 5 방울을 넣어 적시고 천천히 가열하여 저온에서 거의 회화 또는 휘산시킨 다음 다시 황산으로 적시고 완전히 회화한다. 식힌 다음 잔류물에 염산 0.5 mL를 넣어 수욕상에서 증발건고한다. 잔류물에 묽은염산 3 방울을 넣어 가온하고 물 25 mL를 넣어 녹인다. 이것을 검액으로 하여 시험한다. 비교액에는 철표준액 2.0 mL를 넣는다(20 ppm 이하).

3) 중금속: 이 원료 1.0 g에 황산 5 mL 및 질산 20 mL를 넣어 가만히 가열한다. 가끔 질산 2~3 mL씩을 추가하여 액이 무색~엷은 황색이 될 때까지 가열한다. 식힌 다음 물 10 mL 및 페놀프탈레인시액 1 방울을 넣고 암모니아시액을 액이 엷은 적색이 될 때까지 적가하고 묽은 초산 2 mL를 넣고 필요하면 여과한다. 잔류물을 물 10 mL로 씻고 씻은 액을 여액에 합하여 물을 넣어 50 mL로 한다. 이것을 검액으로 하여 시험한다. 비교액에는 납표준액 2.0 mL를 넣는다(20 ppm 이하).

4) 비소: 이 원료 1.0 g에 황산 2 mL 및 질산 5 mL를 넣고 가만히 가열한다. 가끔 질산 2~3 mL씩을 추가하여 액이 무색~엷은 황색이 될 때까지 가열한다. 식힌 다음 포화수산암모늄용액 15 mL를 넣고 흰연기가 발생할 때까지 가열한다. 식힌 다음 물을 넣어 10 mL로 한다. 이것을 검액으로 하여 시험한다(2 ppm 이하).

건조감량 0.5 % 이하(1.5 g, 실리카 겔, 4시간)

강열잔분 0.3 % 이하(2 g, 제 1 법)

정 량 법

이 원료를 데시케이터(실리카 겔) 에서 4시간 건조하고 그 원료 0.16 g을 정밀하게 달아 질소정량법 제 2법에 따라 시험한다.

$$0.05\ \text{mol/L 황산 } 1\ \text{mL} = 9.212\ \text{mg } C_{12}H_{12}N_2$$

저 장 법 기밀용기

16. *p*−페닐렌디아민(*p*−Phenylenediamine)

이 원료를 건조한 것은 정량할 때 *p*−페닐렌디아민($C_6H_8N_2$) 98.0 % 이상을 함유한다.

성 상 이 원료는 무색~엷은 자색 또는 자갈색을 띤 결정성가루 또는 덩어리로서 냄새는 없다.

확인시험

1) 이 원료의 수용액(1 → 1000) 5 mL에 질산은시액 5 방울을 넣을 때 액은 흑자갈색을 나타내면서 혼탁해진다. 가열할 때 액은 은이 석출된다.
2) 이 원료 100 mg을 묽은초산 10 mL에 넣어 녹인다. 이 액 1 mL에 아닐린용액(1 → 250) 1 mL를 넣은 다음 과황산암모늄 0.2 g을 넣을 때 액은 청색을 나타낸다.
3) 이 원료의 수용액(1 → 1000) 5 mL에 니트로프루싯나트륨시액 1 mL을 넣을 때 액은 청색을 나타낸다.
4) 이 원료 25 mg을 물에 넣어 100 mL로 한다. 이 액 1 mL를 취하여 물을 넣어 100 mL로 한다. 이 액을 가지고 자외가시부흡광도측정법에 따라 흡수스펙트럼을 측정할 때 파장 237 ± 2 nm에서 흡수극대를 나타낸다.
5) 이 원료 및 *p*−페닐렌디아민 표준품 각 10 mg을 이소프로판올 · 물 · 강암모니아수(9:3:1) 혼합액 1 mL씩에 넣어 녹인다음 각각에 아황산수소나트륨 0.1 g을 넣어 흔들어 섞어 검액 및 표준액 1 μL씩을 박층판에 점적하고 초산에칠 · 메탄올 · 물(50:10:8) 혼합액을 전개용매로 하여 박층크로마토그래프법에 따라 시험한다. 발색제로 *p*−디메칠아미노벤즈알데히드 · 묽은염산용액(1 → 200)을 뿌릴 때 표준품과 같은 R_f 값에서 황색을 띠는 적색의 반점을 나타낸다.

융 점 136~144 ℃(제 1 법)

순도시험

1) 용해상태: 이 원료 0.5 g을 묽은염산 60 mL에 넣어 녹일 때 액은 무색~엷은 적색을 나타내며 맑다.
2) 중금속: 이 원료 1.0 g을 황산 5 mL 및 질산 20 mL에 넣어 천천히 가열한다. 때때로 질산 2~3 mL씩을 추가하여 액이 무색~엷은 황색이 될 때까지 가열한다. 식힌 다음 물 10 mL 및 페놀프탈레인시액 1 방울을 넣고 암모니아시액을 액이 엷은 적색이 될 때까지 천천히 넣고 필요하면 여과한다. 잔류물을 물 10 mL로 씻고 여액과 씻은 액을 네슬러관에 넣고 물을 넣어 50 mL로 한다. 이것을 검액으로 하여 시험한다. 단, 비교액에는 납표준액 2.0 mL를 넣는다(20 ppm 이하).
3) 철: 이 원료 1.0 g을 정밀하게 달아 황산 5 방울을 넣어 적시고 천천히 가열하여 저온에서 회화 또는 휘산시킨 다음 황산을 넣어 적시고 완전히 회화한다. 식힌 다음 잔류물에 염산 0.5 mL를 넣고 수욕상에서 증발건고한다. 잔류물에 묽은염산 3 방울을 넣어 가온하고 물 25 mL를 넣어 녹인다. 이것을 검액으로 하여 시험한다. 비교액에는 철표준액 2.0 mL를 넣는다(20 ppm 이하).
4) 비소: 이 원료 1.0 g을 황산 2 mL 및 질산 5 mL에 넣어 천천히 가열한다. 때때로 질산 2~3 mL씩을 추가하여 액이 무색~엷은 황색이 될 때까지 가열한다. 식힌 다음 포화수산암모늄용액 15 mL를 넣고 흰연기가 발생할 때까지 가열한다. 식힌 다음 물을 넣어 10 mL로 한다. 이것을 검액으로 하여 시험한다(2 ppm 이하).

건조감량 0.2 % 이하(1.5 g, 실리카겔, 4 시간)

강열잔분 0.5 % 이하(2 g, 제 1 법)

정 량 법

이 원료를 건조하고 약 0.10 g을 정밀하게 달아 질소정량법 제 2 법에 따라 시험한다.

$$0.05 \text{ mol/L 황산 } 1 \text{ mL} = 5.407 \text{ mg } C_6H_8N_2$$

저 장 법 기밀용기

17. 황산 2-아미노-5-니트로페놀(2-Amino-5-nitrophenol Sulfate)

이 원료를 건조한 것은 정량할 때 황산 2-아미노-5-니트로페놀($C_6H_6N_2O_3 \cdot 1/2H_2SO_4$) 95.0 % 이상을 함유한다.

성　상 이 원료는 녹색을 띠는 황갈색의 가루로서 냄새는 거의 없다.

확인시험

1) 이 원료의 수용액(1 → 2500) 10 mL에 염화제이철시액 5 방울을 넣을 때 액은 황갈색을 나타낸다.
2) 이 원료 0.5 g을 물 100 mL에 넣어 녹여 여과한다. 여액 5 mL에 염화바륨시액 5 방울을 넣을 때 백탁이 된다.
3) 이 원료 및 *p*-니트로아닐린 표준품 각 10 mg을 이소프로판올 · 물 · 강암모니아수(9:3:1) 혼합액 1 mL씩에 넣어 녹인 다음 각각에 아황산수소나트륨 0.1 g을 넣어 흔들어 섞어 검액 및 표준액으로 한다. 검액 및 표준액 1 μL를 박층판에 점적하고 이소프로필에텔 · 아세톤 · 이소프로판올(10:1:1) 혼합액을 전개용매로 하여 박층크로마토그래프법에 따라 시험한다. 발색제로 *p*-디메칠아미노벤즈알데히드 · 묽은염산용액(1 → 200) 을 뿌릴 때 *p*-니트로아닐린 표준품에 대하여 Rs 값 1.0 부근에서 주황색의 반점을 나타낸다.
4) 이 원료 20 mg을 물 100 mL에 넣어 녹이고 이 액 10 mL를 취하여 물을 넣어 100 mL로 한다. 이 액을 가지고 자외가시부흡광도측정법에 따라 흡수스펙트럼을 측정할 때 파장 257 ± 2 nm 에서 흡수극대를 나타낸다.

순도시험

1) 용해상태: 이 원료 0.1 g을 묽은염산 20 mL에 넣어 녹일 때 액은 황색을 나타내며 맑다.
2) 철: 이 원료 1.0 g을 정밀하게 달아 황산 5 방울을 넣어 적시고 천천히 가열하여 저온에서 거의 회화 또는 휘산시킨 다음 다시 황산으로 적시고 완전히 회화한다. 식힌 다음 잔류물에 염산 0.5 mL를 넣고 수욕상에서 증발건고

한다. 잔류물에 묽은염산 3 방울을 넣어 가온하고 물 25 mL를 넣어 녹인다. 이것을 검액으로 하여 시험한다. 비교액에는 철표준액 2.0 mL를 넣는다(20 ppm 이하).

3) 중금속: 이 원료 1.0 g을 황산 5 mL 및 질산 20 mL에 넣고 가만히 가열한다. 때때로 질산 2~3 mL씩을 추가하여 액이 무색~엷은 황색이 될 때까지 가열한다. 식힌 다음 물 10 mL 및 페놀프탈레인시액 1 방울을 넣고 암모니아시액을 액이 엷은 적색이 될 때까지 천천히 넣고 묽은초산 2 mL를 넣고 필요하면 여과한다. 잔류물을 물 10 mL로 씻고 씻은 액을 여액과 합하고 물을 넣어 50 mL로 한다. 이것을 검액으로 하여 시험한다. 비교액에는 납표준액 3.0 mL를 넣는다(30 ppm이하).

4) 비소: 이 원료 1.0 g을 황산 2 mL 및 질산 5 mL에 넣어 가만히 가열한다. 때때로 질산 2~3 mL 씩을 추가하여 액이 무색~엷은 황색이 될 때까지 가열한다. 식힌 다음 포화수산암모늄용액 15 mL를 넣고 흰 연기가 발생할 때까지 가열한다. 식힌 다음 물을 넣어서 10 mL로 한다. 이것을 검액으로 하여 시험한다(2 ppm 이하).

건조감량 5.0 % 이하(1.5 g, 105 ℃, 2 시간)

강열잔분 0.2 % 이하(2 g, 제 2 법)

정 량 법

이 원료를 105 ℃에서 2 시간 건조하고 그 약 0.18 g을 정밀하게 달아 아연(입상) 2 g, 물 15 mL 및 염산 15 mL에 넣어 조심하면서 증발건고한다. 식힌 다음 질소정량법에 따라 시험한다.

$$0.05\ mol/L\ 황산\ 1\ mL = 10.158\ mg\ C_6H_6N_2O_3 \cdot 1/2H_2SO_4$$

18. 6-히드록시인돌(6-Hydroxyindole)

이 원료는 정량할 때 환산한 무수물에 대하여 6-히드록시인돌($C_5H_6N_2O$: 133.15) 97.0~101.0 % 이상을 함유한다.

성 상 이 원료는 옅은 갈색~회색을 띠는 가루이며, 약간 특이한 냄새가 있다.

확인시험

1) 이 원료의 수용액(1 → 1000) 10 mL에 염화제일철시액 1 방울을 넣을 때 액은 연한 갈색~검은색을 나타낸다.
2) 이 원료 0.01 g에 황산 2 mL를 넣어 녹일 때 액은 초록색을 띠며, 다시 물 5 mL를 넣을 때 액은 노란색으로 변한다.
3) 이 원료 0.025 g에 에탄올 200 mL를 넣어 녹이고 이 액 2 mL를 가지고 에탄올을 넣어 100 mL로 한다. 이 액을 가지고 자외가시부흡광도측정법에 따라 흡수스펙트럼을 측정할 때 파장 218 ± 2 nm 에서 흡수극대를 나타낸다.
4) 이 원료를 가지고 적외부스펙트럼측정법의 브롬화칼륨정제법에 따라 시험할 때, 파수 3394 cm^{-1}, 1625 cm^{-1}, 1590 cm^{-1}, 1505 cm^{-1}, 1428 cm^{-1}, 1235 cm^{-1}, 818 cm^{-1} 부근에서 흡수를 나타낸다.

융 점 124~128 ℃

순도시험

1) 용해상태: 이 원료 0.5 g에 에탄올 10 mL를 넣어 녹일 때, 액은 옅은 황갈색~어두운 갈색을 나타내고 맑다.
2) 철: 이 원료 1.0 g을 달아 제 3 법으로 조제하여 A법에 따라 시험한다. 비교액에는 철표준액 3.0 mL를 넣는다(30 ppm 이하).
3) 중금속: 이 원료 1.0 g을 달아 제 2 법에 따라 조작하여 시험한다. 비교액에는 납표준액 2.0 mL를 넣는다(20 ppm 이하).
4) 비소: 이 원료 1.0 g을 달아 제 3 법에 따라 조작하여 시험한다(2 ppm 이하).

수 분 1.0 % 이하 (1.0 g)

강열잔분 0.1 % 이하 (1.0 g)

저 장 법

이 원료 약 0.1 g을 정밀하게 달아 0.5 % 염산수용액 2 mL 및 이동상을 넣어 정확하게 50 mL로 하고 30 분간 잘 섞는다. 이 액 10 mL를 정확하게 취하여 다시 이동상을 넣어 정확하게 50 mL로 하여 검액으로 한다. 따로 6-히드록시인돌표준품을 가지고 검액과 같은 방법으로 조제하여 표준액으로 한다. 검액 및 표준액 10 μL씩을 가지고 다음 조건으로 액체크로마토그래프법에 따라 시험하여 각 액의 6-히드록시인돌의 피크면적 A_T 및 A_S을 측정한다.

$$6-\text{히드록시인돌}(C_5H_6N_2O)\text{의 양(mg)} = 6-\text{히드록시인돌표준품의 양(mg)} \times \frac{A_T}{A_S}$$

19. 과황산암모늄 · 과황산칼륨 분말 (Ammonium Persulfate and Potassium Persulfate Powder)

이 기능성화장품은 정량할 때 표시량의 90.0 % 이상에 해당하는 총과황산(S_2O_8 : 192.13)을 함유한다.

확인시험

1) 이 기능성화장품 1 g을 황산망간용액(1 → 10)에 황산 2 mL를 넣은 액 및 질산은용액(1 → 50) 2 mL에 넣어서 가온할 때 액은 적자색을 나타낸다.
2) 이 기능성화장품의 수용액(1 → 10)은 칼륨염의 정성반응을 나타낸다.
3) 이 기능성화장품 1 g을 과량의 수산화나트륨시액에 넣어 가온하면 암모니아 냄새가 나며 이 가스는 물에 적신 적색리트머스시험지를 청색으로 변화시킨다.

정 량 법

총과황산(S_2O_8) 약 0.3 g에 해당하는 양을 정밀하게 달아 물 50 mL에 넣어 녹이고 0.2 mol/L 황산제일철암모늄액 25 mL를 넣고 마개를 하여 흔들어 섞은 다음 인산 5 mL를 넣은 다음 과량의 황산제일철암모늄액을 0.04 mol/L 과망간산칼륨액으로 적정한다. 같은 방법으로 공시험하여 보정한다.

$$0.2\ \text{mol/L 황산제일철암모늄액 } 1\ \text{mL} = 19.21\ \text{mg } S_2O_8$$

저 장 법 기밀용기

20. *p*-페닐렌디아민 · 과붕산나트륨사수화물 분말 (*p*-Phenylenediamine and Sodium Perborate Tetrahydrate Powder)

이 기능성화장품은 정량할 때 표시량의 90.0 % 이상에 해당하는 *p*-페닐렌디아민($C_6H_8N_2$: 108.14) 및 과붕산나트륨사수화물($NaBO_3 \cdot 4H_2O$: 153.86)을 함유한다.

확인시험

1) *p*-페닐렌디아민: 이 기능성화장품을 *p*-페닐렌디아민 10 mg에 해당하는 양을 달아 에탄을 10 mL에 넣어 녹이고 여과하여 여액을 검액으로 한다. 따로 *p*-페닐렌디아민 표준품 10 mg을 달아 에탄올 10 mL에 넣어 녹여 표준액으로 한다. 검액 및 표준액 10 μL씩을 박층판에 점적하고 초산에칠을 전개용매로 하여 박층크로마토그래프법에 따라 시험한다. 발색제로 *p*-디메칠아미노벤즈알데히드 · 묽은염산용액(0.5 → 100)을 고루 뿌리고 건조할 때 검액과 표준액은 같은 R_f 값에서 같은 색상의 반점을 나타낸다.
2) 과붕산나트륨: 1)항에서 얻은 잔류물을 물에 녹일 때 이 기능성화장품은 나트륨염, 붕산염 및 과산화물의 정성반응을 나타낸다.

정 량 법

1) *p*-페닐렌디아민: 이 기능성화장품을 *p*-페닐렌디아민($C_6H_8N_2$) 약 0.25 g에

해당하는 양을 정밀하게 달아 삼각플라스크에 넣고 무수에탄올 20 mL를 넣어 추출한다. 잔류물을 무수에탄올 20 mL씩으로 4 회 씻고 여과하여 여액과 씻은 액을 합한다(잔류물은 다음 시험을 위하여 보관한다). 여기에 염산을 넣고 흔들어 섞은 다음 15 ℃로 식히고 얼음조각 15 g을 넣고 저으면서 0.1 mol/L 아질산나트륨액으로 천천히 적정한다. 이때 적정의 종말점은 0.1 mol/L 아질산나트륨액을 떨어뜨린 후 1 분 후에 적정한 액을 유리막대에 묻혀서 요오드화 · 아연전분지에 대었을 때 곧 청색이 나타날 때로 한다. 같은 방법으로 공시험하여 보정한다.

0.1 mol/L 아질산나트륨액 1 mL = 10.81 mg $C_6H_8N_2$

2) 과붕산나트륨사수화물: 정량법 1)에서 얻은 잔류물을 물 100 mL를 사용하여 요오드병에 옮기고 요오드화칼륨 1 g 및 묽은황산 10 mL를 넣고 냉소에서 90 분간 방치한 다음 0.1 mol/L 치오황산나트륨액으로 적정한다(지시약: 전분시액). 같은 방법으로 공시험하여 보정한다.

0.1 mol/L 치오황산나트륨액 1 mL = 7.693 mg $NaBO_3 \cdot 4H_2O$

저 장 법 기밀용기

21. 황산 *p*-페닐렌디아민 · 황산 *m*-페닐렌디아민 · 황산 *m*-아미노페놀 · 황산 *o*-아미노페놀 · 과붕산나트륨 분말 (Compound *p*-Phenylenediamine Sulfate, *m*-Phenylenediamine Sulfate, *m*-Aminophenol Sulfate, *o*-Aminophenol Sulfate and Sodium Perborate Powder)

이 기능성화장품은 정량할 때 표시량의 90.0 % 이상에 해당하는 과붕산나트륨 ($NaBO_3 \cdot H_2O$:99.81)을 함유한다.

확인시험

1) 황산 *p*-페닐렌디아민, 황산 *m*-페닐렌디아민, 황산 *m*-아미노페놀 및 황산 *o*-아미노페놀 이 기능성화장품 1 g을 이소프로판올 · 물 · 강암모니아수(9:3:1) 혼합액 5 mL에 넣고 잘 분산시켜 녹인다. 이 액을 여과하고 여액에 아황산수소나트륨 0.5 g을 넣어 흔들어 섞고 이것을 검액으로 한다. 따로 황산 *p*-페닐디아민, 황산 *m*-페닐렌디아민, 황산 *m*-아미노페놀 및 황산 *o*-아미노페놀 표준품 5 mg씩을 달아 검체와 같은 방법으로 조작하여 표준액으로 한다. 검액 및 표준액 각 5 μL씩을 박층판에 점적하고 초산에칠 · 클로로포름 · 디클로로메탄(9:5:2) 혼합물을 전개용매로 하여 박층크로마토그래프법에 따라 시험한다. 발색제로 *p*-디메칠아미노벤즈알데히드 · 묽은염산용액(0.5 → 100)을 뿌리고 건조할 때 검액 및 표준액은 같은 R_f 값에서 같은 색상의 반점을 나타낸다.
2) 과붕산나트륨: 이 기능성화장품의 염산산성용액에 쿠르쿠마시험지를 적신 다음 가온하여 건조하면 적색을 나타내고 여기에 암모니아시액을 천천히 넣으면 청색으로 변한다.

정 량 법

이 기능성화장품을 과붕산나트륨($NaBO_3 \cdot H_2O$) 약 0.5 g에 해당하는 양을 정밀하게 달아 에탄올 10 mL에 분산시킨 다음 묽은황산 30 mL를 넣고 물을 넣어 250.0 mL로 한다. 이 때 거품이 생겨 표선을 채우기 어려울 때에는 에탄올 2~3

방울을 넣은 다음 채운다. 이 액 50.0 mL를 취하여 요오드화칼륨시액 20 mL를 넣고 다시 몰리브덴산암모늄시액 2~3 방울을 넣어 유리하는 요오드를 0.1 mol/L 치오황산나트륨액으로 적정한다(지시약:전분시액 2~3 mL). 같은 방법으로 공시험하여 보정한다.

0.1 mol/L 치오황산나트륨액 1 mL = 4.991 mg $NaBO_3 \cdot H_2O$

염모력시험 기능성화장품 기준및시험방법 일반시험법 중 제제 Ⅸ-2. 제제 3. 염모력시험에 따라 시험할 때 효능효과에서 표시한 색상과 거의 같은 색으로 염색된다.

저 장 법 기밀용기

22. 2제형 산화형 염모제

모발의 염색을 목적으로 하는 외용제로서 다음 기준 및 시험방법을 준용할 수 있는 2 제형의 산화형 염모제를 말한다. 이 기능성화장품은 다음 시험법에 따라 정량할 때 표시량의 90.0~110.0 %에 해당하는 과산화수소(H_2O_2 : 34.02)를 함유한다.

구성 및 재료 주성분의 종류, 분류 및 규격 등은 식품의약품안전처고시 기능성화장품 심사에 관한 규정 [별표 4] 4. 모발의 색상을 변화(탈염 · 탈색 포함)시키는 기능을 가진 화장품 중 2제형의 산화형 염모제에 따른다.

제 형 표시색상의 분말, 크림, 로션, 액 또는 에어로졸이다.
[제1제(염모제)와 제2 제(산화제)에 대하여 각각 기재한다.]

확인시험

1) 제 1 제의 주성분

가) 크림제인 경우: 이 기능성화장품 2~10 g을 묽은황산 30 mL, 황산나트

륨 5 g 및 물 20 mL에 넣어 잘 저어 섞고 끓을 때까지 가열한 다음 방치한다. 아래층을 취하여 약 10 mL가 될 때까지 가열농축하고 식힌 다음 5 mL를 취하여 강암모니아수를 넣어 알칼리성으로 한다. 여기에 이소프로판올 1 mL를 넣어 잘 흔들어 섞고 아황산수소나트륨 1 g을 넣어 다시 흔들어 섞은 다음 방치한다. 위의 맑은 액을 취하여 검액으로 한다. 따로 각 주성분의 표준품 약 5~10 mg에 이소프로판올 · 물 · 강암모니아수 혼합액(9:3:1) 5 mL를 넣어 녹이고 아황산수소나트륨 0.5 g을 넣고 흔들어 섞어 방치한 다음 상층을 취하여 표준액으로 한다. 이들 액을 가지고 박층크로마토그래프법에 따라 시험한다. 검액 및 표준액 각 5 μL씩을 박층크로마토그래프용 실리카겔을 써서 만든 박층판에 점적한다. 다음에 이소프로필에테르 · 아세톤 · 이소프로판올(10:1:1) 혼합액, 초산에칠 · 벤젠 · 초산혼합액(10:10:2), 초산 · 벤젠혼합액(1:1) 또는 적당한 용매를 전개용매로 하여, 약 20 cm 전개한 다음 박층판을 말린다. 여기에 *p*-디메칠아미노벤즈알데히드 · 묽은염산용액(0.5 → 100), 또는 적당한 발색제를 고르게 뿌리고 건조할 때 검액 및 표준액에서 얻은 반점의 색상 및 R_f 값은 같다.

2) 액제 또는 로션제인 경우: 이 기능성화장품 2~10 g(2~10 mL)에 아황산나트륨 0.6 g, 황산나트륨 1.2 g을 넣고 에탄올을 넣어 녹여 25 mL로 하여 섞고 방치한 다음 그 위의 맑은액을 검액으로 한다. 따로 각 주성분의 표준품 약 5~10 mg을 취하여 검액과 같은 방법으로 조작하여 표준액으로 한다. 이들 액을 가지고 박층크로마토그래프법에 따라 시험한다. 검액 및 표준액 각 5 μL씩을 박층크로마토그래프용 실리카겔을 써서 만든 박층판에 점적한다. 다음에 이소프로필에테르 · 아세톤 · 이소프로판올(10:1:1) 혼합액, 초산에칠 · 벤젠 · 초산혼합액(10:10:2), 초산 · 벤젠혼합액(1:1) 또는 적당한 용매를 전개용매로 하여, 약 20 cm 전개한 다음 박층판을 말린다. 여기에 *p*-디메칠아미노벤즈알데히드 · 묽은염산용액(0.5 → 100), 또는 적당한 발색제를 고르게 뿌리고 건조할 때 검액 및 표준액에서 얻은 반점의 색상 및 R_f 값은

같다.

3) 분말제인 경우: 이 기능성화장품 1 g을 이소프로판올 · 물 · 강암모니아수혼합액(9:3:1) 5 mL에 넣고 잘 분산시켜 녹인다. 이 액을 여과하고 여액에 아황산수소나트륨 0.5 g을 넣어 흔들어 섞고 이것을 검액으로 한다. 따로 각 주성분의 표준품 약 5~10 mg을 취하여 검액과 같은 방법으로 조작하여 표준액으로 한다. 이들 액을 가지고 박층크로마토그래프법에 따라 시험한다. 검액 및 표준액 5 μL씩을 박층크로마토그래프용 실리카겔을 써서 만든 박층판에 점적한다. 다음에 이소프로필에테르 · 아세톤 · 이소프로판올혼합액(10:1:1), 초산에칠 · 벤젠 · 초산혼합액(10:10:2), 초산 · 벤젠혼합액(1:1) 또는 적당한 용매를 전개용매로 하여, 약 20 cm 전개한 다음 박층판을 말린다. 여기에 *p*-디메칠아미노벤즈알데히드 · 묽은염산용액(0.5 → 100), 또는 적당한 발색제를 고르게 뿌리고 건조할 때 검액 및 표준액에서 얻은 반점의 색상 및 R_f 값은 같다.

4) 에어로졸제의 경우: 이 기능성화장품의 내용원액 약 2~10 g(2~10 mL)에 아황산나트륨 0.6 g, 황산나트륨 1.2 g을 넣고 에탄올을 넣어 녹여 25 mL로 하여 섞고 방치한 다음 그 상층액을 검액으로 한다. 따로 각 주성분의 표준품 약 5~10 mg 씩을 가지고 검액과 같은 방법으로 조작하여 표준액으로 한다. 이들 액을 가지고 박층크로마토그래프법에 따라 시험한다. 검액 및 표준액 5 μL씩을 박층크로마토그래프용실리카겔을 써서 만든 박층판에 점적한다. 다음에 이소프로필에테르 · 아세톤 · 이소프로판올혼합액(10:1:1), 초산에칠 · 벤젠 · 초산혼합액(10:10:2), 초산 · 벤젠혼합액(1:1) 또는 적당한 용매를 전개용매로 하여 약 20 cm 전개한 다음 박층판을 말린다. 여기에 *p*-디메칠아미노벤즈알데히드 · 묽은염산용액(0.5 → 100) 또는 적당한 발색제를 고르게 뿌리고 건조할 때 검액 및 표준액에서 얻은 반점의 색상 및 R_f 값은 같다.

5) 제2제의 과산화수소: 이 기능성화장품의 수용액(1 → 10)은 과산화물의 정성반응을 나타낸다. 단, 에어로졸제의 경우 내용원액의 수용액(1 → 10)을 가지

고 시험한다.

정 량 법

과산화수소: 이 기능성화장품의 제 2제 약 1.0 mL(1 g)을 정확하게 취하여 물 10 mL를 넣은 플라스크에 넣고 묽은 황산 10 mL를 넣은 다음 0.02 mol/L 과망간산칼륨액으로 적정한다. 단, 에어로졸제의 경우 내용원액의 수용액(1 → 10)을 가지고 시험한다.

$$0.02\ mol/L\ \text{과망간산칼륨액}\ 1\ mL = 1.7007\ mg\ H_2O_2$$

※ 각 주성분의 표준품은 식품의약품안전처 고시『기능성화장품 기준 및 시험방법』에 등재된 염모제 원료를 말한다.

염모력시험

기능성화장품 기준및시험방법 일반시험법 중 제제 Ⅸ-2. 제제 3. 염모력시험에 따라 시험할 때 효능효과에서 표시한 색상과 거의 같은 색으로 염색된다.

저 장 법 기밀용기

23. 2제형 산화형 염모제의 제1제

모발의 염색을 목적으로 하는 외용제로서 다음 기준 및 시험방법을 준용할 수 있는 2제형 산화형 염모제의 제1제를 말한다.

주성분의 종류, 분류, 규격 등은 식품의약품안전처고시 기능성화장품 심사에 관한 규정 [별표 4] 4. 모발의 색상을 변화(탈염 · 탈색 포함)시키는 기능을 가진 화장품 중 2제형 산화형 염모제의 제1제에 따른다.

성 상 이 기능성화장품은 표시색상의 분말제, 크림제, 로션제, 액제, 에어로졸제이다.

확인시험

1) 크림제인 경우: 이 기능성화장품 약 2~10 g을 묽은황산 30 mL, 황산나트륨 5 g 및 물 20 mL에 넣어 잘 저어 섞고 끓을 때까지 가열한 다음 방치한다. 아래층을 취하여 약 10 mL가 될 때까지 가열농축하고 식힌 다음 5 mL를 취하여 강암모니아수를 넣어 알칼리성으로 한다. 여기에 이소프로판올 1 mL를 넣어 잘 흔들어 섞고 아황산수소나트륨 1 g을 넣어 다시 흔들어 섞은 다음 방치한다. 위의 맑은 액을 취하여 검액으로 한다. 따로 각 주성분의 표준품 약 5~10 mg에 이소프로판올 · 물 · 강암모니아수혼합액(9:3:1) 5 mL를 넣어 녹이고 아황산수소나트륨 0.5 g을 넣고 흔들어 섞어 방치한 다음 위의 맑은 액을 취하여 표준액으로 한다.
2) 액제 또는 로션제인 경우: 이 기능성화장품 약 2~10 g(2~10 mL)에 아황산나트륨 0.6 g, 황산나트륨 1.2 g을 넣고 에탄올을 넣어 녹여 25 mL로 하여 섞고 방치한 다음 그 위의 맑은 액을 검액으로 한다. 따로 각 주성분의 표준품 약 5~10 mg씩을 가지고 검액과 같은 방법으로 조작하여 표준액으로 한다.
3) 분말제인 경우: 이 기능성화장품 약 1 g을 이소프로판올 · 물 · 강암모니아수혼합액(9:3:1) 5 mL에 넣고 잘 분산시켜 녹인다. 이 액을 여과하고 여액에 아황산수소나트륨 약 0.5 g을 넣어 흔들어 섞고 이것을 검액으로 한다. 따로 각 주성분의 표준품 약 5~10 mg씩을 가지고 검액과 같은 방법으로 조작하여 표준액으로 한다.
4) 에어로졸제의 경우: 이 기능성화장품의 내용원액 약 2~10 g(2~10 mL)에 아황산나트륨 0.6 g, 황산나트륨 1.2 g을 넣고 에탄올을 넣어 녹여 25 mL로 하여 섞고 방치한 다음 위의 맑은 액을 검액으로 한다. 따로 각 주성분의 표준품 약 5~10 mg씩을 가지고 검액과 같은 방법으로 조작하여 표준액으로 한다. 이들 액을 가지고 『기능성화장품 기준및시험방법』 일반시험법 중 박층크로마토그래프법에 따라 시험한다. 검액 및 표준액 각 5 μL씩을 박층크로마토그래프용 실리카겔을 써서 만든 박층판에 점적한다. 다음에 이소프로필

에테르 · 아세톤 · 이소프로판올혼합액(10:1:1), 초산에칠 · 벤젠 · 초산혼합액(10:10:2), 초산 · 벤젠혼합액(1:1) 또는 적당한 용매를 전개용매로 하여, 약 20 cm 전개한 다음 박층판을 말린다. 여기에 *p*-디메칠아미노벤즈알데히드 · 묽은염산용액(0.5 → 100) 또는 적당한 발색제를 고르게 뿌리고 건조할 때 검액 및 표준액은 같은 R_f값에서 같은 색상의 반점을 나타낸다.

※ 각 주성분의 표준품은 식품의약품안전처 고시『기능성화장품 기준 및 시험방법』에 등재된 염모제 원료를 말한다.

염모력시험

기능성화장품 기준및시험방법 일반시험법 중 제제 Ⅸ-2. 제제 3. 염모력시험에 따라 시험할 때 효능효과에서 표시한 색상과 거의 같은 색으로 염색된다.

저 장 법 기밀용기

24. 화염모제, 탈색 · 탈염제의 산화제

모발의 염색 또는 탈색 · 탈염을 목적으로 하는 외용제로서 과산화수소를 주성분으로 하는 산화염모제, 탈색 · 탈염제의 산화제이다.

이 기능성화장품은 다음 시험법에 따라 정량할 때 표시량의 90.0~110.0 %에 해당하는 과산화수소(H_2O_2 : 34.01)를 함유한다.

성 상 표시색상의 분말제, 크림제, 로션제, 액제 또는 에어로졸제이다.

확인시험

이 기능성화장품의 수용액(1 → 10)은 과산화물의 정성반응을 나타낸다. 단, 에어로졸제의 경우 내용원액의 수용액(1 → 10)을 가지고 시험한다.

정 량 법

이 기능성화장품 약 1.0 mL(1 g)을 정확하게 취하여 물 10 mL 및 묽은 황산 10 mL를 넣은 플라스크에 넣고 0.02 mol/L 과망간산칼륨액으로 적정한다. 같은 방법으로 공시험하여 보정한다. 단, 에어로졸제의 경우 내용원액을 가지고 시험한다.

$$0.02\ mol/L\ 과망간산칼륨액\ 1\ mL = 1.7007\ mg\ H_2O_2$$

저 장 법 기밀용기

25. 1제형 탈색제

이 기능성화장품은 모발의 탈색을 목적으로 하는 외용제로서 과산화수소를 주성분으로 하는 1제형 탈색제이다. 이 기능성화장품은 정량할 때 표시량의 90.0~110.0 %에 해당하는 과산화수소(H_2O_2 : 34.01)를 함유한다.

확인시험 이 기능성화장품의 수용액(1 → 10)은 과산화물의 정성반응을 나타낸다.

정 량 법

이 기능성화장품 1.0 mL(1g)을 정확하게 취하여 물 10 mL 및 묽은 황산 10 mL을 넣은 플라스크에 넣고 0.02 mol/L 과망간산칼륨액으로 적정한다. 같은 방법으로 공시험하여 보정한다.

$$0.02\ mol/L\ 과망간산칼륨액\ 1\ mL = 1.7007\ mg\ H_2O_2$$

26. 2제형 탈색제

이 기능성화장품은 모발의 탈색을 목적으로 하는 외용제로서 다음 기준 및 시험방법을 준용할 수 있는 2제형의 탈색제를 말한다. 이 기능성화장품의 제1제는 수산화나트륨, 모노에탄올아민, 강암모니아수 중의 1성분 이상을 알칼리제로 사용하는 가루 또는 크림이며, 제 2 제는 과산화수소수를 주성분으로 하는 크림, 로션 또는 액이다.

이 기능성화장품(제 2 제)은 정량할 때 표시량의 90.0~110.0 %에 해당하는 과산화수소(H_2O_2 : 34.01)를 함유한다.

확인시험 이 기능성화장품(제 2 제)의 수용액(1 → 10) 은 과산화물의 정성반응을 나타낸다.

정 량 법

이 기능성화장품의 제 2 제 약 1 mL(1g)을 정확하게 취하거나 달아 물 10 mL 및 묽은황산 10 mL를 넣은 플라스크에 넣고 0.02 mol/L 과망간산칼륨액으로 적정한다. 같은 방법으로 공시험하여 보정한다.

$$0.02\ \text{mol/L 과망간산칼륨액 } 1\ \text{mL} = 1.7007\ \text{mg } H_2O_2$$

탈색력시험

이 기능성화장품은 용법 및 용량란에 기재된 비율로 제 1 제와 제 2 제를 섞어 인모를 침적하여 25 ℃에서 30 분간 방치한 다음 물로 잘 씻어 건조할 때 인모는 탈색된다.

저 장 법 기밀용기

V 체모 제거에 도움을 주는 기능성화장품

1. 치오글리콜산 80 %(Thioglycolic Acid 80 %)

이 원료는 정량할 때 치오글리콜산($C_2H_4O_2S$) 78.0~82.0 %를 함유한다.

성 상 이 원료는 특이한 냄새가 있는 무색 투명한 유동성 액제이다.

확인시험

이 원료 및 치오글리콜산표준품을 가지고 적외부스펙트럼측정법 중 액막법에 따라 측정할 때 같은 파수에서 같은 강도의 흡수를 나타낸다.

순도시험

1) 납: 이 원료 1.0 g을 달아 납시험법에 따라 시험한다. 비교액에는 납표준액 20.0 mL를 넣는다(20 ppm 이하).

2) 비소: 이 원료 0.5 g을 달아 제 3 법에 따라 조작하여 시험한다(4 ppm 이하).

정 량 법

이 원료 약 2.0 g을 정밀하게 달아 물을 넣어 50.0 mL로 한다. 이 액 10.0 mL를 취하여 250 mL 삼각플라스크에 넣고 물 75 mL를 넣은 다음 0.05 mol/L 요오드액으로 적정한다(지시약: 전분시액). 같은 방법으로 공시험을 하여 보정한다.

0.05 mol/L 요오드액 1 mL = 9.212 mg $C_2H_4O_2S$

저 장 법 기밀용기

VI 여드름성 피부 완화에 도움을 주는 기능성화장품 소재

1. 살리실산(Salicylic Acid)

이 원료는 정량할 때 살리실산($C_7H_6O_3$: 138.12) 99.5 % 이상을 함유한다.

성 상 이 원료는 백색의 결정성 가루로 냄새는 없다.

확인시험 이 원료의 수용액(1 → 500)은 살리실산염의 정성반응을 나타낸다.

융 점 158~161 ℃(제 1 법)

순도시험

1) 염화물: 이 원료 3.0 g에 물 100 mL를 넣어 가열하여 녹이고 식힌 다음 물을 넣어 100 mL로 하고 여과한다. 여액 30 mL를 취하여 묽은질산 6 mL 및 물을 넣어 50 mL로 하고 이것을 검액으로 하여 시험한다. 비교액에는 0.01 mol/L 염산 0.35 mL를 넣는다(0.014 % 이하).
2) 황산염: 1)의 여액 30 mL에 묽은염산 1 mL 및 물을 넣어 50 mL로 하고 이것을 검액으로 하여 시험한다. 비교액에는 0.005 mol/L 황산 0.35 mL를 넣는다(0.019 % 이하).
3) 중금속: 이 원료 1.0 g에 아세톤 25 mL를 넣어 녹이고 묽은초산 2 mL 및 물을 넣어 50 mL로 하고 이것을 검액으로 한다. 납표준액 2.0 mL를 네슬러관에 넣고 검체를 제외하고 검액과 같은 방법으로 조작하여 얻은 액을 넣은 다음 묽은초산 2 mL 및 물을 넣어 50 mL로 하여 비교액으로 한다. 검액 및 비교액에 황화나트륨시액 1 방울씩을 넣어 흔들어 섞고 5 분간 방치한 다음 각 관을 백색을 배경으로 하여 위 또는 옆에서 관찰하여 액의 색을 비교한다. 검액이 나타내는 색은 비교액이 나타내는 색보다 진하지 않다(20 ppm 이하).

4) 비소: 이 원료 1.0 g을 달아 질산 5 mL 및 황산 2 mL를 넣어 흰 연기가 날 때까지 조심하면서 가열한다. 식힌 다음 질산 2 mL를 넣어 가열하고 식힌 다음 여기에 과산화수소수 2 mL를 넣어 액이 무색~엷은 황색이 될 때까지 가열한다. 필요하면 질산 및 과산화수소수를 넣어 가열하는 조작을 반복한다. 식힌 다음 수산암모늄포화용액 2 mL를 넣어 다시 흰 연기가 날 때까지 가열한다. 식힌 다음 물을 넣어 5 mL로 하고 이것을 검액으로 하여 시험한다(2 ppm 이하).
5) 황산정색물: 이 원료 0.5 g을 달아 시험할 때 액의 색은 비교액 C보다 진하지 않다.

강열잔분 0.05 % 이하(2 g)

정 량 법

이 원료 약 0.5 g을 정밀하게 달아 중화에탄올 25 mL를 넣어 녹이고 0.1 mol/L 수산화나트륨액으로 적정한다(지시약 : 페놀프탈레인시액 3 방울).

0.1 mol/L 수산화나트륨액 1 mL = 13.812 mg $C_7H_6O_3$

chapter

05

바이오 향장품 제품화 및 산업동향

I 화장품 제품화

1. 화장품 산업 개요

현대 사회에서 화장품은 단순히 피부보호 및 관리를 위한 제품임을 넘어서 자신만의 아름다움과 개성을 표현하는 필수 아이템으로 자리 매김하게 되었다. 과거 화장품의 주된 소비자는 여성에게 한정되었으나, 이제는 남녀노소를 막론한 모든 연령으로 그 소비 계층이 확산되었기 때문이다.

화장품 제조기술의 발전으로 화장품의 기능과 역할이 다양해지면서 청결 유지와 아름다움 표현은 물론, 오염된 환경으로부터 피부보호 및 항 노화 등 사용자의 욕구는 나날이 증가하고 있다. 이처럼 화장품이 점차 필수 소비재로 인식되며 화장품 시장은 빠르게 확대되고 있으며 경기와 무관하게 성장세를 지속하고 있는 고성장의 부가가치 산업으로 발전하고 있다.

인류의 평균수명이 길어지며 오래도록 젊음과 아름다움을 유지하고자 하는 욕구와 관련해서 향후 화장품 산업이 더욱 확대되고 발전할 것이라는 것은 의심할 여지가 없어 보인다. 이를 반영하듯이, 최근의 화장품 산업은 의료, 바이오 분야와도 결합되어 인류에게 피부와 관련된 다양한 문제를 극복할 열쇠를 쥐어줄 첨단 산업으로 각광받고 있다.

급격한 화장품 산업 성장세에 힘입어 타 업종 업체들의 화장품 사업 진출마저 본격화되다보니, 국내외를 막론하고 화장품 시장은 치열한 경쟁을 하는 양상이다. 수많은 신제품과 신규 브랜드의 출시가 이어지는 동시에, 수많은 브랜드의 쇠락과 실패 또한 공존하는 것이 화장품 시장의 현실인 것이다. 이러한 상황에서 화장품 제조기술과 더불어 화장품의 용기와 디자인 전략을 통한 상품의 차별화가 중요한 이슈로 대두되고 있다. 보다 높은 부가가치를 가진 상품이 시장을 크게 증대시킬 수 있기 때문이다.

2. 화장품 제품화 요건

화장품 시장이 갈수록 확대되고 전문화 · 세분화되는 시점에서, 화장품 제조를 위한 소재와 제형에 관한 제조기술과 함께 고려되어야 할 중요한 문제가 바로 화장품의 제품화를 위한 용기 및 디자인에 관한 것이다. 화장품은 외부에서 내용물을 볼 수 없는 경우도 있고, 눈으로 보았다고 해서 효능을 바로 예상할 수도 없는 제품이라는 특성을 지니고 있다.

화장품은 트렌드에 민감하고 기호성이 강한 제품으로 내용물의 기능 및 안정성과 함께 그것을 담는 용기와 디자인을 통하여 해당 제품 및 브랜드 이미지를 구축하고 소비자의 감성까지 반영하는 역할을 하기 때문이다. 따라서 각 화장품 업체들은 화장품 입구가 쉽게 열리는 것의 여부에서부터 용기 표면의 질감 및 외관 디자인 등 다양한 관점에서 소비자의 요구를 반영할 필요가 있다.

화장품 용기와 디자인에 관련된 문제들은 소비자가 제품의 품질과 그 고유의 이미지를 인식하는데 있어 직접적인 영향을 미치게 되므로, 화장품 제조에 관련된 입장에서는 철저하게 시장의 요구에 부응하는 전략을 짜서 제품을 설계하고 마케팅을 활용해 세부적으로 관리해야 한다.

화장품 제조 기술이 발전하며 다양한 기능성 화장품 등이 개발되다 보니, 이러한 기능성 내용물을 담는 기능성 용기 개발의 중요성 또한 점차 커지고 있다. 아무리 좋은 기능을 가진 내용물일지라도 적합하지 않은 소재의 용기에 담기게 되면 변질, 파손을 초래해 화장품의 안정성과 안전성을 확보할 수 없기 때문이다.

화장품 산업에 종사하고자 하는 경우, 화장품에 사용되는 성분과 용기의 종류가 어떻게 조합되어야 하는지가 적절한가에 대한 기본 상식은 가지고 있어야 할 것이다.

또한, 화장품은 고도의 기술력으로 제조되는 제품이면서도 동시에 사용자의 감성적인 욕구를 충족시킬 때 판매될 수 있는 특성을 지니고 있다. 최근 빠른 성장세를 보이는 화장품 브랜드들은 대기업의 브랜드가 아닌 중소기업의 브랜드들이 많이 보이는데, 성공한 브랜드들이 지니는 특성은 성분과 효능에 따른 것이라고 보다는 소비자들이 좋아할 만한 제품의 스토리나 패키지디자인, 마케팅이 더 강력한 요소로 작용할 때가 많다.

즉, 화장품이 상품으로서의 가치를 지니기 위해 고려되어야 하는 요소들은 내용물의 품질 뿐 아니라, 용기의 디자인, 로고, 패키지, 마케팅 등 여러 요소가 복합적으로 관리되어야 한다.

이러한 이유로 국내 · 외를 막론하고 치열한 경쟁이 벌어지는 화장품 산업 분야에서 틈새시장을 뚫고 우위를 선점하기 위해서 관련 인력들은 화장품의 소재화, 제형화, 제품화에 관한 전반적인 과정을 균형 있게 이해하는 것이 대단히 중요하다.

3. 화장품 용기

1) 화장품의 용기 개요

화장품 용기의 기본적인 역할은 자연환경(온도, 습도, 빛, 미생물 등)에서 화장품을 제작 · 운반 · 보관할 때 내용물의 품질을 보호하면서도 용기 그 자체의 품질을 유지하며, 화장품의 변형과 변질이 일어나지 않도록 안전하게 보호하고자 하는 것이다. 화장품 제조기술이 빠른 속도로 발전함에 따라 전체 화장품 시장에서 용기 부문이 차지하는 비중은 점점 높아지고 있는 추세이다. 단순히 화장품의 내용물을 변형 · 변질 없이 담는 수준을 넘어 소비자에게 상품에 대한 정보전달을 하고 시각과 촉각을 만족시킴으로써 그 가치를 높이는 역할을 하는 것이다. 최근 화장품 기업들은 내용물의 화장품 빈 용기의 재활용을 통한 환경 보전과 기업 이미지 제고에도 많은 관심을 기울이고 있다.

〈표 5-1〉 화장품 용기의 조건

과정	조건
제작	• 직 · 간접적인 화학적 영향 • 세균과 곰팡이 등 미생물에 의한 오염 • 작업 공정 시 다른 물질에 의한 직 · 간접적인 환경오염
유통	• 품질 보호를 위한 강도 • 용기 구성 성분이 내용물과 접촉 시 용출, 확산 또는 침투되는 것을 방지 • 가공 공정 푸 내용물의 향기 유지

화장품 용기는 내용물을 운반 및 보관하고 제형과 반응을 최소화하며, 부품 간 조립성, 성형성을 높여주고, 후가공 표현이 가능하도록 도움을 준다. 화장품 용기는 생산과정에서 소비자에게 이르기까지의 취급 과정 중에 소비자의 사용이 편리하고 안전해야 하며, 설계 초기부터 상품 특성과 취급조건 등의 인쇄 표시 및 진열효과 등을 고려해서 제작되어야 한다. 이러한 조건들을 충족하는지 여부를 평가하기 위한 기본적인 시험 항목은 표2와 같다.

〈표 5-2〉 화장품 용기의 기본적인 시험항목

<table>
<tr><td rowspan="8">시험항목</td><td>성능 평가</td><td colspan="2">사용의 편리성, 미려성, 포장작업의 용이성(경제성 관련)</td></tr>
<tr><td rowspan="7">안전성 평가</td><td colspan="2">강도시험(오염방지 등)</td></tr>
<tr><td rowspan="2">화학시험</td><td>재질 중에 포함되어 있는 물질 량 체트</td></tr>
<tr><td>재질 중에 포함되어 있는 용출 정도의 체크</td></tr>
<tr><td rowspan="2">미생물시험</td><td>원료의 독성시험</td></tr>
<tr><td>용출물의 독성시험</td></tr>
<tr><td colspan="2">미샐물 시험; 오염 정도의 체크</td></tr>
<tr><td colspan="2">오염시험: 잔류물, 소재의 열화도 체크(반복 사용되는 용기)</td></tr>
</table>

화장품 용기는 미적 요소를 강하게 요구하며 새로운 트렌드를 추구하는 소비성향을 반영해서 다품종 소량 생산이라는 특징을 가지고 있다. 화장품의 품질이 소비자에게 인식되는 것은 우선 화장품의 외관일 수밖에 없으며, 아무리 내용물이 좋은 성분과 기술력으로 제조되었다 하더라도 미적으로 만족을 주지 못하거나 제

품의 사용 시에 입구의 사용성이 불편하다면 소비자의 외면을 받을 수밖에 없기 때문이다.

또한, 화장품 내용물의 제형이 다양해지면서 변질 없이 내용물을 보관하고 사용할 수 있는 기능성 화장품 용기 개발이 필수적으로 요구되는 추세이다. 한국 화장품의 품질이 글로벌 화장품 시장에서 경쟁력이 향상되고 있는 시점에서 차별화된 용기의 기술 개발과 이에 대한 지적소유권의 강화가 필요한 때이다.

화장품 시장 규모에서 화장품 용기업계가 차지하는 비중은 8~12% 정도로 추산되고 있으며 국내 화장품 용기시장의 규모는 2010년 들어 5년 동안 연평균 약 6.7%의 성장률로 성장하고 있다. 2014년 약 8,178억 원의 규모를 형성하고 있는 것으로 나타나고 있는데, 화장품 시장의 유통 구조 변화로 드럭 스토어, 온라인 쇼핑몰, 홈쇼핑 등의 중저가 시장의 높은 성장세는 화장품 용기 시장의 발전으로도 이어지고 있다.

2) 화장품 용기의 분류

화장품 용기는 화장품의 용도, 내용물의 특성과 사용 목적에 따른 용기 형태, 또는 용기제작에 사용되는 주재료에 따라 여러 형태로 분류할 수 있다.

(1) 화장품 용도에 따른 분류

피부용 화장품, 메이크업 화장품, 향수, 두발용 화장품, 특수용도 화장품 등 5가지로 분류할 수 있다.

(2) 용기 형태별 분류

기초 화장품의 용기로 사용되는 입구가 좁은 세구병은 스킨이나 로션의 화장품 용기로 많이 사용된다. 입구의 크기가 넓은 광구병은 크림에 주로 사용되며, 짜서 사용하는 튜브 용기, 콤팩트 용기, 펌핑으로 원하는 양을 토출해 사용하는 펌프 용기, 에어졸 용기, 아이 라이너 등에 사용하는 펜슬 용기 등 [표 3]과 같이 분류할 수 있다.

〈표 5-3〉 화장품 용기 형태별 분류

형태		제품유형
세구병		병의 입구가 작은 용기 – 화장수, 유액, 에나멜, 향수 등
광구병		용기 입구가 큰 용기 – 크림, 파운데이션 등
반복꺼냄 용기		베니, 스틱 파운데이션, 스틱 아이섀도우 등
튜브		속이 빈 관 모양으로 몸체를 눌러 내용물을 추출하는 용기 –크림, 파운데이션 등
콤팩트 요기		내용물을 퍼프에 묻혀 사용하는 용기 –고형 파운데이션, 아이섀도우, 브러셔 등
세신원통형 용기		마스카라, 아이라이너 등
파우더 용기		가루 파우더에 사용하는 용기 – 루스 파우더 등
펜슬 용기		펜의 형태를 가지고 있는 용기 – 아이라이너, 아이블로, 립펜슬 등
펌프용기 (디스펜서식 용기)		용기에 담겨있는 액체를 원하는 양만큼 원하는 위치에 장량 분출하는 용기 –샴푸, 린스, 유액, 화장수 등
아트마이저식 용기		향수, 오데콜론, 헤어미스트 등
에어졸 용기		내용물과 액화 또는 가압가스를 용기에 넣고 벨브 버튼으로 밀폐한 용기 – 헤어 스프레이, 무스, 파우더, 스프레이 등
파우치 팩		입욕제 등

출처: 석승민 p.129.

(3) 용기 재료별 분류

화장품 용기의 재료별 분류로는 크게 유리, 금속, 플라스틱 3가지로 분류할 수 있다.

가. 유리

전 세계적으로 기초 화장품 용기는 주로 유리를 사용하여 왔는데, 유리는 화학적으로 안정적인 용기로서 화장품이나 식품 등의 내용물 보존에 위생적인 장점을 가졌기 때문이다. 또한, 내용물이 잘 보이는 투시성과 내구성 등의 장점을 가지고 있다.

하지만 유리 제품은 취급 · 유통과정에서 파손의 위험성이 있고, 무게가 무거우며 가격이 높다는 단점이 있다. 현대인의 생활은 간편함과 이동성, 휴대성이 뒤따라야 하므로 유리로 된 제품들은 점차 소비자의 외면은 받을 수밖에 없는 상황이 되었다.

나. 금속

금속은 단단하고 내구성이 좋아 생활 속에서 여러 가지 도구를 만드는데 사용되어 왔다. 금, 은과 같이 광택과 색상이 고급스러운 금속과 알루미늄, 스테인레스는 청결감과 모던함을 주는 장점이 있으며, 티타늄, 마그네슘과 같은 금속은 가볍고 튼튼한 장점이 있다. 금속은 가늘고 길게 잡아 늘여지는 연성과 얇게 퍼지는 전성이 좋아 성형성이 좋고, 외관이 아름답고 광택이 좋아 장식재로 이용이 적합하다.

다. 플라스틱

유리의 이러한 단점을 극복하기 위해 대체품으로 등장한 것이 미국에서 개발한 폴리에틸렌텔레프탈레이트(PET) 플라스틱이다. 플라스틱의 등장으로, 소비자들은 기존의 화장품 품질은 그대로 유지하면서 더 낮은 가격으로 공급되는 화장품을 구매할 수 있게 되었다.

더구나 여성들의 사회활동과 여행인구 증가로 인해 휴대가 간편한 화장품 용기의 필요성이 대두되면서 플라스틱 용기의 사용은 빠른 속도로 확대되었다.

현재는 금형기술 및 진공증착 등의 코팅 기술과 몰딩기술의 개발로 플라스틱의 단점을 개선되면서 80년 중반부터 알루미늄 소재를 소용하던 립스틱 용기, 로션과 크림 제품의 뚜껑이 생산 원가절감의 효과가 큰 플라스틱 재질로 교체되는 등 플라스틱 용기는 절대적 우위를 차지하고 있다. 플라스틱은 무척 다양한 변형이 가능해서 육안으로 봤을 때 플라스틱이라고 보이지 않는 재질도 많이 출시되고 있다.

● 플라스틱, Plastic의 정의와 기원

합성수지 조형물이란 의미로 널리 알려져 있다. 그리이스어인 플라스티코스(plastikos: 성형하기 알맞다는 뜻)에서 유래하여 Plastic(플라스틱), 합성수지라고 불린다. 최초의 플라스틱은 당구공의 재료인 상아를 대체한 셀로로이드와 베이클라이트가 있으며, 20세기 가장 위대한 플라스틱 발명품은 조지 이스트만의 '영화 필름'과 Dupont사의 'Nylon 원사'로 손꼽힌다.

● 플라스틱 종류와 특성

플라스틱은 열, 압력 등의 외부의 힘에 의하여 자유로이 성형이 가능하고 사용 상태에서도 이미 만들어진 형상을 유지하는 고체의 재료이다. 화장품 용기에 많이 사용되는 열가소성 플라스틱 재료들은 다음과 같은 종류가 있다.

① PP(polypropylene): 비중이 가볍고, 내열성이 좋으며, 가격이 싸다. 반면 후가공성이 약하며 성형 수축률이 크다.

② PE(polyethylene): 저도와 고도의 2종류로 용도에 따라 구분하여 사용하며 가볍고 가공이 용이하며 가격이 가장 싸다. 반면에 내용물 투과 안정성이 낮다.

③ PC(polycarbonates): 엔지니어용 플라스틱으로 다양한 범위에서 사용하며 핸드폰 등에 많이 사용한다. 가공성과 내열성이 좋고 충격강도가 매우 높다.

④ POM(polyacetal): 유백색으로 단단하고 강성이 높다. 내마모성, 탄성강도가 우수하여 팩트 버튼 등에 사용한다. 충격강도가 높고 내열성이 있다.

⑤ ABS(acrylonitrile butadiene styrene): 코팅, 증착, 도금 등의 후가공성이 우수하며 도금용 플라스틱으로 최적이다. 강성, 내충격성, 외관의 균형이 잡힌 재료이다.

⑥ PS(pol- ystyrene): 가볍고 전기절연성이 우수하다. 성형수축률이 작으며 성형성이 좋으나 내약품성에 취약하다.

⑦ PMMA(pol- ymethylmethacrylate)는 아크릴로 표면광택 및 투명성이 뛰어나 유리 용재로 이용되고 있다. 플라스틱 중 투명성이 가장 좋으며 착색이 잘된다. 반면 가격이 고가이며 내약품성에 약하다.

⑧ SURLYN은 감각적인 디자인 성형에 우수한 플라스틱으로 딱딱하지 않고 차갑지 않은 느낌 표현이 가능하다. 투명성과 두께감이 우수하다. 반면 열에 쉽게 변형되며 가격이 대단히 고가이다.

⑨ AS(acrylonitrile styrene, SAN): 투명성이 좋고 강성이 높다. 광택, 착색효과가 좋아 외관이 미려하고 두께 있는 성형 시 양호하다. 반면 유연성이 부족하며 유지, 약품 등에 의한 스트레스 크랙은 주의가 필요하다.

화장품을 직접적으로 담을 수 있는 재질은 PE, PP 재질이 가장 안전한데 이 두 재질은 불투명하고 고급스러움을 표현할 수 없어 투명한 재질의 외용기를 별도 제작하게 된다. 외용기는 투명도와 견고함을 유지하기 위해 SAN, PCT, ACRYL 등을 사용한다. 보통 고가 화장품일수록 이중용기를 사용하며 다양한 후가공 방법을 통해 여러 가지 효과로 고급스러움을 표현한다.

● 플라스틱 가공

플라스틱 가공은 크게 2가지로 나눌 수 있는데, 그것은 열가소성 (熱可塑性) 플라스틱과 열경화성(熱硬化成) 플라스틱을 의미한다. 열가소성 플라스틱은 열을 가하면 녹고, 온도를 낮추면 고체로 돌아가는 고분자 플라스틱을 말하며, 재활용이 용이한 특성을 지니고 있다. PE, PS, PET, PVC 등이 이 해당된다.

열경화성 플라스틱은 열을 가하면 녹지 않고, 타서 가루가 되거나 기체를 발생시키는 플라스틱을 의미한다. 에폭시 수지, 아미노수지, 페놀수지, 폴리에스테르

수지 등 이 해당된다.

● 플라스틱 성형의 종류

화장품 용기의 사출 또는 성형이란 열가소성 수지로 제품을 만드는 가공 방식의 하나로 쇠로 만든 금형 틀 속에서 가소성 수지를 주입시키고 굳은 다음 금형 틀을 열어서 안쪽의 굳어 있는 형상을 빼내는 방식이다. 화장품 케이스, 캡, 칫솔 등을 만드는 방식이다.

① 사출성형

플라스틱 성형의 대표적인 방법으로 대부분의 형상이 성형 가능하고 다른 성형법에 비해 정밀도가 높고 성형시간이 짧으며 생산성이 우수하다. 대형물도 성형이 가능하고 대량 생산에 적합하지만, 금형의 구조가 복잡하고 금형 제작비가 높은 단점이 있다.

사출타입의 대표적인 용기는 크림용기이며, 쿠션 팩트의 외용기 또는 외캡에 주로 사용한다.

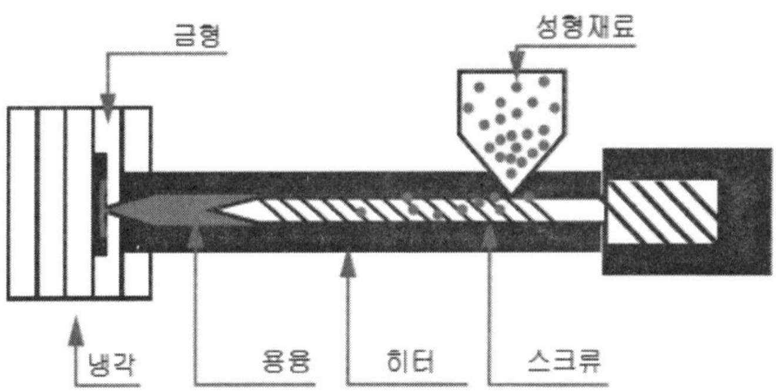

[그림 5-1] 사출성형 구조도

출처: 김영창(2010). 재료와 가공. 태학원. p. 148.

② 블로우 성형

압출이나 사출에 의해 튜브상으로 예비성형(Parison)을 하여, 이것을 금형에 끼워서 내부로 공기를 불어 넣어 부풀게 해서 냉각 고화시켜 특정한 형태의 고형물을 만드는 방법이다. 주입구가 있는 병이나 통모양의 성형에 주로 이용된다. 두께를 얇게 성형할 수 있고 가격이 싸며 대량생산에 적합하지만, 두께의 균일성, 표면의 마무리, 치수의 정밀도가 미약한 단점이 있다. 블로우 성형은 두 가지 타입이 있다.

첫째는 다이렉트 블로우 타입이다. 가장 일반적이고 쉬운 형태의 블로우 타입으로 플라스틱 원료가 관 형식으로 뽑아지면 두 개로 나뉘어진 암컷 금형이 가운데를 물게 되고, 그 사이로 바람을 불어 넣어 만드는 방식이다. 둘째는 다이렉트 블로우를 보완하여 개발한 인젝션 블로우 타입이다. 두께와 표면을 고르게 하기 위해 프리폼이라는 가용기를 사출한다. 적용 제품으로는 보통 샴푸용기, 섬유유연제 용기처럼 크고 견고한 제품과 스킨토너처럼 투명하고 고급스럽게 보이는 제품에 사용되는 방식이다.

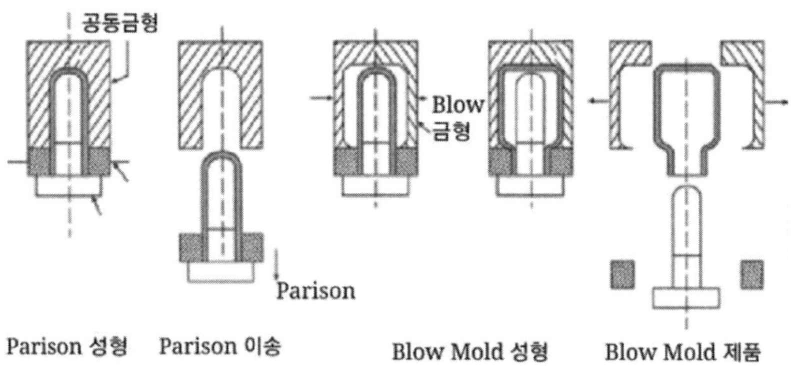

[그림 5-2] 블로우성형 구조도

출처: 김영창(2010). 재료와 가공. 태학원. p. 163.

③ 압출 성형

열가소성 수지를 실린더에 넣고 가열 용융시켜 스크류(screw)를 이용해 연속적으로 다이(die)로부터 압출하여 성형하는 방법을 말하며 이러한 기계를 압출기라고 한다. 원료에 열을 가하고 용융 기계에 넣고 실린더의 스크류(screw)로 압을 가하며 밀어내어 원형의 틀에 의해 만드는 원리와 비슷하다. 파이프(Pipe), 시트

(Sheet), 필름(Film), 전선피복, 이형품 펠렛(Pellet) 등이 압출기에 의해 생산된다. 실린더에는 열을 가하는 히터가 붙어있어 고체인 원자재를 용융시켜 부드럽게 해준다. 스크류는 1축과 2축 두 가지가 있는데 2축 스크류에는 물림형, 빗물형, 동방향 회전형, 이방향 회전형 등이 있으며 제품 생산 목적과 특성에 맞도록 각각 다르게 사용된다. 적용 제품으로는 PE튜브, 라미네이팅 튜브용기로 화장품, 팩제품, 치약 용기 등에 사용된다.

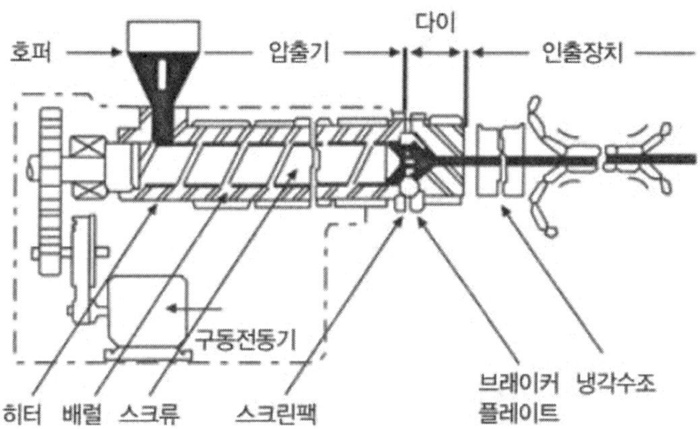

[그림 5-3] 압출성형 구조도

● 플라스틱의 용도

플라스틱은 농 · 수산업에서 필요한 비닐하우스, 끈, 호스, 포대, 어망, 발포상자 등에 사용되며, 가정용 주방용품, 전기제품, 각종 용기, 랩, 포장 재료 등에도 사용된다. 또한, 안경, 콘택트렌즈, 수술용 봉합사 등 의료기기에도 쓰이며, 자동차, 선박, 비행기 등의 이동수단에도 쓰이고 있다. 주택 자재 등으로도 사용되며, 각종 도료 및 문구, 장난감에도 플라스틱은 빼놓을 수 없는 재료이다.

이와 같이 인류생활에 있어 플라스틱은 빼놓을 수 없을 정도로 밀접한 관련을 맺고 있음에도 불구하고 대부분 인식하지 못하는 경우가 많다.

3) 화장품 용기의 작동 원리

(1) 펌프

펌프는 인류의 역사에서 아주 오래된 기계 장치의 하나로 압력작용에 의하여 액체나 기체의 유체를 관을 통해서 수송하거나, 저압의 용기 속에 있는 유체를 관을 통하여 고압의 용기 속으로 압송하는 장치이다.

일상생활에서 매일 사용하는 샴푸나 화장품 용기에 이르기까지 활용되는 다양한 펌프는, 모두 기압의 차이를 이용해 유체(기체와 액체)를 이동 시키는 원리를 이용한 것으로 그 종류가 크게 회전식과 용적형 펌프로 나뉜다. 회전식 펌프는 펌프 안의 회전날개나 프로펠러를 회전시켜 발생하는 원심력이나 추진력을 이용하여 액체를 토출하는 펌프이다. 용적형 펌프는 전동기의 회전력을 왕복운동으로 변환시켜 펌프 끝에 설치된 격막이 왕복운동을 함에 따라 발생하는 여압과 부압을 이용한 펌프이다.

샴푸나 화장품 용기에 사용되는 펌프는 용적형이며 그 종류는 일반적으로 긴 대롱을 통해 내용물을 끌어올리는 딥 튜브 펌프와 진공의 압력을 이용해서 내용물을 나오게 하는 에어리스 펌프, 중간에 망이 있어서 토출 시 거품으로 변하는 거품 펌프, 노즐을 작은 구멍으로 만들어 분사하는 스프레이 등이 있다.

[그림 5-4] 펌프 용기

출처: https://search.naver.com/search.naver?where=image&sm=tab_jum&query=%ED%8E%8C%ED%94%84+%EC%9A%A9%EA%B8%B0#imgId=nshopping522450066_235832289&vType=rollout. 2019.01.05.

펌프 용기는 윗부분을 누르면 내용물이 나오게 되는데, 누르는 방식으로 사용하면 흘리지 않고, 원하는 양만큼만 펌핑해서 사용할 수 있어 편리하다. 또한, 용기만 구입해 샴푸나 세제 등을 다양하게 넣어 사용할 수 있다. 그러나 밑바닥에 남은 내용물을 사용하기 어려운 단점이 있다.

(2) 나사

직각 삼각형 형태의 종이를 원통에 감았을 때 그 빗변이 원통을 따라 만드는 선, 즉 나사선을 따라 홈을 판 것을 나사라고 하는데, 이는 결합용 기계요소로서 두 개 이상의 부품을 결합할 때 사용한다.

나사는 볼트와 너트에 끼워서 돌리면 이동거리보다 훨씬 많은 거리를 돌리기 때문에 경사면의 원리를 이용한 것으로 작은 힘으로 너트를 돌려도 큰 힘으로 볼트를 조이게 된다.

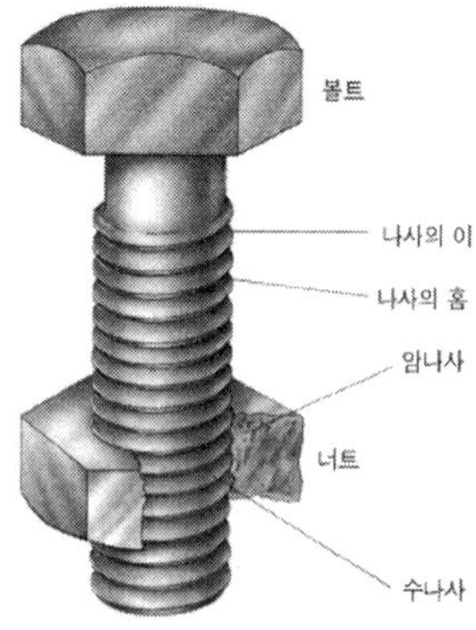

[그림 5-5] 나사 원리

출처: https://search.naver.com/search.naver?sm=tab_hty.top&where=image&query=%EB%82%98%EC%82%AC+%EC%9B%90%EB%A6%AC&oquery=sktk&tqi=UZfxglpySDlssb2CcNZssssstyR-271725#imgId=cafe28822012%7C28%7C3259_1125610896&vType=rollout, 2019.01.05.

나사로 조인 두 개의 물체는 여간해서는 분리되지 않으며, 이것이 수직적인 힘이나 중력으로 간섭하여도 회전으로 고정된 나사는 견고하다. 화장품에서도 나사는 흔하게 사용되고 있다. 내용물을 담은 용기를 밀폐 시키는데 가장 많이 사용하는 방법으로 용기와 캡에 나사를 형성해 돌려서 닫는다.

(3) 캠

캠은 회전운동을 연속적인 또는 부분적인 왕복운동으로 변화시켜주는 장치로 사용된다. 가장 단순한 원리이면서 다양한 운동을 만들어 내기 때문에 다양한 기계에 사용되는 메커니즘이다. 화장품 용기 중에서는 립스틱의 직선운동이 캠의 원리를 이용한 것이다. 립스틱의 용기 하단을 돌리는 회전운동이 용기 내벽에 나선형으로 파인 캠을 이용하여 립스틱 내용물이 담긴 접시가 승강과 하강을 하는 직선운동으로 바꾸는 것이다. 캠은 정면 캠, 판 캠, 원통 캠, 구면 캠, 요크 캠 등 모양과 기능에 따라 다양한 패턴의 운동이 가능하다.

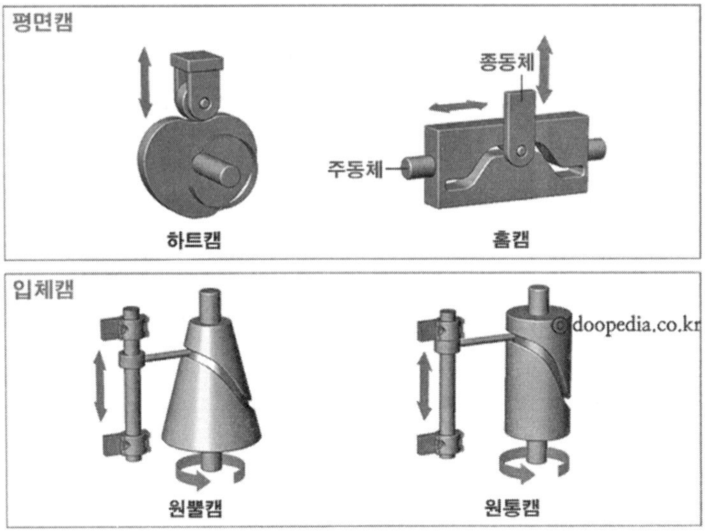

[그림 5-6] 캠의 종류

출처: https://terms.naver.com/entry.nhn?docId=1149544&cid=40942&categoryId=32351, 2019.1.5.)

(4) 체크밸브

유체가 한 방향으로만 흐르고 반대로 흐르고자 하면 밸브가 즉시 폐쇄되어 역류를 방지하도록 작동하는 밸브의 총칭하는 용어이다.

리프트(lift) 체크밸브는 밸브가 수직으로 개폐 작동하여 밑으로부터 위로 유체가 흘렀을 때 밸브가 부상하여 열린 상태로 된다. 스윙(swing) 체크밸브는 상부의 핀을 지점으로 하여 밸브가 개폐된다. 밸브가 구상인 볼(ball) 체크밸브는 리프트형의 일종으로 유압 등에 쓴다.

사람의 몸속에 혈액의 순환 운동이 가능하도록 하는 것은 심장 속에 피를 지속적으로 내보내면서 역류를 방지해주는 판막이라는 체크밸브기 있기 때문이다. 체크밸브는 유동 물질을 한쪽 방향으로만 흐를 수 있게 해주는 매우 유용한 장치이다.

우리가 편리하게 사용하는 화장품 펌프의 실린더 속에 들어 있고, 자동차 엔진의 실린더에도 있으며, 타이어 공기 주입구에서 공기를 넣을 수 있지만 새어 나오지 않게 해주는 역할을 한다. 화장품 펌프 용기에 사용되는 체크 밸브의 종류는 그림 7와 같이 스틸 체크밸브, 디스크 체크밸브, 고무 체크밸브가 있다.

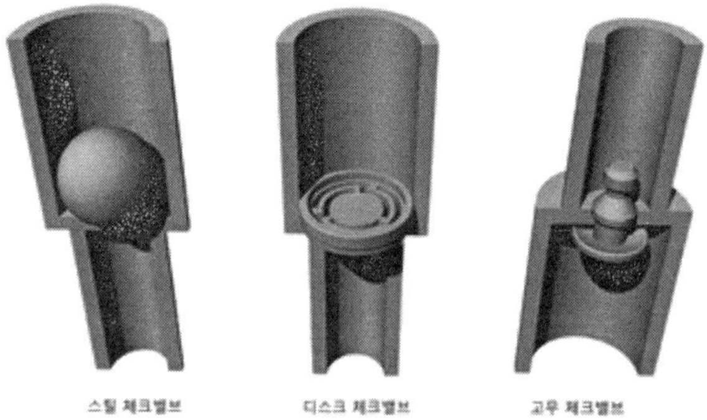

[그림 5-7] 체크밸브 종류

출처: 임희숙(2017) p. 193.

4) 화장품 용기 후가공

화장품 용기디자인의 후가공 기법은 매우 복잡하고 다양하며, 많은 신기술이 적용된다. 또한 컬러도 다양하여 최근의 화장품 브랜드들에서는 후가공 기법에 한 연구가 많이 이뤄지고 있다. 화장품 용기디자인의 후가공은 뿌리는 방법인 코팅, 담그는 방법의 도금 그리고 인쇄로 나누어진다.

화장품 용기는 후가공을 통해 용기 또는 그 표면의 내구성을 더 높이고, 빛과 자외선으로부터 내용물의 변질과 변색을 방지하여 내용물을 보호하려는 것이 목적이다, 또한, 후가공은 외관을 미려하게 하거나 제품 컨셉에 부합하는 가공을 하여 브랜드의 품격을 높이려는 목적에서 이루어진다.

(1) 코팅

코팅은 표면에 도료를 흡착시키는 위한 작업으로 도료를 흡착시키는 위한 준비단계, 도료를 표면에 뿌리는 도장단계, 도장이 안정적으로 유지될 수 있도록 하는 마무리단계로 구분된다. 코팅은 색상을 표현하거나 내용물을 보호하기 위한 목적으로 용기의 표면을 덮어 고착화하여 피막을 형성한다. 코팅에 색상 표현은 안료와 염료를 사용한다. 안료는 코팅에 색상을 내는 색소로써 가장 널리 쓰이는 재료로 물에 녹지 않으며 불투명성을 가지고 있어 용기의 내용물의 은폐력을 준다. 염료는 피염물에 녹아들어 염착되는 것이다. 도료 첨가물로는 펄, 메탈, 홀로그램, 무광제, 러버 첨가제, 시온안 료, 감광색소, 향기안료 등이 있다.

일반적으로 가장 많이 사용되는 스프레이 코팅은 압축 공기를 써서 안개 모양으로 하여 그 압축 공기와 같이 도료를 물품에 분무하여 도포하는 방법이다. 모든 도료에 적용 가능하고, 작업 능률이 좋으며, 복잡한 디자인의 제품이나, 넓은 부분에도 균일하게 코팅할 수 있기 때문에 현재 부분의 도료와 물품이 이 스프레이 코팅법을 사용하고 있다. 단점으로는 오버 스프레이에 의한 도료의 낭비가 많고, 도착 효율이 나쁘다.

표면코팅의 유형은 외측코팅과 내측코팅으로 나뉘며 외측코팅은 표면 외측에 분사하여 입히는 것으로 메탈코팅, 홀로그램코팅, 펄코팅 등 이 있다. 또한 어느 한쪽이 칼라의 농도가 밝거나 어둡거나 또는 색상의 차이가 나게 하는 그라데이션으로 코팅을 할 수 있다. 내측코팅은 표면의 내측에 분사하여 입히는 것으로 메탈코팅, 홀로그램코팅, 펄코팅, 미러코팅이 있으며 단색코팅, 그라데이션 코팅이 모두 가능하다. 스프레이 코팅의 종류는 1액형 코팅, 2액형 코팅, UV코팅이 있으며, 1액형 코팅은 경화제 없이 주재와 신나로만 이루진 도료의 코팅이며, 2액 형 코팅은 경화제가 들어간 우레탄 타입의 코팅으로 경화제, 주재, 신나로 이루어진 도료의 코팅이다. UV코팅은 신나와 경화제가 첨가되지 않고 UV도료로 이루어진 코팅이며 일반 적으로 화장품 용기에 주로 사용되는 코팅이다.

(2) 도금

도금은 일반적으로 금속소재에 실시하는 전기도금을 가리키나, 플라스틱은 도체가 아니므로 화학도금이나 증착이 이용된다. 플라스틱에 도금을 하므로 금속효과를 주며, 플라스틱의 내후성, 내열성을 향상시킨다. 금속소재를 사용할 때보다

가볍고 가격도 싸다. 화학도금은 플라스틱 성형품에 구리나 니켈의 금속피막을 석출시킨 뒤에 이 위에 구리, 니켈, 크롬 등을 도금한다. 증착은 화장품 용기 도금에 주로 쓰이는 방법으로 진공 속에서 금속 및 합금, 기타 화합물을 가열, 용해하여 증발시켜 증발물이 표면에 피복되는 원리를 이용한다.

일반적으로 진공 속에서 이루어지므로 진공증착이라고도 한다. 플라스틱 성형품에서는 알루미늄을 가장 많이 사용하며 이외에 구리, 은, 금, 아연, 주석, 유화아연 등의 금속이나 금속화합물을 사용한다. 증착은 탁월한 금속광택과 컬러풀한 색상으로 상품을 보다 고급스럽고 아름답게 한다.

(3) 인쇄

인쇄는 법적사항과 제품의 정보를 소비자에게 전달하기 위한 수단이다. 플라스틱 성형품의 상품가치를 결정하는 최종단계로서 인쇄의 중요성이 두되고 있다. 플라스틱은 주로 스크린 인쇄나 패드 인쇄를 이용하며 그라비아 인쇄, 스탬핑 인쇄 등이 있다.

스크린 인쇄는 롤 망사에 사진원리 방법과 같이 유제를 인쇄 이외 부분의 망사결을 막고 스퀴지로 잉크를 압출하여 인쇄하는 방식이며 실크스크린 인쇄라고도 한다. 곡면인쇄가 가능하며 잉크 층이 두터우나 섬세한 표현이 떨어지며 그라데이션 표현이 어려운 단점이 있다.

패드 인쇄는 스크린 인쇄에서 할 수 없는 인쇄 부분이나 정교함까지 인쇄가 가능하다. 그라비아 인쇄와 유사 방식이며 오목판의 잉크를 패드에 옮겨 피인쇄물에 전이하는 인쇄 방식이다. 형상이 복잡하거나 아주 좁은 면적의 인쇄에 효과적이며 평면 인쇄가 우수하다.

스탬핑 인쇄는 고무 블록판을 이용하여 스탬핑지에 요구하는 문양을 인쇄하여 피전사체에 옮기는 것이다. 물체의 표면에 다양한 색상의 그림이나 문양을 쉽게 표현할 수 있다. 플라스틱, 나무, 도자기, 금속, 유리 등의 표면 에도 인쇄가 가능하다. 고급스러운 이미지 표현에 효과적이나 변색과 박리의 우려가 있다.

그라비아 인쇄는 오목판에 잉크를 채워 블록판의 잉크를 긁어내고 인압을 통해 오목판 의 잉크를 피인쇄물에 전이 시키는 방식이다. 비닐과 지폐 같은 얇은 종이나 유연한 필름 등의 인쇄에 사용되며 색의 농담 제현성이 우수하며 고속인쇄가 가능하여 대량 인쇄에 주로 사용한다.

4. 화장품 디자인 전략

1) 디자인과 디자이너

첨단 제조기술의 발달로 수많은 화장품들이 시장에 쏟아져 나오면서 소비자에게 선택받을 수 있는 제품을 만드는 것은 더욱더 어려워지고 있다. 전통적인 화장품 강국들 사이에서 국내 브랜드들이 우수한 품질과 가격경쟁에 우세를 보이며 고군분투하고 있는 이 시점에서, 좋은 디자인에 대한 필요성은 브랜드 가치를 높이는데 있어 필수적이며 기업들 사이에서 중요한 이슈로 거론되기도 한다.

좋은 디자인은 좋은 기획에서 비롯되며, 디자인과 마케팅은 밀접한 관계를 가지고 있는 것이 시장의 속성이다. 그러나 막상 소비자가 마음에 드는 제품을 선택할 때 그 이유가 막상 좋은 디자인에서 비롯된다는 것을 잘 인식하지 못할 수 있다.

오늘날 디자인을 한다는 것은 이미 마케팅의 시작이라고 봐야 하는데, 일반적으로 디자인을 한다는 것은 새롭고 창조적인 무엇인가를 만드는 과정일 것이라고 생각하지만, 디자인은 문제 해결과 밀접한 관련이 있으며, 소비자들의 소비 패턴과 취향에 관한 모든 상업적인 요소들을 반영하는 데 중요한 역할을 한다.

창조적이고 차별된 상품 개발을 해야 할수록 디자인에 대한 요구는 더욱 가속화될 수밖에 없다. 디자인은 포장이나 로고, 폰트 등과 같은 제품 생산에서 필요한 활동 일뿐 아니라 소비자를 설득할 숭 있 아이디어와 태도, 그리고 가치를 전달하는 의미 있는 수단이라고 보는 것이 합리적이다. 따라서 디자인은 시각적으로 보이고 만져지는 것은 물론 그렇지 않은 것들을 대상으로 한 디자인까지 모두를 포함하는 활동과 과정이다.

2) 디자인의 개념 및 정의

디자인(design)이란 주어진 목적을 조형적으로 실체화하는 것으로, 의장(意匠)이나 도안을 말하며, 디자인이라는 용어는 지시하다 · 표현하다 · 성취하다의 뜻을 가지고 있는 라틴어의 데시그나레(designare)에서 유래한다. 디자인은 관념적이며 추상적인 것이 아니고 분명한 실체를 다루는 것이다. 즉, 어떠한 종류의 디자인이든지 실체를 떠나서 생각할 수 없다는 것이다. 디자인은 주어진 목적을 달성하기 위하여 여러 조형요소들 가운데 의도적으로 선택한 것들의 구성으로, 합리적이며 유기적인 통일을 얻기 위한 창조적 활동이며 그 결과의 실현이 곧 디자인이다.

산업혁명 직후의 디자인은 순수미술의 미술적 요소를 산업에 응용하는 방식으로 접근했으나, 19세기부터는 기계 · 기술의 발달에 따른 대량생산이 가능해지며, 기능주의 철학관에 따른 새로운 개념의 디자인의 개념이 도입되었다.

인간에게 의미 있는 것을 구체화하기 위해서 의도적으로 노력해온 결과가 인간의 생활이고 문명의 세계라 할 수 있으므로, 디자인의 세계는 인류문명과 삶의 구체화를 위한 것이라 할 수 있다. 19세기에서 20세기 초에 이르는 동안의 디자인 역사는 이념의 시대라 할 수 있다. 이 당시, 디자인의 주된 논의는 미적인 것(미의 절대성)과 기능적인 것(미의 공리성)에 대한 것이었는데, 이 두 가지의 가치규범은 오늘날까지도 디자인의 중심 과제로 논의되고 있다.

19세기에 이르러 디자인은 산업 기술에 예술을 더하여 새로운 예술을 추구하는 것이었기 때문에 현대의 디자인은 곧 산업디자인(industrial design)을 의미한다.

과학과 예술이 접목되며, 현대 사회는 디자인과 인간이 영위하는 생활환경과의 관계가 대단히 긴밀하고 복잡해졌고 디자인의 영역도 다양해졌다. 디자인은 인간생활에 필요한 정보와 지식을 넓히고 보다 신속 · 정확하게 전달하기 위하여 시각을 중심으로 하는 시각디자인(visual design), 인간생활의 발전에 필요한 제품 및 도구를 보다 다량으로, 완전하게 생산하기 위한 제품디자인(product design), 그리고 인간생활에 필요한 환경 및 공간을 보다 적합하게 만들기 위한 환경디자인(environment design) 등으로 나누어진다. 또한, 디자인의 영역은 계속해서 확장되고 있는 상황이다.

많은 기업들은 기업이 지녀야 할 핵심 역량으로 디자인을 인식하게 된 것은, 1990년대 중반 미국 애플의 성공 신화가 계기가 되었다. 기업들의 디자인의 역할과 중요성에 대한 인식이 높아지면서 마케팅 부문에서도 디자인 경영의 필요성을 이해하게 되었다.

따라서 광고, 홍보, 패키지 등 다양한 마케팅 도구들에도 디자인에 대한 지속적인 투자와 관심이 이루어지면서 디자인은 마케팅 도구로서 뿐만 아니라 마케팅 커뮤니케이션까지 그 역할을 확대하게 되었다.

오늘날 디자인은 단순히 미술적 행위가 아니며, "마케팅, 프로모션, 브랜딩, 트렌드 예측, 경쟁 조사" 등 비즈니스의 다양한 측면과 활동에 큰 영향을 미치게 됨은 많은 이들이 인식하고 있는 상황이다. 따라서 이제 디자이너는 단순히 아름답고 보기 좋은 부분만 고려할 것이 아니라, 소비자가 원하는 기능과 품질, 심미적 관점에서 고객들의 니즈를 잘 반영 할 수 있어야 좋은 디자인을 만들 수 있다. 즉, 앞으로는 '마케팅적 사고가 가능한 디자이너', '디자인적 사고가 가능한 마케터'가 필요하며, 좋은 디자인과 그렇지 않은 디자인에 대한 판단은 단지 미적 감각에 의존하지 않고 사용자와 대중 의견에 따라 좌우될 수 있다는 것을 인식해야 하는 것이다. 화장품을 개발하는 많은 회사들이 디자인에 많은 투자를 하고 있는 이유가 여기 있다.

제품의 디자인에 대한 권리에 대해 고려할 필요가 있다. 디자인 권의 침해는 삼성과 애플의 소송에서도 알 수 있듯이, 기업과 브랜드의 성패를 판가름할 수 있는 중요한 이슈이다.

예를 들어, 외국의 제품이 해외에서 판매되며 그 제품이 국내에서 들어와 오픈마켓을 통해 판매가 되고 있는 경우, 해당 제품이 국내에서 등록된 디자인이 아니라면, 그 외국 제품에는 디자인권이 인정되지 않는다. 따라서 그 제품과 동일하거나 유사한 제품을 판매하는 행위는 디자인 권 침해가 성립될 수 없다는 의미이다.

또한, 외국의 해당 제품이 국내에서 디자인 권을 등록했다면, 이 제품과 동일하거나 유사한 디자인의 제품을 유통시키는 행위는 디자인 권 침해에 해당된다. 다만, 디자인 권이 유효하다는 것은 그와 동일하거나 유사한 범위에만 효력이 미치는 것이며, 유사여부는 등록된 디자인과 사용된 디자인의 형태, 색채 등을 전체적으로 비교하여 판단하게 된다. 즉, 소재나 용도가 다르더라도 디자인의 형태와 색채가 동일하거나 유사하다면 디자인권의 침해에 해당될 수 있다.[디자인보호법 제92조]

3) 디자인과 전략

디자인 아이덴티티는 주어진 목적을 실용적이고 심미적 조형으로 만드는데 있어 계획하고 구체화하는 모든 과정과 행위에서 발생되는 것이며, 아이덴티티는 라틴어로 idem인데 이 뜻은 'the same(동일한 것)'을 뜻한다. 언어적 의미로는 '사물의 실제를 구성하는 모든 것에 있어서의 동일성'을 말할 수 있다. 영어로 '아이덴티티 카드(identity card)'라 부르는 사람의 신분증은 바뀔 수 없는 어떤 사람의 동일성을 증명, 표시하는 것으로 아이덴티티의 의미를 잘 표현하고 있다. 다시 말해, 아이덴티티는 한 마디로 안팎이 같은 것, 동일한 사람, 동일한 것 등으로 설명할 수 있다.

간혹 브랜드 이미지와 디자인 아이덴티티의 의미가 혼용되곤 하는데, 이 둘이 가지는 차이는 다음과 같다. 브랜드 아이덴티티는 소비자가 브랜드를 어떻게 바라보고 있는가를 표현하며, 소비자에게 비춰지고 있는 브랜드의 모습을 나타낸 것이 브랜드이미지라 하겠다. 즉 브랜드 이미지는 기업의 모습이고 디자인 아이덴티티는 고객에게 보여주고자 하는 모습이다.

또한 디자인 아이덴티티는 고객들이 바라는 바람직한 연상을 만들고, 로고 디자인, 기업의 명칭, 특징, 시각적 요소, 기업에 대한 상징들을 모아서 다른 기업으로부터 차별화하여 자사 브랜드 의 이미지를 발전시키는 커뮤니케이션 채널이라고 이해할 수 도 있다.

회사는 자신들의 아이덴티티와 이미지를 통제할 수 있지만, 일반 사람들의 브랜드에 대한 이미지와 지각은 통제할 수 없다. 그러므로 부정적이거나 긍정적이거나 브랜드 이미지에 대한 인상을 되풀이하는 것을 통해 브랜드 평판이 형성된다.

이렇게 본다면, 디자인 아이덴티티를 통하여 기업이 고객과 브랜드 간의 일치성이 높아지고 돈독하고 서로 우호적인 관계를 확립될 수 있으며 고객이 한 기업의 브랜드를 선택할 때 기업을 인격화 하고 자신을 그 특정 기업의 일부로 생각할 수도 있다.

특히, 고객 입장에서의 디자인 아이덴티티는 특정 기업과의 관계를 유지하려는 의지뿐만 아니라 높은 가격을 지불할 의사를 가지기도 하기 때문에 강력한 고객 충성도가 확보되기 위해서는 고객이 기업 상품에 만족해야 하는 것은 당연하며 브랜드에 관해 긍정적인 태도도 요구된다.

긍정적인 브랜드를 연상할 수 있으려면 고객 만족도, 브랜드 명성, 이해 관계자들의 평판 등이 따라주어야 하는 것이며 브랜드 이미지는 이해 관계자 혹은 고객들로부터 나타난 브랜드 연상들의 집합으로 정의되기 때문에 고객 들이 특정 기업에 고객들이 호의적일 경우 해당 브랜드 이미 지가 긍정적으로 나타나고 이런 호의적인 태도가 이루어진 후에 고객 충성도도 얻을 수 있다고 볼 수 있다. 그러므로 이와 같이 브랜드 인지도가 높아지면 브랜드에 대한 충성도가 높아질 수 있다는 것이 지금까지 알려진 정설이라 하겠다.

이렇게 볼 때, 브랜드와 고객 간에 친밀한 관계가 형성되면 브랜드에 의한 긍정적인 영향을 나타나고 강력하고 긍정적인 반응은 브랜드 에 대한 몰입의 높은 단계로 연상될 것이다. 이렇듯 일반 고객이 브랜드를 향한 몰입의 단계는 브랜드를 흔쾌히 구매 하려 하는 고객 충성도를 가진 고객들의 충성적인 태도이다. 행복하고 즐겁게 만드는 브랜드는 고객들의 더 많은 이용의 도를 불러일으키고 고객 충성도는 긍정적인 감정의 기분 또 는 태도의 상황에서 나날이 더욱 늘어날 것이라고 하였다.

전략(strategy)이라는 단어는 군사 용어로 자주 사용해 왔으나, 오늘날 비즈니스에서 전략은 목적 달성을 위한 기본 방침이며 활동을 관리하는 계획이라는 의미로 사용한다. 디자인 전략은 기업의 목적 달성을 위해 디자인을 어떻게 효율적으로 사용할 것인지 결정하는 방침이다. 디자인 전략은 제품이나 서비스의 차별화 가능성과 소비자의 욕구, 제품의 개선점과 아이디어 등과 관련해 해결해야 하는 문제들을 포함하고 있다.

이러한 문제들을 해결하는 방식이 전략의 본질이다. 이런 문제가 비즈니스 언어와 행동으로부터 디자인 행동으로 옮겨지면 그것이 디자인 전략의 기본이 된다. 클라이언트로부터 그들의 비즈니스 전략을 공유하고, 시장과 소비자에 대한 분석을 통해 디자이너가 디자인 전략을 개발하고 그것을 기반으로 디자인 프로세스를 수행한다면 그 디자인 전략은 성공적인 결과를 가져오게 된다.

디자인 전략은 디자인 목표, 디자인 영역, 운영 정책 등으로 구성된다. 디자인 목표는 기업의 이념과 비전, 목적 등에 따라 디자인의 지향점, 디자인의 가치, 디자인 원칙 등을 고려해 설정하게 된다. 디자인의 영역은 비즈니스 영역은 물론 디자인의 활용 방법에 따라 결정하게 된다. 예를 들면 제품 디자인, 기업 로고, 브랜드 디자인, 광고 디자인, 프로모션 등을 들 수 있다. 디자인 운영 정책은 기업 내에 디자인 조직을 둘 것인지, 외부 디자인 회사를 활용한다면 어떤 기준으로 외부 회사를 선정할 것인지 등의 정책에 관한 것이다.

성공적인 디자인 전략의 개발에는 콘셉트와 의미, 디자인 등 많은 상상력이 요구된다. 또한 전략은 조직 내 갈등을 일으키기도 하는데, 때문에 디자인 프로세스를 수행하는 과정은 어렵고 힘들 수 있다. 따라서 디자이너들은 마케팅 조직 또는 기업의 전략 조직과 밀접한 관계에 있는 구성원임을 인식할 필요가 있다. 좋은 아이디어는 조직 내에서 자주 개발된다. 조직은 소비자, 직원, 시스템, 생산, 자원 등 광범위한 시스템으로 구성되어 있어서 많은 정보를 확보하기가 수월하다. 디자이너는 이러한 유용한 정보들을 새로운 아이디어를 개발하는 데 적극 활용해야 한다.

디자인 전략을 수행하는 동안에는 반드시 계획에 따르고 있는지 점검해야 하며, 진행 과정의 평가와 조정 또한 반드시 필요하다. 디자인 전략은 클라이언트로부터 주어진 예산과 자원의 한도 내에서 실행해야 하기 때문에 디자인 전략이 의도한 대로 진행되며 효과를 발휘하고 있는지 판단하고 분석할 필요가 있다. 효과적인 디자인 전략은 클라이언트와 디자이너 모두가 디자인 전략을 공유하고 전념할 때 가능한 일이다. 그렇지 못한 전략은 짧은 기간 소비자나 클라이언트의 욕구와 목표를 충족할 수는 있지만, 장기적으로는 브랜드나 기업에 긍정적인 영향력을 발휘할 수 없게 된다. 따라서 철저히 준비한 전략에 따른 디자인이 아니라면 그 브랜드의 가치는 기업의 장기적인 수익으로 이어지지 못한다.

디자인 전략은 기업 또는 브랜드가 뚜렷이 구별되는 것이 무엇인지를 파악하고 활용하면서 시장에서 경쟁 우위를 차지하는 것을 돕는다. 아울러 기본적으로 소비자의 마인드 내에서 가치 있는 위치가 어디인가를 파악하고 디자인이 소비자의 관심을 끄는 효과를 발휘하는 뼈대가 되기 때문에 디자인 전략은 비즈니스에서 중요한 의미를 갖는다.

II 화장품 유통

1. 화장품 유통 경로 연구 필요성

국내 화장품 산업은 수입브랜드의 국내진출 증저가 화장품의 소비자 인식변화 등으로 인하여 시장구조의 변화가 시작되었으며 백화점, 방문판매, 온라인쇼핑몰, 브랜드숍, 할인점 등 다른 산업에 비해 판매채널이 매우 다양한 특징을 가지고 있기 때문에 유통경로 측면에서의 화장품 산업에 대한 연구가 필요한 실정이다.

2. 화장품 유통 역사

국내 화장품 산업의 전반적인 경쟁력을 강화하기 위해서는 화장품유통 경로의 역사에 대해 알 필요가 있다. 1945년 이후 최근까지의 60여년 화장품 산업의 유통경로 구조 변화를 네 가지 시기로 구분할 수 있다.

1) 제1기(1945~1963) : 도매상 경로지배 시대

이 기간은 제조업체들이 자본력 등의 문제로 경로의 주도적 역할을 수행하지 못하고 대신 도매상이 이 역할을 수행하던 시기라고 할 수 있다. 제 2차 세계대전의 종전과 함께 그 동안 화장품을 공급하던 일본 업체가 철수함에 따라 공급이 수요를 충족시킬 수 없는 시대였다. 당시에는 정부로부터 허가를 받지 않고 화장품을 생산할 수 있었다 보니, 수공업으로 기초 화장품 류의 생산이 가능하였다.

한편, 한국전쟁으로 사회가 혼란해지고, 외국 군대가 주둔함에 따라 자연스럽게 외국산 화장품이 국내시장에 유입되었다. 문제는 정상적인 유통경로가 아닌 밀수를 통한 반입으로 1960년대 초에는 유통되는 화장품의 절반 이상을 점유하게 되어 국내 산업이 위축되고 가짜 외국산 화장품을 불법 제조하는 업체까지 등장하여 소비자의 불안과 불신이 가중됨에 따라 정부가 화장품 산업의 보호 육성정책을 시행하기에 이른다.

화장품 유통 측면에서 제조업체가 주도적 영향력을 발휘하기에는 자본축적과 경험이 미약한 실정이다 보니, 대신 도매상들이 일정 부분 상업자본의 위력을 발휘하고 있었으며 제조업체의 화장품만을 전문으로 취급하는 도매상이나 소매상은 거의 없는 상황이었다.

서울의 동대문시장과 남대문시장에 있는 잡화도매상과 이들과 거래하는 소매상이 전체경로라고 할 수 있는데 도매상은 초기에는 화장품을 취급하는 비율이 얼마 되지 않다가 1950년대 후반에는 90%에 이를 정도로 집중되었으며, 1960년대부터는 제조업체와 지방 도매상의 직접 거래가 이뤄졌다(태평양 50년사 1995).

도매상의 유통경로 지배현상은 불필요한 문제를 발생하게 했다. 도매상들은 소매상 확보를 위한 경쟁이 치열해지고, 파워를 이용하여 도매상의 손해를 제조업체에서 보전 받고자 하였으며, 궁극적으로 제조업체에 대한 과다한 할인 요구와 상품지연으로 전가되어 도매상에 대한 제조업체의 단체행동도 일어난다.

2)제2기(1964~1985) : 방문판매제도 전성시대

이 시기에는 소비자들이 화장품에 대한 지식, 경험, 교육이 절실히 요구된 시대로 판매원이 소비자의 거주지를 방문하는 방문판매가 정착된 시대이다. 방문판매가 성공적으로 정착하게 된 배경은 다음과 같다. 첫째, 당시는 소비자들의 화장에 대한 지식, 경험 및 교육이 절실히 요구된 시대였다. 둘째, 동기부여가 잘된 주부판매원이 충분히 존재하였다. 셋째, 고품질의 방문판매 전용제품을 개발하여 품질에 대한 확신을 갖게 되었다. 넷째, 정찰 제 판매로 가격에 대한 소비자의 혼란이 거의 없어졌다. 다섯째, 대금결제에서 현금이나 외상이 가능하였다.

방문판매제도를 처음으로 도입하여 정착시킨 태평양의 경우 방문판매의 정착과 발전을 위하여 준수해야 할 원칙을 다음과 같이 수립했다

첫째, 대리점과 판매원의 수익을 보장하기 위하여 아모레를 방판전용제품으로 정하였다. 둘째, 정찰판매원칙은 가격질서를 유지시켜 상품을 제값 받고 팔기 위하여 어떤 경우에도 상품 가격을 할인하지 않았다. 셋째, 구역준수원칙으로 판매원들 간에 과도한 경쟁을 지양했다. 판매원들에게 돌아가는 수익은 매출액의 34% 정도로 주로 월별로 정산이 이뤄졌다. 한 특약점/대리점이 관리하는 판매원은 30명 정도였으며, 판매원 1인당 300~500가구를 전담하였다.

태평양의 경우 1964년 10개의 대리점으로 시작, 대리점과 특약점이 지속적으로 증가하여 1984년 전국적으로 판매원 1만 7,000 명, 특약점 450여 점, 영업소 200여 곳을 정점으로 서서히 중요성이 감소되어 주요 경로가 시판으로 바뀌게 된다.

3)제3기(1986~1995) : 화장품 할인점/전문점 시대

이 시기는 화장품 할인점 및 전문점이 주종을 이루는 시대이다. 화장품 소비에 있어서 소비자가 가격, 품질, 점포 의 선택에서 합리적 의사결정을 하기 시작한 시기라고 할 수 있다.

1980년대 중반부터는 복합적 요인이 결합되어, 1970년대에 구가되었던 방문판매와는 사뭇 다른 형태로 종합화장품 코너와 같은 유통경로가 등장하게 된다.

첫째, 인구의 도시집중이 일어나고 주거 형태가 아파트형으로 바뀜에 따라 판매원들의 가정 방문을 통한 판매가 과거처럼 여의치 않게 되었다. 둘째, 과거에는 화장에 대한 지식이 부족하여 방문판매가 소비자에게 큰 효과를 발휘하였으나 교육수준의 향상과 컬러 TV광고 등의 영향으로 판매원 권유의 수동적인 구매가 적합하지 않게 되었다. 셋째, 경제발전으로 가계소득이 향상되고 여성들이 가사노동에 일정 부분 자유를 갖게 되어 소비패턴이 선진국과 유사하게 꼭 필요한 제품만 선택하는 합리적 구매형태를 갖추게 되었다. 넷째, 인구 통계적 변화로서 고도성장기를 겪은 젊은 세대의 구성비가 차츰 높아지고 있었으며, 화장품 유통구조 변화에 대한 욕구가 촉매작용을 하게 되었다. 결국 직장여성과 젊은 주부층이 할인판매로의 전환을 주도하여 일반 주부층에까지 확산되었다.

국내에서는 1970년대 후반에 대구에서 종합할인코너가 처음 등장하였다. 처음에는 소비자도 생소하였지만, 제조업체도 그 파생에 대한 영향을 인지하지 못하고 있었다. 다만 20여 년 정도 견고하게 구축해온 방판구조에 대한 도전으로 간주하여 각 대리점은 물론, 판매원에게까지 화장품의 불법유출을 엄격하게 단속하기 시작했다.

이와 같이 종합화장품할인점의 등장 초기에는 제조업체들의 강력한 대응으로 수급이 어려워져서 어려움에 직면하였으며, 오래된 품목이나 불법 제품의 할인판매점으로 인식되는 경향도 있었다.

그러나 첫째, 방판제도로 유지된 정찰제도는 마진확보를 구실로 화장품 값을 비싸게 유지한다는 사회적 인식이 확산됐다. 둘째, 화장품 재판매가격 유지행위가 폐지되었다. 셋째, 쇼핑센터, 백화점 등 다양한 판매경로의 등장과 더불어 전반적으로 유통업이 발달한 시기였다. 넷째, 후발제조업체들은 기존의 방문판매 진입이 여의치 않자 1980년대 중반부터는 주 유통경로를 할인코너로 설정함에 따라 팜내의 주경로가 점진적으로 시판으로 전환되기 시작하였다.

4) 제4기(1996년 이후) : 다채널 전환기 시대

이 시기는 다채널 전환기 시대라고 명명할 수 있으며 글로벌 경쟁, 온라인/무점포 매체의 등장, 소매유통업의 현대화를 맞이하고 급격한 환경변화를 맞이하고 있다.

그 동안 증가해오던 전문점 유통경로는 1990년대의 글로벌 경쟁, 온라인/무점포 매체의 등장, 소매유통업의 현대화를 맞이하여 새로운 상황에 직면하게 된다. 1990년 대 중반부터 도래된 멀티채널시대에 영향을 준 주요 요인을 다음과 같이 크게 4가지 측면에서 요약할 수 있다.

첫째, 1980년대 본격화된 화장품시장 개방은 마침내 1990년대에 들어서서 전면적으로 이뤄졌다. 1984년 외국인에 대한 투자허용, 1991년 도매업개방, 1992년 소매업 제한 개방과 함께 전면 수입자유화로 국내시장에는 공급과잉현상이 나타났다.

둘째, 국내의 견고한 정보통신 하부구조는 인터넷쇼핑몰 등 화장품산업의 온라인 유통을 여타 국가보다 신속하게 도입할 수 있도록 했다. 1995년의 인터넷 상용화와 초고속망 구축은 2,000개가 넘는 종합쇼핑몰, 화장품전문 쇼핑몰의 자유로운 이용을 가능하게 만들었다. 아울러 CATV, 홈쇼핑방송의 개설은 무점포 확산의 계기가 되었다.

셋째, 할인점 등 신규 소매업태의 등장과 의약품 분업으로 약국이 화장품의 유통대안으로 부상하고, 소비자는 외환위기를 겪음에 따라 소비패턴도 바뀌게 되었다.

넷째, 수입다변화의 조치가 해제됨에 따라 뉴밀레니엄을 맞아 수입품이 범람하고 시장 점유를 위한 경쟁이 치열하게 되었다. 아울러 그 동안 백화점을 주요 유통망으로 영업을 해온 외국산 제품들의 병행수입(parallel import)이 허용되었다.

1990년대 중반 이후 현재까지 복합적인 환경변화 결과 화장품 산업은 다음과 같은 다채널 시대를 맞이하고 있다. 최근 국내 화장품 유통경로는 철저하게 소비자 중심으로 변화하고 있다. 단순히 소비자들에 대한 판촉이나 이벤트를 강화하는 것이 아니라 소비자들이 보다 편리하게 화장품을 구매할 수 있는 시스템으로 변화하고 있다. 제조업체나 유통업체에서 관리하기 편리한 매장 디스플레이가 소비자가 구매하기 편리하도록 바뀌었고, 백화점의 편집매장 형식으로 타사 브랜드를 함께 진열하여 소비자의 선택폭을 넓혀 주고 있다.

특히, 오프라인 유통경로는 온라인 유통경로에서 진행되던 번들판매나 공동구매를 가능하게 하고 있고, 온라인 유통경로는 오프라인 매장에서나 볼 수 있었던 무료샘플 제공 서비스를 실시하고 있다. 방문판매와 다단계판매와 같은 인적판매 유통경로도 온라인과 오프라인을 연계한 판매방식으로 전환되고, 소비자들이 보다 편안한 쇼핑을 즐길 수 있도록 하고 있다. 이처럼 온라인과 오프라인 유통경로의 장점들이 결합되면서 화장품 유통경로는 그야말로 다채널 쇼핑이 가능해지게 되었다.

3. 화장품 유통 경쟁력 강화방안

화장품 유통경로의 경쟁력 강화방안은 유통경로별로 다소 차이가 있겠지만 업계와 학계 전문가들의 공통적인 의견을 정리하면 다음과 같다.

첫째, 지나친 가격 할인 경쟁은 궁극적으로 업계 전체의 매출 하락과 불신을 가져올 수 있으므로, 가격 그 자체보다는 가치를 전달하는 데에 힘을 써야 한다는 것이다. 최근 국내 경제가 경기침체와 고용 악화 등으로 내수 부진을 겪고 있는 상황에서, 인터넷의 급속한 발달로 인해 소비자들은 늘 가격비교 사이트에 노출되어 있다. 더 이상 가격 할인을 한다는 이유만으로 소비자의 눈을 잡아끌기에는 역부적인 상황이다.

둘째, 유통경로별로 차별화한 마케팅이 필요하다. 다소 향상되었지만 한국의 화장품 유통경로는 아직도 유통경로별 특성에 맞게 차별적인 마케팅을 수행하기보다는 가격할인과 판촉 중심의 마케팅 활동을 수행하고 있다. 물론 인터넷 쇼핑몰이나 할인점, 저가 화장품 전문점 같은 Mass 유통경로들은 이러한 마케팅이 효과적이라 할 수 있다.

하지만 인적 판매나 백화점 등의 Prestige 프리미엄 유통경로는 다른 경로와는 차별적인 마케팅이 절실히 필요하다. 특히, 상품전략 측면에서 유통경로별 취급 상품이 철저히 구분되지 못하고 있다. 이러한 현상은 비공식 도매상에 의해 회색 시장에서 유통되고 있는 상품들 때문에 발생하는데, 많은 인터넷 쇼핑몰과 전문점에서 인적 판매 상품이나 백화점 전용 상품들이 유통되고 있다.

이로 인해 고객 입장에서는 더 이상 Prestige 제품을 살 이유가 없어지는 부작용을 낳게 된다. 결국 Prestige 유통경로는 Mass소비자들로 하여금 가격 중심의 경로 선택을 하게 만든다. 물론 많은 제조업체들이 상품추적시스템을 통해, 상품의 비공식 유통을 차단하려 노력하고 있지만 완벽하지 않으며, 업계에서는 이것이 화장품 유통경로의 경쟁력을 저하시키는 주요 원인으로 보고 있다.

이를 위해서 제조업체와 유통업체가 협력하여 무자료 거래를 없애고, 상품의 유통을 투명하게 하여야 할 것이다. 제조업체 입장에서는 단기적인 매출확대보다는 경로별 표적고객에 맞는 차별화된 상품을 제공해야 할 것이고, 유통업체 입장에서는 제조업체와 협력하여 상품의 비공식 유통을 철저히 근절하고, 장기적으로 고객을 만족시킬 수 있는 차별화한 유통서비스를 제공해야 할 것이다.

셋째, 제조업체와 유통업체간의 신뢰와 협력관계가 구축되어야 할 것이다. 국내 화장품 유통의 경우 아직 제조업체가 직접 유통 기능을 담당하거나 유통경로의 주도적인 역할을 하고 있다. 때문에 힘이 강한 제조업체는 아직도 강압적인 방법으로 유통업체와 거래를 하는 경우가 많으며, 이로 인해 제조업체와 유통업체 간 갈등이 심각한 수준에 있다. 이는 단순히 몇몇 업체들 간의 문제를 넘어 유통경로 전체의 경쟁력을 약화시키고 있다.

실제로 1990년 중반까지 화장품 유통경로를 주도했던 전문점 유통경로는 현재 인적 판매와 백화점 등의 Prestige 경로와 인터넷 쇼핑몰, 할인점 등의 Mass 경로에 많은 고객을 빼앗긴 상태이다. 또한 제조업체는 유통업체와의 갈등을 피하고, 통제력을 강화하기 위해 전문 브랜드숍으로 유통경로 이전을 꾀하였다.

물론 우리나라 화장품 유통업체가 식품이나 의류 등처럼 제조업체와 대등한 교섭력을 갖게 된다면 자연스럽게 제판동맹 등의 형태로 협력관계가 구축되겠지만, 단기간에 유통업체의 힘이 강화되기는 어려울 전망이다. 따라서 제조업체와 유통업체 간 협력은 유통경로의 리더인 제조업체가 주도해야 할 것으로 판단된다. 제조업체는 유통업체가 단순한 경쟁자가 아닌 'Win-Win'해야 하는 파트너임을 인식하고, 장기적인 관점에서 유통업체와 협력해 나가야 할 것이다. 이를 위해서는 무엇보다도 현재 만연되어 있는 불신풍조를 없애고, 상호 신뢰하는 분위기를 구축하는 것이 필요하다.

마지막으로, 유통업체끼리 힘을 모으는 것이 필요하다. 현재 우리나라 화장품 유통경로는, 특히 인터넷 쇼핑몰과 전문점의 경우 다수의 소규모 영세업체들로 이루어져 있다. 이는 규모의 경제와 전문적인 경영을 어렵게 하여 유통업체의 경쟁력을 약화시키는 주요 원인이 되고 있다. 하지만 만약 이러한 다수의 영세업체들이 어떠한형태로든 힘을 모을 수 있다면 스스로 경쟁력을 강화할 수 있을 뿐 아니라 제조업체에 대한 교섭력도 가질 수 있게 된다. 힘을 모으는 방식은 강력한 도매상이 주도하거나, 소매업체들이 공동으로 경영하는 볼런터리 체인 형태, 또는 프랜차이즈 체인화가 적합할 것으로 판단된다.

이상과 같은 노력은 단순히 개개의 제조업체나 유통업체가 수행해야 하는 것이 아니라 유통경로 시스템 전체가 일관성과 보완성을 가지고 추진해야 한다. 또한 정부는 화장품 유통산업의 발전을 위해 유통 인프라를 구축하고, 각종 제도적 지원을 아끼지 말아야 할 것이다.

Ⅲ 화장품 산업 동향

1. 화장품 산업의 특징

1) 화장품 산업 개요

화장품 산업은 최근 생활수준의 향상에 따라 소비자 층이 다각도로 확대되며, 사치재가 아닌 필수재로 자리매김하고 있다. 유행에 민감하여 제품교환주기가 짧다는 특징을 가지고 있다 보니, 산업특성상 대기업과 중소기업의 동반성장이 가능하다. 대기업의 경우는 신소재 특허와 핵심기술을 보유하고 장기적인 투자를 하기도 하지만, 빠른 시장변화에 대응하기 위해 단기상품 생산을 위해 중소기업에서 소재를 공급받기도 한다. 이러한 이유로, 화장품 생산을 위해서는 공정 자동화 뿐 아니라 인력투입이 필요하게 되어 고용창출 효과도 크게 된다.

이렇듯, 화장품 산업은 고부가가치 창출산업이자 유망 수출산업으로서, 경기 민감도가 낮아 국가 기간산업으로 육성할 필요가 있다. 세계 경기의 저성장세와 급변하는 유통 환경으로 인해 불안한 상황 속에서 전통 제조업들이 수출 부진을 겪고 있는 것과는 달리 화장품 산업은 새로운 수출 동력으로 급부상하고 있는 것이다.

〈표 5-4〉 2016년 주요산업의 전년대비 수출증가율

산업	증가율	산업	증가율
무선통신기기	△ 9.0	자동차	△11.3
반도체	△ 1.1	평판DP	△16.1
선박	△14.6	섬유류	△ 6.6
전기 · 전자	△ 3.0	철강	△ 8.0
자동차 부품	△ 4.6	화장품	△43.7

출처: 보건산업진흥원, 화장품산업종합발전계획 2016년. p. 2.

2) 화장품 산업의 환경 변화

최근 한국 전체 산업에서 화장품산업이 차지하는 비중이 증가 추이를 보이고 있는 가운데, 국내는 물론 해외 화장품 시장은 무한경쟁시대로 진입하면서 한국 기업은 구미 지역의 글로벌 기업과 치열한 경쟁을 전개하고 있다. 전통적으로 화장품 산업의 강세는 유럽이었으나, 개발도상국의 경제발전으로 인한 새로운 소비 수요가 발생하게 되면서 많은 다국적 기업들의 신흥국 시장 활성화가 글로벌 시장 경쟁을 심화시키게 되는 환경의 변화를 가져오게 되었다.

한편, 한류 확산은 국내산 화장품의 중화권 시장 진출을 가속화시켰으며, 국내 화장품의 수출의 상당 부분은 중국 시장에 편중되어 있는 실정이다. 그러나 사드 등의 정치적 이유에 따른 수출 위험 요인도 따르다 보니, 국내 기업들은 중동, 중남미, 유럽 등 수출국을 다변화하기 위한 노력에도 박차를 가하고 있다.

2. 화장품 산업 주요 이슈

1) 고령화 사회 진전으로 항노화 시장 성장

과학기술의 획기적인 발전으로 인류의 평균수명이 연장되고 삶의 질이 급격하게 높아지면서 젊음과 아름다움을 오래 유지하고 싶은 인간의 욕망은 화장품 산업 전반에 큰 영향을 미치게 되었다.

글로벌 항노화 시장은 2015년 1,403억 달러에서 2021년 2,165억 달러로 성장을 전망하고 있으며, 국내의 항노화 산업도 2011년 11조 9,000억 원에서 2020년 27조억 원으로 성장할 것으로 예상된다. 2026년 한국이 초고령사회(65세 이상 고령인구가 총인구에서 20%이상 차지)로 진입하는 시점에서 항노화 시장의 수요는 더욱 증가할 것으로 보인다.

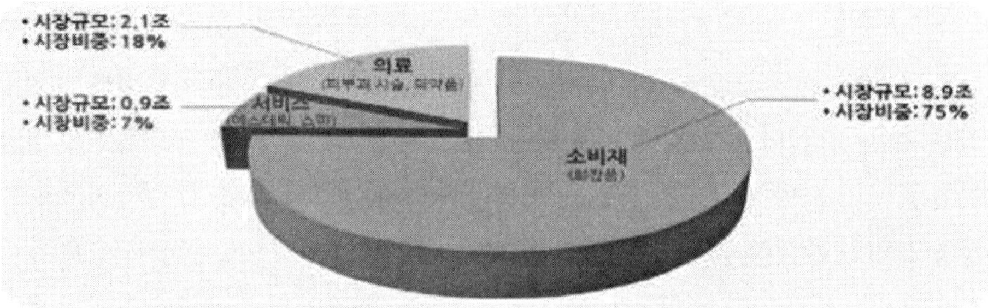

* 출처 : 삼성경제연구소(SERI), 새로운 성장동력으로 부상하는 안티에이징, 2013

[그림 5-8] 국내 안티에이징 시장 현황

출처: 보건산업진흥원, 화장품산업종합발전계획 2016년. p. 2.

2) 화장품 소재 및 원료에 대한 과학적 근거 요구 확산

화장품에 사용되는 소재와 원료가 어떻게 사용되는지에 대한 기술적 특성에 대한 명확한 근거를 확인하고자 하는 소비자들의 욕구가 늘게 되었다. 이는 화장품의 안정성 및 효능에 대한 관심이 증가하는 것을 의미하며, 나아가 피부기초과학 연구를 기반으로 화장품 영역이 확대되는 기반이 될 것으로 예상된다. 화장품 기업들의 화장품의 효능과 안전성에 검증도 강화되고 있다.

3) 세계적인 기후 변화와 환경오염으로 인한 시장 변화

세계적으로 일어나고 있는 이상 기후 변화와 환경오염은 인류의 생존을 위협하는 중요한 과제가 되었다. 안전에 관한 관심이 높아지면서, 화장품 제조에도 안전성이 입증된 천연 원료 및 유기농 원료를 사용한 제품의 선호도가 높아지고 있다.

4) 바이오 유래 화장품 소재 시장의 높은 성장

바이오 유래 화장품 소재 시장의 성장은 2013년 58억 달러에서 2017년 약 639억 달러까지 연평균 82%의 급격한 성장세를 보이고 있다. 국내 바이오 유래 화장품 시장 규모는 2017년 20조 9천억 원으로 전망되었다.

5) 기업의 사회적 책임에 따른 소비자의 관심도 증가

기업윤리는 기업들이 경제 사회의 한 구성원로서 기업에 부여된 도덕적 책임에 대해 인식을 갖고, 공정한 경쟁, 절차의 준수 및 환경오염 방지에도 힘을 써야 하는 것을 의미한다. 소비자들은 고품질의 상품과 서비스의 제공 이외에도, 이러한 기업의 사회적 책임에 대해 소비자들은 많은 관심을 갖게 될 것이다.

6) 동물실험에 따른 규제 강화

동물실험이란 교육, 시험, 연구 및 생물학적 제제의 생산 등 과학적 목적을 위해 동물을 대상으로 실시하는 실험 또는 그 과학적 절차를 말한다. 일반적으로 동물실험은 새로운 제품이나 치료법의 효능과 안정성을 확인하기 위한 것이며, 의약 품 뿐만 아니라 화장품, 식품, 농약 등이 인체에 미치는 영향을 알아보는 데에 활용된다. 동물을 활용한 실험은 오랜 역사를 지닌 만큼, 그 목적과 형태가 다양하며 찬성과 반대 입장이 복잡하게 얽혀 있는 문제이다.

그러나 2000년대를 전후로 유럽 각지에서 화장품 개발에 동물실험을 금지하는 법안이 발효된 바 있으며, 여러 NGO단체들을 중심으로 불필요한 동물실험을 줄여나가고자 하는 운동이 확산되고 있는 실정이다.

최근 국내 화장품 업계에서는 동물실험 반대 운동이 거세게 불고 있으며, 이미 검증된 원료를 사용하건 동물실험을 대체하는 실험법을 사용함으로써 '크루얼티 프리(cruelty free)' 제품이 생산되고 있다. 향후 동물실험을 대체하는 실험 방법 연구가 활성화 될 것으로 전망된다.

7) OEM/ODM 업체의 급속한 성장

대표적인 계약제조업체인 한국콜마와 코스맥스는 국내 계약 제조의 50% 이상을 점유하며, 꾸준한 성장세를 보이고 있다. 자체 브랜드를 소유하고 있는 중견기업들도 기업 분할 등을 통해 계약 제조 사업에 진출하고 있는 추세이다.

3. 세계 화장품 산업 동향

1) 세계 화장품 시장 규모

최근 화장품에 대한 세계 소비자들의 인식이 사치재에서 필수소비자재로 전환되면서 경기변동에 대한 영향이 낮아지고, 아름다움을 추구하는 경향과 함께 여성 경제활동인구의 증가, 남성 · 유아 등 소비계층 등이 확대되면서 세계 화장품의 시장규모는 큰 폭의 증가세를 나타내고 있다.

2016년 세계시장 규모는 4,375달러로 전년 대비 2.6%의 증가세를 보이고 있다. 지역별 시장규모는 아시아/태평양 지역이 1,402억 달러로 전년대비 4.2%의 증가세를 보이고 있다. 서유럽은 922억 달러, 북미는 899억 달러이며, 중동 및 아프리카는 270억 달러로 세계시장에서 차치하는 규모는 6.2%에 불과하지만, 연평균 5.9%의 성장세를 보이며 큰 성장 가능성을 보이고 있다. 유럽의 경우, 2008년 글로벌 금융위기 이전에 비하여 증가율이 약간 하락 했으며, 아시아 · 태평양 지역은 상승한 것으로 집계되었다

〈표 5-5〉 지역별 화장품 시장규모

(단위: 백만 달러, %)

지역	2013년		2014년		2015년		2016년	
	금액	점유율	금액	점유율	금액	점유율	금액	점유율
동유럽	18,506	4.8	19,174	4.7	21,090	4.9	20,970	4.8
서유럽	88,579	22.8	90,014	22.1	91,368	21.4	92,190	21.1
아시아/태평양	119,536	30.7	126,955	31.2	134,337	31.5	140,167	32.0
북미	83,003	21.3	84,673	20.8	87,648	20.6	89,860	20.5
남미	51,726	13.3	56,870	14.0	60,157	14.1	61,162	14.0
아프리카/중동	21,214	5.4	23,360	5.7	25,564	6.0	27,092	6.2
계	388,376		407,002		426,251		437,535	

※ 시장 규모 및 점유율은 각각 소수점 첫째, 둘때 자리에서 반올림하였으며, 산술적 오차 있음

출처: Furomonitor(2017), 우리나라 화장품 분류 기준 적용,
보건산업진흥원 화장품산업종합발전계획 p.8

국가별 시장규모는 미국(821억 달러, 18.8%), 중국(539억 달러, 12.3%), 일본(323억 달러, 7.4%) 순으로 집계되고 있는데, 한국의 2016년 화장품 시장 규모는 120억 달러로 인도에 이어 9위, 전 세계 시장 점유율은 2.7%를 차지하고 있다.

글로벌 기업의 규모를 보자면, L'OREAL의 2017년 매출액이 286억 달러로 세계1위를 차지하고 있으며, UNILEVER(205억 달러)와 P&G(154억 달러)가 2,3위를 차지하고 있다. 세계 100대 기업 중에 한국 기업은 4개사(아모레퍼시픽, LG생활건강, ABLE C&C, HAVE &BE)가 랭크되어 있으며, 국내 1위인 아모레퍼시픽(56억 달러)은 세계 글로벌 기업 중 매출액 7위를 달성하고 있음을 알 수 있다. 최근 3년 간 국내 2대 기업인 아모레퍼시픽과 LG생활건강은 평균 20% 이상의 매출 성장을 보이며 순위가 상승되었다.

〈표 5-6〉 세계 100대 기업 중 주요 기업 현황(2017)

(단위: 백만 달러, %)

순위	회사명	국가	매출액	전년 대비 순위 변동	전년 대비 증감률
1	L'OREAL	프랑스	28,600	–	2.3
2	UNILEVER	영국	20,520	–	0.5
3	PROCTER & GAMEBLE CO.	미국	15,400	–	−12.5
4	THE ESTEE LAUDER COS.	미국	11,400	–	2.7
5	SHISEIDO CO.	일본	7,690	–	−2.3
6	BEIERSDORF	독일	5,930	–	1.1
7	ABOREPACIFIS CORP.	한국	5,580	△5	18.2
8	KAO CORP.	일본	5,530	△2	−1.1
9	LVMH MoëT Hennessy VOUIS VITTON	프랑스	5,480	△2	6.0
10	COTY IND.	미국	5,400	△4	26.2
	⋮				
17	LG HOUSEHOLD & HEALTH CARE	한국	3,010	△2	25.0
	⋮				
65	ABLE C&C	한국	374	△1	6.5
	⋮				
92	HAVE & BE	한국	206	NEW	172.0
	총 합계(100개사)		196,631	–	0.57

출처: WWD Beauty Report(2017).

2) 세계 화장품 산업 현황

K-beauty의 글로벌 성장세에 힘입어 아시아 화장품 시장에 변화의 바람이 일어나는 추세이다. 여기에는 밀레니얼 세대의 높은 소비력과 인디 브랜드의 확산, 그리고 SNS를 통한 정보의 빠른 확산이 주요 원인으로 꼽히고 있다. 새로운 인디 브랜드들은 기존의 브랜드가 가지지 못했던 새로운 가치들을 보여주고 있으며, 소비문화에 최적화되어 있는 밀레니얼 세대들이 주요 소비자군으로 등장하며 중소 브랜드의 발전을 가져오고 있는 중이다.

〈 중국 〉

중국의 여러 시장 중 화장품 시장의 성장세가 빠른 편이다. 최근 5년 동안 중국 화장품 시장규모는 연평균 20%의 상승세를 유지했으며, 2017년 총 화장품시장규모는 9,500억 위안에 달하였고 전체 중국시장 규모는 3조 8천억 위안의 25.4%를 차지하였다. 또한 세관의 통계에 따르면 최근에 중국 수입화장품 시장의 총 규모는 약 17% 정도로 상승하고 있으며(한국무역협회 상해지부, 2017), 중국의 화장품 수입 시장에서 한국산 화장품의 점유율은 2011년 3.6%에서 2015년 4.6%로 상승하였다.

하지만 중국의 시장에 진출한 한국 기업은 2016년부터 중국 내 다른 기업과의 경쟁이 치열해지고 사드(THAAD)로 인해 브랜드 이미지가 부정적인 영향을 받고 있으며, 갈수록 어려운 처지가 되고 있는 상황이다. 이에 중국 고객의 필요에 부합하는 서비스와 제품을 제공함으로써 브랜드의 우위를 확보하기 위해 차별화가 요구된다.

이에 따라 각 기업들은 제품의 개발 뿐 만 아니라 시장에서 노출하는 제품들에 일관성을 부여하고 강력한 브랜드를 구축하는 수단으로 디자인 아이덴티티(Design Identity)를 확보하는 브랜드 전략을 설립하여야 한다.

고객들은 시장에서의 포지셔닝이나 개성을 인식하고 브랜드 의 디자인 아이덴티티를 브랜드 자산의 일부로 인식하고 있으며, 특히 디자인 아이덴티티는 매니

지먼트와 마케팅 의 기본 틀이고 화장품 분야에서는 브랜드 관리의 기반이 되므로 비즈니스 측면에서 전략을 세우기 전에 브랜드 관리자들은 꼭 생각해야 하는 부분이다.

디자인 아이덴티티를 관리하는 일은 어려운 작업이고 이를 체계적으로 관리하며 향후 방향과 기업의 경영전략 등을 이미지로 형상화하여 기업의 과거, 현재, 그리고 미래를 제시하는 작업이라 할 수 있다. 그러므로 디자인 아이덴티티는 경영철학, 브랜드의 이념, 경영철학, 미래의 비전 등을 나타내는 것으로 간단히 브랜드를 알리는 역할이 아니다. 다시 말해, 디자인 아이덴티티 관리는 브랜드나 기업의 내재적인 자아를 외부로 표현하는데 사용되는 여러 가지 감각적 및 시각 적 요소에 특정한 테마와 스타일을 추가함으로써 고객들로 하여금 브랜드이나 기업에 대한 총체적인 감각적인 경험을 제공하고, 이를 토대로 브랜드이나 기업의 이미지를 형성하도록 디자인 아이덴티티를 관리하는 것이라 할 수 있다.

브랜드력은 브랜드 시장에서 그 브랜드는 디자인을 통해 인격화하고 자신을 그 특정 브랜드의 일부로 생각하기 때문에 높은 인지도가 형성된 후에 광고에 대한 지원이 중단된다 하더라도 오랜 시간 지속되는 성향이 있다.

즉 브랜드의 디자인 아이덴티티는 브랜드의 인지도를 형성할 수 있다. 브랜드의 인지도가 중요한 이유는 브랜드에 대한 인지도가 형성되었을 때 고객이 그 브랜드를 구매할 가능성을 높이기 때문이 며, 인지도가 제품이나 서비스를 구매 시 의사결정과 브랜드 의 연상에 영향을 미치기 때문이다.

이처럼 차별화된 디자인 아이덴티티 전략을 통하여 오늘날의 수많은 브랜드의 홍수 속에서 고객에게 긍정적인 이미지를 만들고 강력하게 브랜드를 인식시켜서 더 큰 경쟁력을 가질 수 있을 것이다. 또한 고객의 반복구매로 이어지는 고객 충성도는 강력한 브랜드를 만드는데 굉장히 중요한 요소이다. 그렇기 때문에 많은 기업들은 고객이 브랜드에 대한 충성도를 기업의 성과에 긍정적인 영향을 미치는 경쟁우위 확보의 중요한 원천으로 인식하고 있으며, 이는 화장품산업에서도 마찬가지일 것이다. 화장품 산업이 고객과의 관계를 발전하고 유지하기 위해서는 고객의 충성도를 증대시키기 위한 많은 마케팅 활동 을 전개하여야 한다. 하지만 고객들과 친밀한 관계를 유지할 수 있는 마케팅 활동인 디자인 아이덴티티가 아직까지 화장품산업에서 브랜드에 대한 충성도에 미치는 영향에 대해서는 아직 인식이 부족한 상태라 하겠다.

중국은 경제성장과 함께 국민소득이 큰 폭으로 확대되고 미용에 대한 관심도가 고조되면서 화장품 시장이 급속도로 팽창되고 있으며, 세계시장에서 차지하는 비중도 매년 증가 추이를 보이고 있다.

한국은 해마다 성장세를 확대하며 세계 9위에 자리 잡고 있으나, 시장규모면에서 주요국들과 비교하여 상대적으로 작다고 할 수 있다. 중국을 제외하고는 전통적으로 화장품 강국인 미국, 일본, 독일, 프랑스 등이 여전히 높은 시장점유율을 보이고 있으나, 중국을 비롯하여 브라질, 인도, 러시아 등 BRICs 국가들의 성장세가 전 세계 평균 성장률을 크게 상회하며 향후 꾸준히 증가할 것으로 예상되고 있어 향후 국가별 화장품 산업 성장 추이는 크게 변할 것이라는 시각이 일반적이다.

일본 화장품산업은 한국과 중국에 비하여 상대적으로 양적 · 질적 경쟁력을 가지고 있다고 평가되고 있다. 시세이도(SHISEIDO)는 아시아 화장품 시장에서는 독보적인 기업의 위상을 보이고 있어 왔으나, 지속되는 경제침체와 이로 인한 내수 부진 등으로 화장품 시장의 성장세가 정체 되면서, 2012년을 정점으로 중국에게 제2위 시장규모를 양보한 상태이다.

최근의 일본 화장품 시장은 고령자를 대상으로 한 제품의 개발 및 출시가 급속히 증가하는 양상을 보이고 있다. 구체적으로 안티에이징 및 동안 트렌드가 활성화되면서 헤어케어 시장은 큰 변화를 나타내고 있으며, 보습 관련 제품의 판매 급증 등 기능성이 극대화된 화장품이 큰 인기를 누리고 있다. 이른바 시니어 고객층 증가에 따른 소비 트렌드의 변화가 화장품 시장의 제품 구성을 혁신시키고 있다고 해석할 수 있다.

중국은 거대 소비시장으로 발전하며 세계 화장품 시장에서 황금알을 낳는 거위의 입장이 되었지만, 중국의 지역적 특성과 제도적 허점을 이용한 제품의 위조 형태가 심각한 상황에 있어 그 부분을 자세히 살펴보고자 한다.

● 중국에서 화장품의 위조형태 현황분석

① 정품 화장품을 정교히 위조한 위조상품

정품과의 구별을 거의 알아차리지 못 할 정도로 잘 만든 위조화장품으로 일반적 분류상의 counterfeit에 해당된다. 중국 서부지역 청두시에는 '미박성'(美博城)이라는 위조화장품을 제조하는 생산단지가 있다. 이곳에서 한국 화장품의 거의 모든 종류를 위조하여 생산하고 있는것으로 알려지고 있다. 특히 K-뷰티 열풍 속에서 위조화장품 제조업체들이 제품과 포장용기는 물론 보증서까지 그대로 위조하여 정품인 것처럼 소비자들을 현혹시키고 있어 한국 화장품 업체의 매출 감소뿐만 아니라 브랜드 이미지 실추 등으로 국내 기업들이 큰 피해를 보고 있다. 이러한 악의적 위조상품을 중국현지에서는 데드카피(dead copy)라고 일컫고 있다.

또 중국에서 유통되는 한국의 EMS번호가 적혀있는 화장품도 위조상품일 수 있다. 이곳 미박성에서 제조한 위조상품을 선편으로 한국으로 운송하고 다시 이 위조상품을 우편으로 중국으로 보내는 절차를 밟아서 위조화장품에 EMS번호를 부착하는 경우인데, 이를 중국에서는 가짜 화장품세탁(化妆品假货洗白)이라고 한다. 이런 과정을 거쳐서 부착된 EMS번호를 제시하면서 정품이라고 주장하면 이를 쉽게 믿고 정품으로 오인하여 구매하게 된다.

한편 중국에서 판매되는 위조화장품이 전부다 중국에서 제조되는 것은 아니다. 한국에서 위조화장품을 제조하여 수출하는 경우도 있다. 최근 유명화장품인 설화수와 헤라의 용기를 모방하여 위조화장품 약 24억 원어치를 중국에 유통시킨 불법복제품 제조업자를 구속하였는데, 이들은 국내에서 제조한 위조상품을 중국으로 수출한 경우인데 검찰은 가짜 화장품이 인체에 미치는 유해성을 고려하여 상표법위반에 화장품법위반을 추가하는 등 일반 공산품 위조사범보다 더 무거운 죄를 적용하였다.

② 모조상품과 그 진화

모조상품이란 정품화장품을 모조하여 판매하는 상품으로서 품질이 조악하며 정품보다 저렴한 가격으로 판매하는 경우이다. 원래 이러한 모조상품은 주로 작은

도시의 도매시장 내지 체인점에서 판매되고, 가끔은 지방도시에서 개최되는 소형 전시회의 정식 전시기간이 종료되고난 후에 팔리고 있다. 즉 전시회가 종료되면 그 다음날 정식 참가기업들이 철수한 판매대에 노점 상인들이 모조품을 전시하여 판매하는 형태이다. 일반적인 위조상품의 분류상 imitation에

해당되는 상품들로서 정품과 비교하면 어딘가 어색하거나 다른 상표가 부착되어 있어 완전한 불법복제의 수준은 아닌 것이다.

상해에서 열린 '2016 차이나 인터내셔널 뷰티 엑스포'와 '2016 상해 화장품 미용 박람회'에는 국내 유명 화장품 브랜드를 모방한 중국 제품들이 대거 쏟아져 나왔다. 예를 들면 아모레퍼시픽의 한방 브랜드 설화수(雪花秀, Sulwhasoo)를 모조한 '설연수(雪蓮秀)' 혹은 '설안수'의 명칭으로 온라인에서 주로 판매되던 모조품들이 정식 박람회에 설연수, 설안수의 명칭으로 참가하였다.18) 영문명칭을 교묘하게 Sulansoo로 바꿔 정품 설화수처럼 위장한 채 1/10 가격으로 판매하였고, 회사명도 한글 '아모레퍼시픽'으로 교묘하게 위장해 정품인 것처럼 속여 판매하였다. 또한 중국 최대 온라인쇼핑몰 타오바오 등에서 LG생활건강의 한방 브랜드 수려 한(秀麗韓)을 수아한(秀雅韓)이라는 상표로 포장 용기와 색깔까지 비슷하게 표기하여 버젓이 판매하고 있다.

③ 정품화장품과 모조화장품을 동시 판매

정품화장품과 모조화장품을 한 장소에 함께 판매하는 경우이다. 화장품의 종류가 워낙 다양하고 각 회사별로도 유행 따라 다양한 신제품이 출시되는 점 등을 악용하여 정품과 모조화장품을 같이 놓고 판매하는 형태이다.

일부 판매업자들이 보다 높은 이윤을 얻기 위해 정품과 모조화장품을 함께 판매하는 형태인데 인터넷을 통한 판매뿐만 아니라 전문판매점에도 일어나고 있다. 이러한 형태의 모조화장품 판매가 자행되고 있는 이유는 소비자들은 화장품 정품을 구매해 본 경험이 없어 정품과의 구별능력이 없음을 교묘히 활용하는 판매방법이라고 알려졌다. 일반적인 위조상품의 분류상으로는 특이한 형태로서 인터넷을 통한 판매와 전문판매점이라는 특수성을 고려한다면 이는 counterfeit에 해당된다.

④ 무료 샘플 판매 및 모조 샘플 판매

한국에서 무료로 제공되는 샘플들을 대량으로 수집하여 판매하는 행위인데 샘플이 소량으로 포장되기 때문에 몇 개씩 묶어서 판매하기도 하고 다른 화장품과 묶어서 판매하는 경우도 있다. 화장품 업계에서 흔히 사용하는 판촉수단 중의 하나가 샘플 증정이다. 무료 샘플의 제공은 화장품의 특성상 소비자가 자신의 피부에 직접 사용하여 본 후 촉감과 사용 후 피부에 나타나는 영향을 확인해 보고픈 욕구를 충족시킬 뿐만 아니라 구전효과를 얻을 수 있어 대부분 무료로 샘플을 제공하고 있는 현실이다.

그런데 무료샘플을 유료로 판매하는 것도 문제이지만, 판매되는 샘플이 정품인지의 여부에 또 다른 문제가 제기되고 있다. 즉 유료로 판매되는 샘플은 모조상품과 관계없는 것 같지만, 일반적으로 고가 화장품의 샘플은 수량이 제한적이므로 정품 샘플을 판매한다 하여도 지속적으로 샘플을 공급받아 판매할 수는 없다. 그렇기 때문에 중국에서 판매되는 샘플화장품은 정품이 아닐 확률이 높아진다.

특히 인터넷을 통하여 판매되고 있는 샘플들은 대부분 모조품으로, 소규모 공장에서 생산돼 원가가 낮고 정품과는 질적으로 비교할 수도 없는 것으로 알려지고 있다. 샘플의 포장은 정품에 비해 단순하기 때문에 더 쉽게 모조하여 생산할 수 있다. 일부 판매상은 해외 구매대행 제품이라고 주장하고 있으나, 그 가격이 중국 내 정품 판매가의 60~80% 보다 낮을 경우 정품이 아닐 가능성이 높다.

⑤ 유통기한 경과 제품의 판매

정품화장품의 유통기한이 경과한 상품을 판매하는 경우이다. 정품이지만 유통기한이 지난 상품으로 피부에 접하는 화장품인 점을 고려하면 유통되어서는 안 될 상품들이다. 화장품 내지 포장에 유통기한이 기재되어 있는 경우에도 소비자들은 생산일자 혹은 유통기한을 확인하지 아니하고 구매하기도 하며, 특히 유통기한이 경과한 제품들은 저렴한 가격으로 판매하기 때문에 구매동기를 자극하게 된다.

중국으로 수입되는 외국 화장품들은 수입시 lot번호와 수입통관일자만 부착하는 경우가 많다. 이런 경우 생산일자나 유통기한은 기재되지 않아 실질적으로 유통기한이 경과되었는지를 확인하기 곤란한 경우도 많다.

⑥ 밀수품 판매

정식통관절차를 거치지 않아 관세 등을 납부하지 않은 흔히 말하는 밀수품의 유통이다. 일부 화장품 대리점들이 이런 관세미납의 정품을 판매하고 있다. 기초화장품에 대한 수입관세는 2015년 6월1일부로 5%에서 2%로 인하되어 관세부담이 낮아졌다. 그럼에도 정식 통관되지 않은 화장품이 유통되는 이유는 일부 인기화장품들의 물량급증으로 인한 가격하락을 방지하기 위하여 전략상 판매물량을 제한하고 있기 때문이다. 따라서 판매물량을 조절하고있는 인기 화장품이 과다하게 많이 판매된다면 위조상품 내지 밀수품 여부를 의심해 볼만하다. 이들은 관세미필의 화장품을 소량의 소포방식으로 지속적으로 납품받는 편법을 사용하는 것으로 알려졌다.

⑦ 상표 무단선점에 의한 상표권 침해(Brand prior register)

한국 화장품의 상표를 미리 등록하여 추후 중국진출시 상표등록이 안되도록 남의 상표를 미리 등록하여 놓고, 후에 상표권을 판매함으로써 이득을 챙기는 경우이다. 상표는 대부분의 국가에서 선출원에 의해 보호되기 때문에 국내에서 화장품을 출시한 후 시장반응이 좋은 경우 중국으로 진출하려는 경우, 중국에서 이미 동일 상표를 사전등록한 자가 있어 가끔 큰 곤혹을 치르게 된다. 의도적으로 타인의 상표를 사전 등록하는 경우 상표의 무단선점행위에 해당되는데 중국에서는 이러한 자를 상표브로커(brand broker)라 칭하고 있다.

4. 국내 화장품 산업 동향

1) 국내 화장품 시장 규모

2016년 기준 국내 화장품 시장 규모는 120억 달러로 전년대비 3.6%의 증가세를 보이고 있다.

〈표 5-7〉 국내 화장품 시장 규모

(단위: 백만 달러, 백만 원, %)

구분	2013년	2014년	2015년	2016년	YoY	CAGR ('13~ '16)
시장규모($)	10,440	11,006	11,637	12,031	3.4	3.6
생산(₩)	7,972,072	8,970,370	10,732,853	13,514,000	25.9	14.1
수출($)	1,231	1,873	2,910	4,183	43.7	35.7
수입($)	1,275	1,386	1,397	1,433	2.6	3.0
무역수지($)	△44	487	1,513	2,750	81.8	16.1

국내 화장품 생산액은 13억 5000억 원으로 전년대비 25.8% 증가세를 보였는데, 이는 국내 GDP 증가율(4.7%) 및 제조업 GDP 증가율(14.8%)보다 높은 수준이다.

〈표 5-8〉 국내 화장품 생산 규모

(단위: 억 원, %)

구분		2011년	2012년	2013년	2014년	2015년	2016년
국내총생산(GDP)		13,326,810	13,774,567	14,294,454	14,860,793	15,641,239	16,374,208
제조업 총생산		3,795,210	3,880,101	4,036,567	4,085,102	4,180,420	4,797,642
화장품산업 총생산		63,856	71,227	79,721	89,704	107,329	*135,000
화장품 산업비중	국내 총생산 대비	0.48	0.52	0.56	0.60	0.69	0.82
	제조업 총생산 대비	1.68	1.84	1.97	2.20	2.57	2.81

* 주: 국내총생산 GDP는 해당 연도 종료 후 3개월 이내 연간 잠정치가 발표되고, 익익년 3월에 확정됨

출처 : 대한화장품협회, 화장품 생산실적 자료,각 연도, *는 추정치.
한국은행, 경제통계시스템(ECOS), 한국보건산업진흥원('16화장품산업분석보고서)

2015년 국내 화장품 제조 기업 수는 2,017개소, 생산실적에 관한 보고 실적이 있는 업체 수는 2,587개소로 집계되었다. 2015년 화장품 기업(161개) 매출은 17조 4,029억 원으로 20.2%으로 전년대비 20.2% 증가했다. 관련 인력은 2016년 3만 1,920명으로 추정되며, 최근 5년간 연평균11.8% 성장을 보이고 있다.

〈표 5-9〉 연도별 화장품산업 주요 통계

구분	2012년	2013년	2014년	2015년	2016년	2017.3Q (누적)	연평균 성장률 ('12-'16)
생산액 (십억원, %)	7,123	7,972	8,970	10,733	13,051	–	
	(11.5%)	*(11.9%)*	*(12.5%)*	*(19.6%)*	*(21.6%)*	–	
매출액 (십억원, %)	10,559	11,847	14,557	18,465	21,976	5,754*	20.1%
	(14.2%)	*(12.2%)*	*(22.9%)*	*(26.8%)*	*(19.0%)*	*(0.2%)*	
수출액 (백만달러,%)	991	1,243	1,895	2,931	4,194	3,615	43.4%
	(–)	*(25.5%)*	*(52.5%)*	*(54.7%)*	*(43.1%)*	*(19.1%)*	
수입액 (백만달러,%)	1,261	1,296	1,411	1,421	1,459	1,180	3.7%
	(–)	*(2.7%)*	*(8.9%)*	*(0.7%)*	*(2.7%)*	*(8.6%)*	
일자리 (명, %)	20,420	22,229	24,165	27,678	31,920	32,703**	11.8%
	(7.1)	*(8.9)*	*(8.7)*	*(14.5)*	*(15.3)*	*(2.5)*	

* '17.3분기 매출은 ' 17년 상반기 데이터임. 일부 외감기업이 분석에서 제외되어 증가율 수치만 참고

** '17.3분기 일자리는 ' 17년 상반기 고용보험 순수피보험자수 기준으로 증가율 수치만 참고

출처: 한국고용정보원, 한국보건산업진흥원(2016년 4분기 보건산업고용동향)

2016년 화장품 수출액은 42억 달러이며, 수입은 14억 달러로 집계되었다. 화장품 수출은 2012년부터 2016년 까지 연 33.7% 증가하였으며, 같은 기간 수입은 2.9% 증가세를 보였다.

국가 별 수출에 있어서는 중국 및 미국으로의 수출 비중이 커지는 중인데, 특히 중화권(중국+홍콩)으로의 수출 비중은 2014년 53% –〉 2015년 64%–〉 2016년 67%로 지속적인 성장을 하고 있다.

〈표 5-10〉 연도별 주요 국가별 수출 실적

(단위: 천 달러, %)

순위	2014년			2015년			2016년		
	국가명	금액	점유율	국가명	금액	점유율	국가명	금액	점유율
1	중국	581,708	31.0	중국	1,172,166	40.3	중국	1,570,272	37.5
2	홍콩	410,752	21.9	홍콩	687,200	23.6	홍콩	1,248,250	29.8
3	일본	154,130	8.2	미국	238,084	8.2	미국	346,963	8.3
4	미국	144,727	7.7	대만	139,419	4.8	일본	182,647	4.4
5	대만	125,201	6.7	일본	137,788	4.7	대만	135,985	3.3
6	태국	86,982	4.6	태국	93,321	3.2	태국	118,396	2.8
	총 (124개국)	1,873,534	100.0	총 (125개국)	2,910,100	100.0	총 (122개국)	4,183,303	100.0

출처 : 관세청, 대한화장품산업연구원(2016, 우리나라 화장품 분류 기준 적용)

〈표 5-11〉 화장품 주요 수입국 현황

(단위: 천 달러, %)

순위	2014년			2015년			2016년		
	국가명	금액	점유율	국가명	금액	점유율	국가명	금액	점유율
1	미국	449,760	32.4	미국	434,936	31.1	미국	385,374	26.9
2	프랑스	348,183	25.1	프랑스	339,048	24.3	프랑스	366,700	25.6
3	일본	162,735	11.7	일본	170,680	12.2	일본	209,606	14.6
4	이탈리아	64,926	4.7	이탈리아	62,810	4.5	이탈리아	69,532	4.9
5	영국	61,587	4.4	태국	55,443	3.9	영국	55,267	3.9
6	태국	46,849	3.4	영국	55,111	3.9	독일	53,152	3.7
7	독일	43,505	3.1	독일	47,803	3.4	태국	48,253	3.4
8	캐나다	34,938	2.5	캐나다	37,266	2.7	중국	42,428	3.0
9	중국	28,777	2.1	중국	31,599	2.3	캐나다	34,506	2.4
10	스웨덴	21,793	1.6	아일랜드	26,397	1.9	아일랜드	24,413	1.7
	총 (71개국)	1,386,340	100.0	총 (71개국)	1,397,155	100.0	총 (80개국)	1,433,152	100.0

출처 : 관세청, 대한화장품산업연구원(2016, 우리나라 화장품 분류 기준 적용)

2) 국내 화장품 산업 현황

(1) 추진현황

가.법적 근거와 정책 수립

보건의료기술 진흥법은 화장품을 포함한 국내 보건 의료산업의 발전과 국민건강 증진을 위해 신기술을 보호 · 장려 · 육성하고 기술개발을 촉진하기 위한 전책을 명시하고 있다. 또한, 화장품 법은 화장품에 관한 일반사항 뿐 아니라 화장품 연구개발에 관한 지원 사업 추진에 관련된 규정을 명시하고 있다.

정부는 화장품산업에 대한 중장기 발전계획을 수립하고 국정과제 9번 '보건 · 고령 친화사업을 미래 산업으로 육성'에 따른 구체적인 추진계획을 수립하였다. 2020년까지 '화장품 산업 G7국가로의 도약'을 ㅂ전과 목표로 수립하고, 이를 달성하기 위한 4대 추진전략을 추진하고 있다.(13.9. 복지부)

비전	2020년까지 화장품 산업 G7국가로의 도약
목표	수출 60억 달러, 수출비중 40% 달성
추진전략	**1 글로벌 제품 및 창조기술 개발** ▪ R&D 투자 확대 및 효율화 ▪ 선진국 대비 90% 기술 수준 확보 ▪ 세계시장 선도형 글로벌 TOP 브랜드 개발 **2 산업육성 인프라 확충** ▪ 맞춤형 수출 전문인력 약성 ▪ GMP 시설 구축 지원 ▪ 원료 안정성·규제 정보 시스템 구축 ▪ 대외환경 변화 대응체계 구축 **3 해외시장 진출 활성화** ▪ 수출 마케팅 지원 강화 ▪ 글로벌 협력·해외 정보 수집 강화 **4 규제 제도 선진화** ▪ 화장품 유형의 확대 ▪ 광고·표시제도 개선 ▪ 제조판매관리자 자격기준 합리적 조정 ▪ 기능성화장품 제도 개선 ▪ 수출 제품 예외 규정 확대

또한, 2016년 경제정책 방향으로 화장품을 포함한 5개 분야를 새로운 수출 주력 산업으로 선정하고 맞춤형 집중지원을 추진하기로 하였다.('15.12 범부처)

바이오 헬스 7대 강국 진입을 위한 보건산업 종합 발전 전략은 예비 타장성 조사를 통해 피부과학 원천 기술, 감성 화장품 등 글로벌 기술 경쟁력 선도 유망 분야 R&D 투자 추진 발표를 하였다.('16.9.범부처)

나. 추진성과

이러한 정책의 뒷받침으로 국내 화장품 시장규모는 연평균 10.5% 증가하고 있는데, 화장품 생산액은 10조 7,329억 원으로 전년대비 19.6%, 연평균 13.9% 증가했다. 수출은 4,183백만 달러로 2015년 대비 43.7%, 수입은 1,443백만 달러로 전년대비 2.6% 증가하였다.

R&D분야에서는 정부와 민간의 R&D 투자규모 확대와 2단계 산업전략 조기 수립으로 성과 달성을 유도하였으나, '16년 (3분기) 22개 상장사 조사 결과 민간의 R&D 투자 비율은 생산 규보 대비 2.1%수준으로 다소 미흡한 결과를 보였다. 한편, 선진국 수준의 기술력 확보 및 고부가가치 제품 개발 지원을 위해 소재, 용기 · 포장, 효능평가, 제형 기술 등 4대 분야의 국내 화장품 기술수준을 선진국 배비 약 80%('14년 기준) 이상 끌어올리는 성과를 가져왔다.

화장품 마케팅 전문인력, GMP 전문인력 육성과 51개국의 원료 안전성 · 규제 정보를 담은 시스템을 구축하고, 이슈 분석 성분 31종의 안전성 분석자료를 공유하였다. 또한, 13건의 동물대체 시험법을 개발 · 보급 및 국내 가이드라인을 발간하였다.

수출 유망국가 대상 오프라인 플래그십 스토어를 운영하여 글로벌 협력 및 해외 정보 수집을 강화하였다. 이를 위해 주요 수출국 간 정례 교류협력 및 제도 · 기술 교류를 시도하였다.

정부는 화장품 산업 발전에 저해되는 규제를 철폐하기 위해 2015년 11월 국제기준에 적합한 화장품 유형 분류를 위해 화장품 법 일부 개정을 추진하였다. 〈화장품 물품분류 협의체〉를 구성 운영하여('16.5) 현행 의약외품을 기능성 화장품으로 전환시켰다.('17.5) 또한 수출용 제품에 대한 기능성 화장품의 심사를 면제해서 수출을 용이하게 하였다.

(2) 국내 화장품 산업 전망

국내 화장품 산업을 전망하기 위해서는 기회요인과 위험요인, 한계점을 분석할 필요가 있다.

가. 기회요인

- 지속되는 한류의 확산: 중국 · 동남아시아 등의 한류 확산에 따른 국산 소비재의 수요는 상승하고 있으며 수출도 증가중이다.
- 시장의 선진화: 첨단 기술(바이오 · 의료 등)과 화장품 분야의 융합 빈도가 증가하고 있으며, 화장품 안전성 관심 증가에 따른 국내 시장의 질적 수준이 향상되었다.
- 신속한 상품화: OEM/ODM 등 위탁생산 시설 활성화로 산업 진입장벽이 낮아 아이디어만 있으면 신규진입 가능한 혁신환경이 조성되어 있다. 새로운 재료나 텍스처를 가격경쟁력을 갖춘 혁신적인 아이디어 제품으로 빠르게 상품화가 가능하다.

특히 한국콜마 등은 국내 브랜드 뿐 아니라, 유럽, 미국, 중국 등 다양한 해외 브랜드를 고객사로 적극 확보함으로써, 외형적 성장을 가속화하고 있다.

나. 위기요인

- 보호무역 강화기조: 국제적인 규제 확대 속에서 국가별 관련 제도 · 규제, 수출절차 변화에 따른 신속한 대응 필요한 상황이다.
- 중국시장 변화: 국내 화장품 생산의 내수와 수출 비중은 약 63:37이며, 對중국 수출 의존도가 매우 높은 특징을 보인다.

2017년 사드 갈등 및 중국 관광객 감소로 인해 화장품 산업 성장세가 다소 둔화

되는 충격을 주었다. 그러나 2018년은 사드 갈등 일부 해소에 따른 관광객 증가로 면세점을 중심으로 국내 주요 기업의 영업실적이 개선될 것으로 기대하고 있다.

다. 한계점

- 기술 및 원천소재 수입 의존: 국내 화장품 시장이 급성장했음에도 불구하고 원천소재와 기술은 많은 부분 수입에 의존하고 있는 것이 현실이다. 취약한 원료기초연구 기반을 다지기 위해 국내 자원을 활용한 바이오 원료 개발 등 R&D 지원이 절실하다.
- 화장품 기술 표준 미비: 화장품 안정성의 평가 · 분석의 기술의 중요성이 확대됨에 따라 관련 기기의 수입대체나 인체적용시험 프로토콜 개발이 필요하다.
- 수출 편중: 대 중국 수출의존도가 높은 상황에서 정치적 변수 등에 의해 산업에 미치는 피해가 크게 되므로 수출 다변화 정책을 꾀할 필요가 있다.
- 낮은 브랜드 경쟁력: 세계적인 화장품 브랜드들에 비해 국내 브랜드들은 브랜드 인지도가 낮은 상황이다. 인지도 제고를 위한 홍보방안 수립이 요구된다.
- 글로벌 전문인력 부족: 기업이 필요로 하는 전문 인력이 부족하며 화장품 산업에 특화된 전문인력 양성이 필요한 시점이다.

✲ 화장품 산업발전을 위한 전문가 의견

■ 화장품산업의 전략적 성장 분야 육성 필요
- 코스메슈티컬 분야, 뷰티 디바이스 화장품 베이스 기술 등
- 국제 R&D 교류를 통한 해외 자본 및 기술 도입
- 중소기업의 연구 실용화를 위한 지원센터 구축 필요

■ 해외 시장 다변화를 통한 수출 경쟁력 강화
- 포스트 차이나 발굴을 위한 적극적인 신시장 개척 필요
- 전문 국내외 유관기관과의 협력을 통합 화장품기업의 체계적인 수출 지원 및 성과 도출
- 정부 지원 대상의 투-트랙 전략 필요(중경기업 & 중소기업)

■ 화장품산업 성장을 위한 기반 확보
- 화장품 전문인력 양성을 위한 체계적이고 다양한 프로그램 개발
- 한국 뷰티산업의 활성화를 위한 정기적인 장 마련

■ 소통을 통한 화장품산업 규제 개선
- 정부 및 업계 관계자들의 소통의 기회 마련을 위한 위원회 설립
- 해외 화장품 규제와의 조화를 통한 국내 산업 성장에 영향을 미칠 수 있는 과도한 규제 개선

최근 정부는 그가 많은 이슈가 되어 왔던 천연 화장품과 유기농 화장품에 대해 정식인증을 하게 되었다고 발표했다. 식품의약품안전처는 천연 화장품 및 유기농 화장품 인증제도 도입을 골자로 한 화장품 법 일부 개정안을 2019년 3월부터 시행하기로 하였으며, 이에 따라 천연 · 유기농 화장품으로 인증 받으면, 이에 대한 광고도 가능해진다는 의미이다.

천연 화장품은 보통 과일이나 꽃 등 천연 성분에서 추출한 원료로 만든 화장품을 말하며, 유기농 화장품은 유기농 원료로 제조된 화장품을 말한다. 그간 이런 화장품에 대한 소비자의 관심은 높았지만, 천연 · 유기농임을 인증하는 제도가 없어 소비자는 이런 화장품에 대한 정확한 정보를 확인하기 어려웠다.

인증제도 시행이 되게 됨에 따라, 화장품제조업자나 판매업자, 대학 · 연구소 등이 제조하거나 연구 · 개발하는 화장품 중에서 인증기관을 통과하면 천연 · 유기농 화장품으로 인증 받을 수 있다.

아울러 개인의 피부 상태와 선호도에 따라 화장품 매장에서 화장품을 섞어서 판매하는 맞춤형 화장품 제도도 오는 2020년 3월부터 시행된다고 한다. 맞춤형 화장품이란, 제조하거나 수입한 화장품을 덜어서 소분(小分)하거나 다른 화장품 또는 원료를 추가해 혼합한 화장품을 말한다. 이를 위해 식약처는 맞춤형 화장품판매업을 신설해 맞춤형 화장품을 제조해 팔 수 있도록 할 계획이다.

이처럼 화장품 시장의 성장에 발맞추어 소비자의 욕구를 충족하려는 제도가 뒷받침되고 있다는 것은 향후 더 큰 시장의 확대가 가능하다는 의미라고 할 수 있겠다.

참고문헌

「화장품법」 제4조제1항 및 「화장품법 시행규칙」 제9조제1항
LG경제연구원 고은지. 2016.11
강은희,현지원. 모발화장품의 제형에 따른 손상모발의 형태적 변화에 관한연구. 한국미용학회지, 11(3), 283-291, 2005.
고중현, “중국에서 한국화장품 위조근절을 위한 통합적 위조방지 전략 연구”, 통상정보연구 제18권 제4호, 2016.
기능성화장품 심사에 관한 규정. 식품의약품안전처 고시법
기능성화장품, 하병조, 신광출판사
김광현 저, [포장디자인], 조형사, 1989. pp.18-23.
김광현 저, 『포장디자인』, 조형사, 1989.
김영창 저, 『제품개발과 디자인을 위한 재료와 가공』, 태학원, 2010.
김해신, 생화학 실험서, 월드사이언스
박준수, 김흥기, “미백화장품 국내외 시장경쟁력 확보방안 연구”, 국제지역연구 제21권 2호, 2017.
박지혜, 박철호, “한국과 중국 향장품의 수출경쟁력 비교를 통한 수출성장 전략”, 통상정보연구, 제14권 2호, 2012.
서한극 외 2인, 배양세포실험핸드북, 월드사이언스
석승민, “국내 화장품 가격대별 용기디자인의 후가공에 관한 연구”, 안양대학교 학술논문. 2018. P.129.
이근배, “한중일 화장품산업의 구조적 특징과 경쟁력 변화 고찰”, 한일경상논집 제74권, 2017.
이승용, “화장품 혼합용기 특허기술 구조 분석”, 청운대학교, 2016.
임희숙, 신재욱, “연령대별 국내 화장품의 용기 기능 선호도에 관한 연구”, 안양대학교 학술논문. 2017.
한국문화생활 100년(1894-1994): 태평양50년사 부록, 1995. p.372.
한국보건산업 진흥원. p.5, 9, 12, 13, 20, 22
한국보건산업진흥원, "화장품산업 종합발전 계획" 2017년 12월, p.3.
홍일양, “국내 화장품 브랜드디자인 전략과 시각적 특성의 상관관계”, 세명대학교 , 2015.
홍흠, “중국 수출시장 진출을 위한 한방화장품 포장디자인 연구”, 동신대학교, p70, 2017.

저자소개

정숙희 남부대학교 향장미용학과
박상규 남부대학교 식품영양학과
오서현 남부대학교 향장미용학과

주 의

이 교재는 교육부와 한국연구재단의 재원으로 지원을 받아 수행된 사회맞춤형 산학협력 선도대학(LINC+) 육성사업 결과입니다.

Following are results on the "Leaders in Industry-university Cooperation +" Project, supported by the Ministry of Education and National Research Foundation of Korea.

바이오 향장 소재 응용

-생리활성 및 독성검증-

초판 1쇄 인쇄 2020년 2월 3일
초판 1쇄 발행 2020년 2월 7일

지 은 이 | 정숙희 · 박상규 · 오서현
펴 낸 이 | 김기섭
편 집 인 | 이혜란
펴 낸 곳 | 창지사 www.changjisa.com
08589 서울시 금천구 가산디지털 1로 83 파트너스타워 1차 9층
전화 (02)719-2211~3
팩스 (02)701-9386
등 록 | 1977년 4월 28일 · 제1-421호

ISBN 978-89-426-1200-0 (93470)

값 17,000원

「이 도서의 국립중앙도서관 출판예정도서목록(CIP)은 서지정보유통지원시스템 홈페이지(http://seoji.nl.go.kr)와 국가자료공동목록시스템(http://www.nl.go.kr/kolisnet)에서 이용하실 수 있습니다.(CIP 제어번호 : CIP2020005436)」